W0259875

Gian Francesco Giudice è un fisico teorico delle particelle elementari e lavora al CERN di Ginevra dal 1993. Laureato in fisica all'Università di Padova, ha conseguito il titolo di Ph.D. in fisica teorica presso la Scuola Superiore di Studi Avanzati di Trieste. La sua carriera è sempre stata strettamente collegata alla ricerca presso i grandi acceleratori di particelle: prima di arrivare al CERN ha lavorato al Fermi National Accelerator Laboratory di Chicago, il più grande laboratorio di fisica delle alte energie degli Stati Uniti, e all'Università del Texas durante la fase di costruzione dell'SSC, operando nel gruppo del Prof. Steven Weinberg, premio Nobel per la fisica. Ha contribuito alle attuali conoscenze della teoria delle particelle elementari e della cosmologia con più di un centinaio di articoli scientifici.

i blu
pagine di scienza

Gian Francesco Giudice

Odissea nello zeptospazio

Un viaggio nella fisica dell'LHC

Gian Francesco Giudice
Department of Theoretical Physics, CERN, Geneva, Switzerland

A Zeptospace Odyssey. A Journey into the Physics of the LHC, first edition, was originally published in English in 2010. This translation is published by arrangement with Oxford University Press.
La prima edizione di *Odissea nello zeptospazio. Un viaggio nella fisica dell'LHC* è stata originariamente pubblicata in lingua inglese nel 2010. Questa traduzione è pubblicata in accordo con Oxford University Press.

Traduzione di Marco Martorelli

Collana *i blu - pagine di scienza* ideata e curata da Marina Forlizzi

ISBN 978-88-470-1630-9 ISBN 978-88-470-1631-6 (eBook)

DOI 10.1007/978-88-470-1631-6

Realizzazione editoriale: Scienzaperta S.r.l., Novate Milanese (MI)
Progetto grafico della copertina: Simona Colombo, Milano
Rielaborazione grafica della copertina: Ikona S.r.l., Milano
Immagine di copertina: Ikona S.r.l., Milano
Stampa: Grafiche Porpora, Segrate (MI)

Springer-Verlag Italia S.r.l., via Decembrio 28, I-20137 Milano
Springer-Verlag fa parte di Springer Science+Business Media (www.springer.com)

Indice

Nota del Traduttore

In linea generale, i brani tratti da testi in lingua straniera citati dall'Autore sono stati tradotti *ex novo* per questo libro. Sono comunque segnalate le eventuali edizioni in lingua italiana dei testi di argomento scientifico.

1

Prologo

Non smetteremo di esplorare
e al termine di tutte le nostre esplorazioni
giungeremo nel luogo da cui siamo partiti
e lo conosceremo per la prima volta

Thomas Stearns Eliot[1]

Il centro di controllo del Large Hadron Collider (LHC) è affollatissimo. Tutti gli occhi sono puntati sullo schermo appeso alla parete, che per ora mostra solo uno sfondo grigio. L'ultimo blocco di assorbimento è stato rimosso e adesso i protoni non incontrano più alcun ostacolo nella loro traiettoria circolare lungo i 27 chilometri del tunnel sotterraneo. Sono le 10.28 del mattino del 10 settembre 2008. Siamo al CERN, il laboratorio europeo per la ricerca sulla fisica delle particelle, nei pressi di Ginevra, al confine tra Francia e Svizzera.

Come un prestigiatore sul punto di eseguire il suo numero più strabiliante, Lyn Evans, direttore del progetto LHC, recita in francese, pur con la sua cantilenante cadenza gallese, la formula magica: "Trois, deux, un... faisceau!" In quel preciso istante il prodigio si compie: sullo schermo appaiono per un attimo due macchie bianche. Esplode un applauso generale. Le immagini della sala di controllo sono trasmesse in diretta nel grande auditorium dove si sono radunati i fisici del CERN, che prorompono immediatamente in un applauso spontaneo carico di soddisfazione ed emozione. L'avventura, tanto a lungo preparata e attesa, è davvero iniziata.

I primi studi ufficiali per l'LHC, l'acceleratore di particelle più potente del mondo, risalgono all'inizio degli anni Ottanta, ma il pro-

[1] T.S. Eliot, *Four Quartets*, Harcourt, Brace and Company, New York 1943.

Figura 1.1 Il centro di controllo dell'LHC il 10 settembre 2008. (*Fonte: CERN*)

getto fu definitivamente approvato solo nel 1994. Quattordici anni dopo quelle due macchie bianche sullo schermo hanno decretato la fine della fase di costruzione e l'avvio del programma di esperimenti di fisica delle particelle. Quelle due macchie, infatti, rappresentano le immagini lasciate su un sottile strato fluorescente dal fascio di protoni: una nell'istante in cui il fascio è stato iniettato nell'LHC, l'altra nell'istante in cui è tornato allo stesso punto dopo aver percorso l'intero anello, coprendo 27 chilometri in soli 90 milionesimi di secondo. È vero che l'energia del fascio di protoni è solo meno di un quindicesimo di quella che sarà impiegata quando l'acceleratore funzionerà a piena potenza; e anche la densità dei protoni circolanti è estremamente bassa. Eppure il sincero applauso dei fisici riuniti per l'evento è del tutto giustificato, poiché si è avuta la prova decisiva che la tecnologia alla base dell'LHC funziona veramente.

Nel centro di controllo sono presenti gli ultimi cinque direttori generali del CERN, che hanno guidato il laboratorio durante le diverse fasi della progettazione e della costruzione dell'LHC: Herwig Schopper, Carlo Rubbia, Christopher Llewellyn Smith, Luciano Maiani e, infine, Robert Aymar che, ormai al termine del suo mandato, sarà sostituito nel 2009 da Rolf Heuer. "Ne sono presenti solo cinque perché gli altri sono già morti!" commenta Lyn Evans con una gioviale risata, anche se alcuni dei direttori più anziani non sembrano condividere l'ilarità. Tuttavia, visibilmente soddisfatti, gli ingiacchettati direttori si avvicinano a Evans, in tenuta più tradizionale per i fisici del CERN – jeans e scarpe da ginnastica – per felicitarsi con lui e i suoi colleghi. Da tutto il mondo giungono al CERN messaggi di congratulazioni dei principali laboratori impegnati nella ricerca sulla fisica delle particelle. Il più originale è quello di Nigel Lockyer, direttore del laboratorio canadese TRIUMF, che scrive, parafrasando le parole di Neil Armstrong quando posò il piede per la prima volta sulla Luna: "Un breve viaggio per un protone, ma un balzo gigantesco per l'umanità!"

L'LHC rappresenta davvero una straordinaria avventura per l'umanità. È un'avventura ingegneristica eccezionale, che ha richiesto opere come lo scavo a 100 metri di profondità di una caverna artificiale di quasi 80 000 metri cubi, vasta come una volta e mezza il Pantheon di Roma. È un'avventura all'avanguardia della tecnologia, con lo sviluppo di strumentazioni innovative, che ha dovuto confrontarsi continuamente con requisiti estremi, come mantenere per anni 37 000 tonnellate di materiale distribuito lungo 27 chilometri a −271 gradi centigradi (una temperatura inferiore a quella dello spazio vuoto cosmico). È un'avventura senza precedenti nel campo dell'informatica, con un flusso di dati di circa 1 milione di gigabytes al secondo, equivalente a circa dieci comunicazioni telefoniche effettuate simultaneamente attraverso lo stesso operatore da ciascun abitante del pianeta. Ma è soprattutto una fantastica avventura intellettuale, poiché l'LHC esplorerà spazi nei quali nessun precedente esperimento è mai riuscito ad addentrarsi. L'LHC è un viaggio all'interno della più profonda struttura della materia, alla scoperta delle leggi fondamentali che determinano il comportamento della natura. La posta in gioco è la comprensione dei principi primi che governano l'universo, del come e, soprattutto, del perché la natura funziona nel modo che conosciamo.

Il viaggio verso l'ignoto è l'aspetto più affascinante dell'LHC. Questo acceleratore opera come un gigantesco microscopio in grado di scrutare dimensioni inferiori a circa 100 zeptometri. Lo *zeptometro* è un'unità di misura impiegata di rado, che corrisponde a un miliardesimo di miliardesimo di millimetro. Il termine è stato coniato nel 1991 dal Bureau International de Poids et Mesures con questa motivazione: "Il prefisso 'zepto' deriva da 'septo', che evoca il numero 7 (la settima potenza di 1000), e la lettera 'z' è stata sostituita alla 's' per evitare duplicazioni nell'uso della lettera 's' come simbolo."[2] È sicuramente una definizione molto bizzarra per una bizzarra unità di misura. Tutto ciò che è associato alla parola zepto è così insolito che la considero particolarmente appropriata per descrivere lo sconosciuto e strano spazio delle dimensioni estremamente piccole. Questo spazio quasi infinitesimale, non più grande di poche centinaia di zeptometri, è stato finora accessibile soltanto per particelle elementari e per la fervida immaginazione dei fisici teorici. Ma l'LHC sarà il primo strumento destinato all'esplorazione diretta dello zeptospazio.

Mentre la missione umana verso la Luna aveva un obiettivo concreto, visibile da tutti nelle notti serene, il viaggio intrapreso dall'LHC è un'odissea verso spazi ignoti, e nessuno può predire con esattezza che cosa incontreremo e dove arriveremo. Si tratta di una ricerca di mondi sconosciuti, condotta grazie a complesse tecnologie d'avanguardia e guidata da congetture teoriche la cui comprensione richiede conoscenze avanzate di fisica e matematica. Sono proprio questi gli aspetti che hanno avvolto il lavoro dei fisici in una nube di esoterico mistero, scoraggiando l'interesse dei profani. Ma questo libro si propone di mostrare come i temi sollevati dai risultati dell'LHC siano affascinanti e interessanti per chiunque ritenga che valga la pena porsi domande fondamentali sulla natura dell'universo in cui viviamo.

Evidentemente anche i governi dei 20 Stati europei membri del CERN ritengono che valga la pena di porsi queste domande, poiché hanno investito nell'impresa significative risorse. La realizzazione dell'LHC è costata circa 3 miliardi di euro, tenendo conto della costruzione della macchina e del contributo del CERN per il sistema di elaborazione dei dati appositamente creato e per i rivelatori, ma senza considerare i costi del personale del CERN. Questo enorme impegno finanziario non sarebbe stato possibile senza ingenti contributi da parte di molti Paesi che non sono membri del CERN, tra i quali Canada, Giappone, India, Russia e Stati Uniti. Il progetto, la costruzione e il collaudo della strumentazione sono stati realizzati con la partecipazione di fisici di 53 Paesi e 5 continenti

[2] Bureau International des Poids et Mesures, *Résolution 4 de la 19e Réunion de la Conférence générale des poids et mesures* (1991), 1992, 97.

(purtroppo nessun fisico o pinguino dell'Antartide ha potuto prendere parte all'impresa). L'LHC è uno stupendo esempio di collaborazione internazionale in nome della scienza; essendo stato costruito grazie al contributo intellettuale, produttivo e finanziario di tanti Paesi, i suoi risultati sono un patrimonio comune di tutti. I risultati ottenuti non vanno a beneficio solo di una ristretta cerchia di fisici e la loro natura tecnica e specialistica non deve offuscare la portata del loro messaggio intellettuale per l'intera umanità.

L'LHC è il più complesso e ambizioso progetto scientifico mai realizzato dall'umanità e ciascuno dei problemi incontrati nella sua progettazione e nella sua costruzione ha richiesto progressi delle frontiere della tecnologia. È quindi ragionevole prevedere che la ricerca che ha condotto all'LHC avrà ricadute e applicazioni pratiche al di là del puro ambito scientifico. Non è un caso, infatti, che il World Wide Web sia stato inventato al CERN. Nato nel 1989 per consentire ai fisici di scambiare dati e informazioni tra laboratori situati in diverse parti del pianeta, il sistema è stato reso di dominio pubblico quattro anni dopo dal CERN, che ha così offerto al mondo uno strumento ormai divenuto insostituibile nella nostra vita quotidiana. Quasi immancabilmente la ricerca pura genera applicazioni inaspettate. Alla metà del XIX secolo William Gladstone, Cancelliere dello Scacchiere britannico, chiese al fisico Michael Faraday, impegnato in ricerche sull'elettromagnetismo, quale potesse essere l'utilità delle sue scoperte. "Non so, signore," rispose Faraday, "ma un giorno riuscirete a tassarle."

Ma per i fisici lo scopo ultimo dell'LHC è solo la pura conoscenza. L'arricchimento offerto alla società dalla scienza va ben oltre le sue applicazioni tecnologiche. Nel 1969 Robert R. Wilson, direttore di un importante laboratorio statunitense di fisica delle particelle, fu chiamato a testimoniare davanti al Congresso, durante il dibattito sulle possibili motivazioni di un finanziamento di 200 milioni di dollari per un progetto di ricerca sulla fisica delle particelle. Il senatore John Pastore, del Congressional Joint Committee on Atomic Energy, interrogò Wilson, che nelle sue risposte espresse efficacemente il significato della ricerca pura.

Pastore: Vi è qualcosa di connesso alle speranze riposte in questo acceleratore che interessi in qualche modo la sicurezza di questo Paese?

Wilson: No, signore. Non credo.
Pastore: Assolutamente nulla?
Wilson: Assolutamente nulla.
Pastore: Non ha alcun valore rispetto a questo?
Wilson: Ha a che fare soltanto con il rispetto che abbiamo l'uno per l'altro, con la dignità dell'uomo, con il nostro amore per la cultura [...] Non ha niente a che fare direttamente con la difesa del nostro Paese, salvo nel renderlo degno di essere difeso.[3]

Questo libro parla del viaggio dell'LHC: perché lo abbiamo intrapreso e che cosa si vuole imparare da esso. L'argomento è necessariamente vasto, complicato e altamente tecnico, ma lo scopo del libro è più limitato. Non affronterò sistematicamente tutti gli aspetti, nè mi propongo di fornire un resoconto completo della storia dell'LHC. Il mio intento è offrire una panoramica delle questioni in gioco dal punto di vista di un fisico, sottolineando l'ampiezza e la profondità intellettuali degli interrogativi ai quali si cerca di rispondere attraverso l'LHC. Spero di aiutare il lettore a comprendere il significato di questo viaggio e i motivi per i quali l'intera comunità scientifica dei fisici delle particelle è così eccitata e in febbrile attesa dei suoi risultati.

La prima parte del libro tratta del mondo delle particelle e di come i fisici sono giunti a comprenderlo. I risultati dell'LHC non possono essere apprezzati senza qualche nozione almeno sommaria sul mondo delle particelle. Come osservò una volta il fisico teorico Richard Feynman, non si capisce "perché i giornalisti e tante persone vogliano conoscere le ultime scoperte della fisica anche quando non sanno nulla delle scoperte precedenti, che danno un senso alle nuove scoperte."[4]

[3] La trascrizione dell'audizione di Robert R. Wilson si trova in *Hearings before the Joint Committee on Atomic Energy. Congress of the United States. First session on general, physical research program, space nuclear program, and plowshare.* April 17 and 18, 1969 – Part 1. U.S. Government Printing Office. Washington, D.C. 1969, pp. 69-83, 112-118. Il testo completo può essere consultato all'indirizzo http://collections.stanford.edu/atomicenergy/bin/detail?fileID=569870540.

[4] R.P. Feynman, citato in S. Weinberg, *The Discovery of Subatomic Particles*, Cambridge University Press, Cambridge 2003.

L'LHC è una macchina di superlativi, nella quale la complessità tecnologica è spinta all'estremo: la seconda parte del libro descrive l'acceleratore e il suo funzionamento. Le innovazioni tecnologiche richieste per costruire l'LHC non sono l'ultimo dei numerosi stupefacenti aspetti di questa avventura scientifica. Incontreremo anche i rilevatori impiegati per lo studio delle particelle create dalla collisione tra protoni nell'LHC; questi strumenti sono moderni prodigi che combinano microtecnologie estreme con dimensioni gigantesche.

L'LHC è un progetto ideato principalmente per l'esplorazione dell'ignoto: pertanto il culmine della trattazione è dedicato agli obiettivi degli esperimenti e alle relative aspettative scientifiche. La terza parte del libro presenta alcuni dei principali interrogativi concernenti gli scopi dell'LHC. Come immaginano lo zeptospazio i fisici? Perché dovrebbe esistere il misterioso bosone di Higgs? Lo spazio nasconde una supersimmetria o si estende in ulteriori dimensioni? Come possono le collisioni tra protoni nell'LHC svelare i segreti delle origini del nostro universo? È possibile produrre materia oscura nell'LHC?

Avvertenza per il lettore

Nella fisica delle particelle sono spesso utilizzati numeri molto grandi e molto piccoli. In alcuni casi sarò quindi costretto a optare per la notazione scientifica, pur cercando di evitarlo il più possibile.
È dunque necessario ricordare che 10^{33} equivale alla cifra 1 seguita da 33 zeri: 1 000 000 000 000 000 000 000 000 000 000 000. Si potrebbe anche dire "un milione di miliardi di miliardi di miliardi", ma 10^{33} risulta molto più conciso e leggibile. Analogamente, 10^{-33} equivale a 33 zeri seguiti dalla cifra 1, con la virgola dopo il primo zero: 0,000 000 000 000 000 000 000 000 000 000 001. Perciò 10^{-33} corrisponde a "un milionesimo di miliardesimo di miliardesimo di miliardesimo".
Per leggere questo libro, non è richiesta nessuna conoscenza preliminare di fisica delle particelle. Ho limitato per quanto possibile l'uso di termini tecnici, ma quando ciò era inevitabile ne ho spiegato il significato nel testo. Il lettore troverà comunque alla fine del volume un glossario di tali termini.

Parte prima

Materia e particelle

2

La dissezione della materia

> Sarebbe ben misera cosa essere un atomo in un universo senza fisici.
>
> George Wald[1]

Una gocciolina d'olio sulla superficie dell'acqua non può spandersi all'infinito, ma può solo formare una chiazza la cui dimensione è determinata dallo spessore delle molecole d'olio. Il sale si scioglie nell'acqua solo fino a una concentrazione massima, oltre la quale precipita sul fondo del recipiente. Si tratta di semplici indizi empirici di una realtà della natura: la materia non è una sostanza continua, ma è composta di minuscoli pezzi.

Questa conclusione, apparentemente semplice, cela in effetti alcuni dei più stupefacenti segreti della natura. All'interno della materia scopriamo nuovi mondi inaspettati, principi fondamentali rivoluzionari e fenomeni insoliti che sfidano la nostra intuizione e contraddicono le nostre esperienze sensoriali. Ma il risultato più importante che emerge dalle profondità della materia è che la natura rivela uno schema. Dietro la complessità del nostro mondo si nascondono leggi fondamentali semplici che possono essere comprese solo penetrando all'interno delle più piccole componenti della materia. Come afferma Richard Feynman: "Se in un cataclisma tutta la conoscenza scientifica andasse distrutta e soltanto una frase potesse essere trasmessa alle generazioni successive, quale affermazione conterrebbe la massima quantità di informazioni nel minor numero di parole? Credo sarebbe l'ipotesi atomi-

[1] G. Wald, Prefazione a L.J. Henderson, *The Fitness of the Environment* (1913), Beacon, Boston 1958.

ca, secondo la quale tutte le cose sono fatte di atomi, piccole particelle che si agitano in un perpetuo movimento [...] Vedrete che in questa singola frase è contenuta un'enorme quantità di informazione sul mondo, se appena si adopera un po' di immaginazione e di ragionamento."[2]

Atomi

> Democrito li chiamava atomi. Leibniz li chiamava monadi. Per fortuna i due non si incontrarono mai, o sarebbe nata una discussione molto noiosa.
>
> Woody Allen[3]

Il filosofo Leucippo e il suo discepolo Democrito, che vissero in Tracia tra il V e il IV secolo a.C., sostenevano che la materia è composta di atomi (dal greco *àtomos*, indivisibile) e di spazio vuoto. Un discepolo di Aristotele, Aristosseno, narra che Platone detestava la teoria degli atomisti al punto da esprimere il desiderio di bruciarne tutte le opere in circolazione. Non sappiamo se Platone abbia messo in atto tale proposito, ma il tempo certamente lo ha fatto. Solo un frammento di Leucippo e centosessanta di Democrito sono giunti fino a noi, e solo pochi di essi fanno esplicito riferimento agli atomi. La maggior parte di ciò che sappiamo circa le idee dei primi atomisti proviene da filosofi e storici di epoche successive.

Secondo Leucippo e Democrito la materia è formata da poche specie di atomi fondamentali che differiscono per grandezza e forma. La complessità della natura deriva dalle molteplici combinazioni di atomi e dalle loro posizioni nello spazio vuoto. Gli attributi della materia, come il sapore o la temperatura, sono solo gli effetti globali di entità microscopiche sottostanti, ovvero sono la conseguenza della struttura più profonda della natura, quella degli atomi. In due frammenti di Democrito leggiamo: "Si è spesso dimostrato che in realtà non comprendiamo come ogni cosa sia o non sia [...] Per convenzione il dolce e per convenzione l'amaro, per

[2] R.P. Feynman, *The Feynman Lectures on Physics*, Addison-Wesley, Reading 1964 (Ed. it.: *La fisica di Feynman*, Zanichelli, Bologna 2007. Trad. di G. Altarelli et al.).

[3] W. Allen, *Getting Even*, First Vintage Books, New York 1978.

convenzione il caldo e per convenzione il freddo, per convenzione il colore; ma in verità solo atomi e vuoto."[4]

La tradizione vuole che i filosofi atomisti si siano ispirati agli odori per formulare l'idea che la materia sia costituita di atomi che possono staccarsi dalle sostanze e raggiungere il nostro olfatto. Ma quell'antico concetto di atomi è principalmente un'ipotesi filosofica, sviluppata forse più come risposta alle difficoltà di Zenone con l'idea di uno spazio infinitamente divisibile, che come reale tentativo di spiegare particolari osservazioni dei fenomeni naturali. Senza dubbio alcune affermazioni contenute nei frammenti degli atomisti ci colpiscono per la loro affinità con la visione moderna, ma naturalmente le loro nozioni erano assai diverse dalla realtà quale la conosciamo oggi. Per esempio, la tradizione attribuisce a Democrito l'idea che i differenti stati della materia fossero associati ad atomi differenti: tondeggianti e lisci gli atomi dei liquidi; con forme adatte per agganciarsi uno sull'altro quelli dei solidi.

La concezione degli atomisti era un'intuizione profetica che non aveva maggior riscontro empirico del dogma aristotelico, secondo il quale gli elementi fondamentali (aria, fuoco, terra, acqua) costituivano entità continue. L'atomismo fece il suo ingresso nella scienza solo quando vi si fece ricorso per spiegare le proprietà dei gas, a partire da Isaac Newton, e per interpretare i rapporti tra i diversi elementi nelle reazioni chimiche, con John Dalton. Nel corso del XIX secolo, molte proprietà termodinamiche dei gas cominciarono a essere comprese, accettando l'ipotesi che la materia non fosse una sostanza continua, ma fosse costituita da componenti distinte. Ciò condusse a una nuova comprensione della struttura della materia: tutti i gas sono composti di singole molecole; a loro volta, queste molecole sono composte di entità davvero fondamentali, gli atomi.

Nonostante il successo di queste ipotesi nella spiegazione di molti fenomeni naturali, in alcuni ambienti scientifici vi fu una notevole riluttanza ad accettare la concezione atomistica. Ciò era particolarmente vero in una parte della comunità scientifica di lingua tedesca, fortemente influenzata dal positivismo del fisico e filosofo austriaco Ernst Mach, che rifiutava di ammettere la realtà fisica di

[4] C.C.W. Taylor, *The Atomists: Leucippus and Democritus; Fragments*, University of Toronto Press, Toronto 1999.

entità, come gli atomi, che non potevano essere osservate direttamente. Questa ostilità nei confronti dell'atomismo contribuì alla stato depressivo che indusse al suicidio Ludwig Boltzmann, il grande fisico austriaco fondatore della meccanica statistica.

Assai diversa era la situazione in Inghilterra, dove la tradizione di Newton e Dalton favoriva una valutazione dell'atomismo libera da pregiudizi filosofici. Non è forse un caso, quindi, che le scoperte fondamentali che hanno dimostrato la realtà degli atomi siano avvenute proprio in Inghilterra. Paradossalmente, tuttavia, la prova inconfutabile dell'esistenza dell'atomo – dell'indivisibile – fu ottenuta soltanto quando questo fu spezzato.

Spezzare l'atomo

> È più difficile spezzare un pregiudizio che un atomo.
> Albert Einstein[5]

Il 1897 è considerato ufficialmente l'anno della scoperta dell'elettrone, il cui protagonista fu Joseph John Thomson (1856-1940, premio Nobel 1906). Thomson si era laureato a Cambridge nel 1880 e dopo appena quattro anni era stato nominato Cavendish Professor, ovvero titolare di una celebre cattedra di fisica dell'Università di Cambridge, istituita grazie a una donazione di William Cavendish, Duca del Devonshire. L'incarico aveva suscitato sorpresa nell'ambiente accademico, poiché quella cattedra, occupata in precedenza da fisici del calibro di Maxwell e di Rayleigh, era una delle più prestigiose del mondo e Thomson aveva allora solo 28 anni. Inoltre, si trattava di una cattedra di fisica sperimentale, mentre fino allora Thomson si era occupato soprattutto di fisica teorica e di matematica. Ma la scelta si rivelò estremamente lungimirante.

In seguito a tale incarico, Thomson intraprese lo studio dei *raggi catodici*. Si tratta di una forma di radiazione che si produce tra due piastre metalliche collegate a un generatore elettrico ad alto voltaggio e collocate all'interno di un tubo di vetro, nel quale è stato fatto il vuoto pompando fuori l'aria. Si riteneva che tali raggi fossero una forma di radiazione elettromagnetica, sebbene il fisico fran-

[5] Attribuito ad A. Einstein.

Figura 2.1 Joseph John Thomson esegue una dimostrazione durante una lezione all'Università di Cambridge. (*Fonte: Cavendish Laboratory/University of Cambridge*)

cese Jean Baptiste Perrin (1870-1942, premio Nobel 1926) avesse osservato che tali raggi sembravano depositare una carica elettrica sulle piastre metalliche. Se confermato, questo risultato avrebbe contraddetto l'ipotesi iniziale sulla natura elettromagnetica dei raggi catodici, giacché le radiazioni elettromagnetiche non trasportano carica elettrica.

Thomson affrontò il problema applicando all'interno del tubo di vetro campi elettrici e magnetici per verificare se questi influenzassero i raggi catodici. Egli osservò una deflessione della traiettoria dei raggi catodici, prova inconfutabile che tali raggi trasportavano carica elettrica e non potevano essere una forma di radiazione elettromagnetica. Altri prima di lui avevano tentato questo esperimento, ma non erano riusciti a rivelare alcun effetto misurabile. Il successo di Thomson fu dovuto soprattutto all'impiego di pompe a vuoto più potenti, che gli consentirono di ridurre la pressione residua del gas all'interno del tubo.

L'apparecchiatura impiegata da Thomson non era altro che una primitiva versione dei tubi catodici utilizzati nei vecchi televisori.

Proprio come nell'esperimento di Thomson, all'interno del televisore opportuni campi elettrici e magnetici deflettono continuamente il fascio di raggi catodici che, colpendo uno schermo fluorescente, vi lascia un punto luminoso. Questi punti cambiano rapidamente posizione sullo schermo televisivo, ma la retina dei nostri occhi reagisce più lentamente, sovrapponendo le immagini e creando, quindi, l'effetto di figura completa percepita dal nostro cervello.

Thomson ripetè l'esperimento applicando nella sua apparecchiatura differenti campi elettrici e magnetici e misurando ogni volta la deflessione della traiettoria dei raggi catodici. Con i dati ottenuti, trasse le sue conclusioni. Partì dall'ipotesi che i raggi catodici fossero costituiti di particelle elettricamente cariche e calcolò la deflessione del fascio per effetto delle forze elettriche o magnetiche. Confrontando i calcoli teorici con i risultati delle sue misurazioni, fu in grado di dedurre il rapporto tra la massa e la carica elettrica delle ipotetiche particelle. Trovò che tale rapporto era circa mille volte più piccolo di quello dello ione idrogeno, il più leggero elemento chimico conosciuto. A questo punto, Thomson non ebbe più dubbi e concluse senza esitazione: "Alla luce di questi risultati, abbiamo nei raggi catodici materia in un nuovo stato, uno stato nel quale la suddivisione della materia è spinta molto oltre quella del comune stato gassoso."[6] In altre parole, gli atomi erano stati spezzati ed era stato osservato uno dei loro frammenti.

Con le sue misurazioni, Thomson era riuscito a dedurre solo il rapporto tra massa e carica elettrica dei frammenti di atomo e non le due quantità separate. Restava da capire ancora qualcosa: "La piccolezza di *m*/*e* [rapporto tra massa e carica] può essere dovuta alla piccolezza di *m* [massa della particella] o alla grandezza di *e* [carica della particella] o da una combinazione delle due."[7] Due anni dopo, Thomson riuscì a eseguire una prima approssimativa misura della carica elettrica, in seguito affinata negli Stati Uniti da Robert Millikan (1868-1953, premio Nobel 1923) e dal suo allievo Harvey Fletcher (1884-1981): le misure confermarono che il frammento era molto più leggero dell'atomo intero. Era stato scoperto l'*elettrone*.

Questa scoperta aprì un nuovo capitolo nella fisica, poiché dimostrava che l'atomo poteva essere spezzato. Thomson aveva inol-

[6] J.J. Thomson, Cathode rays, *Philosophical Magazine* 44, 293-316 (1897).

[7] *Ibid*.

tre identificato la sostanza che trasporta la carica in un flusso di corrente elettrica. Come Thomson stesso spiegò, ciò significava che i fenomeni elettrici erano causati dal distacco di elettroni dagli atomi: "L'elettrificazione comporta essenzialmente la scissione dell'atomo, con la liberazione di una parte della sua massa, che si distacca dall'atomo originario."[8]

Certamente, affermando di aver scoperto un "nuovo stato della materia" e identificato un frammento di atomo, l'elettrone, sulla base dei risultati del 1897, Thomson aveva in qualche misura giocato d'azzardo. Dopo tutto, ciò che aveva effettivamente osservato era solo uno spostamento dei raggi catodici; tutto il resto era pura deduzione teorica.

Sempre nel 1897, pochi mesi prima della conclusione dello studio di Thomson, a Berlino Walter Kaufmann (1871-1947) aveva ottenuto e pubblicato risultati sperimentali molto simili. Kaufmann aveva misurato le deflessioni dei raggi catodici, osservando che queste erano indipendenti dal tipo di gas residuo presente nel tubo di vetro. La piccolezza del rapporto tra massa e carica, dedotta dall'esperimento, gli parve talmente assurda da fargli concludere che l'ipotesi di una natura particellare dei raggi catodici dovesse essere errata: "Ritengo giustificato concludere che l'ipotesi dei raggi catodici come emissioni di particelle sia di per sé inadeguata per una spiegazione soddisfacente delle regolarità che ho osservato."[9] Insomma, pur ottenendo gli stessi risultati di Thomson, Kaufmann giunse a conclusioni opposte.

La scoperta dell'elettrone è oggi universalmente attribuita a Thomson, mentre il lavoro di Kaufmann è completamente ignorato dai libri di testo di fisica. Sicuramente l'atmosfera scientifica dell'Università di Berlino, riluttante ad accogliere qualsiasi interpretazione corpuscolare, non favorì Kaufmann. Ma in fisica il merito va a coloro che hanno l'intuizione che consente di vedere in un fenomeno la chiave interpretativa per svelare i segreti della natura, e Thomson ebbe questa intuizione. Come ha elegantemente spiegato il fi-

[8] J.J. Thomson, On the Masses of the Ions in Gases at Low Pressures, *Philosophical Magazine* 48, 547-567 (1899).

[9] W. Kaufmann, Die magnetische Ablenkbarkeit der Kathodenstrahlen und ihre Abhängigkeit vom Entladungspotential, *Annalen der Physik und Chemie* 61, 544-552 (1897).

siologo Albert Szent-Györgyi: "La scoperta consiste nel vedere ciò che tutti hanno visto e nel pensare ciò che nessuno ha pensato."[10]

Dentro l'atomo

> Se è vero, è di gran lunga più importante della vostra guerra.
>
> Ernest Rutherford[11]
>
> (messaggio inviato durante la prima guerra mondiale a un comitato militare di ricerca, per giustificare la propria assenza mentre era impegnato negli esperimenti sul nucleo atomico)

Una volta stabilita la realtà dell'elettrone, rimaneva da scoprire quale fosse la sostanza che costituiva il resto dell'atomo e ne neutralizzava la carica elettrica totale. Erano stati osservati alcuni frammenti dell'atomo, gli elettroni, ma tali frammenti rappresentavano solo una minuscola frazione della massa atomica complessiva. Di che cosa era fatto il resto?

Thomson immaginava l'atomo come un'entità uniforme di carica elettrica positiva, dentro la quale erano intrappolati gli elettroni. Questa concezione era nota come il "plum pudding"[12] di Thomson, in quanto gli elettroni apparivano come pezzetti di frutta secca all'interno di una sostanza viscosa. Il modello – per non parlare del dessert tipicamente anglosassone – era assai poco allettante per i palati non britannici. Nel 1903, infatti, il fisico giapponese Hantaro Nagaoka (1865-1950) propose l'idea di un atomo somigliante al sistema solare, con un "sole" al centro, intorno al quale orbitavano gli elettroni, assimilati a "pianeti", un'idea già prospettata da Hermann Helmoltz e Jean Baptiste Perrin. Tuttavia, l'ipotesi di un "sistema solare" atomico era indifendibile. Era ben noto, infatti, che una carica elettrica orbitante emette radiazione

[10] A. Szent-Györgyi, citato in I.J. Good (ed.), *The Scientist Speculates*, Heinemann, London 1962.

[11] E. Rutherford, citato in T.E. Murray, More Important Than War, in *Science* 119, 3A (1954).

[12] Tipico dolce inglese simile a un budino molto denso, realizzato con pane raffermo, grasso di rognone, zucchero e frutta secca.

elettromagnetica cedendo energia; di conseguenza gli elettroni "planetari" sarebbero rapidamente precipitati verso il centro, determinando l'immediato collasso dell'atomo. La struttura atomica rimaneva dunque un mistero.

Ernest Rutherford (1871-1937, premio Nobel 1908) era un brillante studente neozelandese che, grazie a una borsa di studio, giunse carico di speranze e ambizioni al glorioso Cavendish Laboratory di Cambridge. In seguito divenne professore di fisica all'Università di Manchester e lì, nel 1909, suggerì al suo collaboratore Hans Geiger (1882-1945) e al suo allievo Ernest Marsden (1889-1970) di studiare la diffusione delle cosiddette *particelle alfa* (cioè ioni di elio con carica elettrica positiva) prodotte da una sorgente radioattiva costituita da bromuro di radio. Tale diffusione si verifica quando le particelle alfa colpiscono una sottile pellicola di oro o alluminio e, attraversandola, subiscono una modifica delle loro traiettorie originarie. Esperimenti di questo genere erano già stati realizzati e si era osservato che le particelle alfa erano leggermente deflesse quando attraversavano la pellicola metallica. La novità del suggerimento di Rutherford consisteva nel fatto che chiese ai suoi giovani collaboratori di verificare se qualche particella alfa rimbalzasse all'indietro invece di attraversare la pellicola.

Il progetto proposto da Rutherford ai suoi assistenti somiglia in modo sospetto a quei problemi che si assegnano agli studenti solo per tenerli occupati, in attesa che al professore venga in mente un'idea migliore sui cui lavorare. Perché mai una sottile pellicola metallica avrebbe dovuto riflettere proiettili pesanti e velocissimi come le particelle alfa prodotte da una sorgente radioattiva? Geiger e Marsden effettuarono le loro misurazioni e si precipitarono trafelati da Rutherford: avevano osservato che alcune particelle alfa effettivamente rimbalzavano indietro. Come ebbe a ricordare Rutherford: "Fu senz'altro la cosa più incredibile che mi sia mai capitata in tutta la vita. Era quasi altrettanto incredibile che se avessi sparato contro un pezzo di carta velina una granata da 381 millimetri, e questa mi fosse rimbalzata addosso."[13] Per poter

[13] E. Rutherford, citato in E.N. da Costa Andrade, *Rutherford and the Nature of the Atom*, Anchor Books Doubleday and Co., New York 1964 (Ed. it.: *Rutherford. Come si scoprì la natura dell'atomo*, Zanichelli, Bologna, 1967. Trad. di L. Felici).

Figura 2.2 Ernest Rutherford (a destra) e Hans Geiger allo Schuster Laboratory dell'Università di Manchester. (*Fonte: Bettman Archive/Corbis/Specter*)

rimbalzare indietro, queste veloci e pesanti particelle alfa dovevano aver incontrato all'interno della pellicola metallica un ostacolo e una forza così intensi da invertire completamente il proprio moto. Questo ostacolo non poteva essere rappresentato dagli elettroni, che sono troppo leggeri. Sarebbe come lanciare violentemente una palla da bowling contro qualche pallina da ping-pong: non ci si può attendere che la palla da bowling rimbalzi indietro. E neppure la sostanza viscosa del "plum pudding" di Thomson sembrava in grado di riflettere le energetiche particelle alfa.

Per tutta la vita, Rutherford fu un accanito e geniale fisico sperimentale, ma fu sempre piuttosto scettico sull'attività della maggior parte dei fisici teorici, che considerava troppo speculativa e astratta. Eppure in quell'occasione recitò sino in fondo la parte del fisico teorico. Calcolò la probabilità che una particella alfa potesse essere deflessa di un angolo superiore a 90 gradi (in altre parole che potesse essere riflessa) assumendo l'ipotesi che la massa e la carica elettrica positiva dell'atomo fossero completamente concentrate in un singolo punto, il *nucleo atomico*. Il risultato del calcolo si rivelò in perfetto accordo con i dati ottenuti da Geiger e Marsden, come pure con i successivi esperimenti realizzati da Rutherford stesso in collaborazione con Marsden.

Quando le particelle alfa, che possiedono carica elettrica positiva, penetrano nella sottile pellicola metallica, in generale le loro traiettorie subiscono leggere deviazioni prodotte dalle forze elettromagnetiche esercitate dalle diverse cariche atomiche presenti all'interno dello strato metallico. Ciò spiega le limitate deflessioni osservate nella diffusione della maggior parte delle particelle alfa. Tuttavia, vi è una certa probabilità – seppure molto piccola, ma non nulla – che la traiettoria di una particella alfa passi vicinissima a un nucleo, dove sono concentrate la massa e la carica elettrica positiva dell'atomo. In tale caso le particelle alfa possono essere riflesse, poiché in prossimità di questo pesante nucleo la forza elettromagnetica è molto intensa. È come lanciare la nostra palla da bowling contro una grossa palla da cannone ferma: vi sarà ora una certa probabilità che la palla da bowling rimbalzi indietro. Si tratta, in effetti, del medesimo fenomeno che si verifica nella deflessione della traiettoria di una cometa: quando una cometa passa attraverso una fascia di asteroidi, la sua traiettoria non viene quasi modificata; quando invece si avvicina al Sole, la cometa è soggetta alla sua intensa forza di gravità e può subire una deflessione di un grande angolo lungo una traiettoria iperbolica.

Rutherford aveva guardato dentro l'atomo e aveva visto un'immagine assai differente da quella che i fisici si attendevano: un nucleo centrale molto più piccolo della dimensione effettiva dell'atomo contiene tutta la carica positiva e praticamente tutta la massa atomica; il resto è solo una nube di leggeri elettroni che portano tutta la carica negativa.

Per curiosità, possiamo confrontare le dimensioni e i pesi del sistema solare con quelli dell'atomo. Il rapporto tra la dimensione del sistema solare (assumendo come limite l'orbita di Nettuno) e il diametro del Sole è circa 6000:1, e il rapporto tra la massa del Sole e quella di tutti i pianeti è circa 700:1. Per atomi di media grandezza, il rapporto tra la dimensione dell'atomo e quella del nucleo è circa 20000:1, e il rapporto tra la massa del nucleo e quella degli elettroni è circa 4000:1. In confronto al sistema solare, pertanto, l'atomo è molto più vuoto e la sua massa è molto più addensata al centro. In proporzione, la dimensione del nucleo all'interno dell'atomo è quella di "una mosca in una cattedrale."[14]

Tuttavia, come già accennato, l'immagine degli atomi come sistemi solari in miniatura era del tutto incompatibile con le leggi dell'elettromagnetismo. Fu il fisico teorico danese Niels Bohr (1885-1962, premio Nobel 1922) a formulare l'ipotesi che gli elettroni all'interno dell'atomo debbano essere relegati solo in particolari orbite. Nel caso del sistema solare le distanze tra il Sole e i pianeti non sono dettate da alcun principio fondamentale e nessuna legge fisica vieta l'esistenza di altri sistemi solari nei quali le distanze tra la stella centrale e le orbite planetarie siano differenti da quelle del nostro sistema. Secondo Bohr, ciò non vale per gli elettroni: sono possibili solo certe specifiche orbite, mentre qualsiasi altra è vietata.

Supponiamo che un turista in visita in Egitto voglia scattare una fotografia di una bella vista panoramica del deserto. Per ottenere una migliore inquadratura, deve portarsi in un luogo elevato, ma non ci sono colline nella zona. Improvvisamente gli viene la brillante idea di arrampicarsi sui fianchi della Grande Piramide di Giza, che supponiamo perfettamente liscia: può scegliere liberamente l'altezza dalla quale scattare la fotografia solo salendo o scendendo di poco. Pochi giorni dopo lo stesso turista va a Saqqara per visitare la famosa piramide a gradoni. Anche qui sente l'improvviso bisogno di scattare una foto da una posizione elevata. Inizia, quindi, ad arrampicarsi sulla Piramide di Saqqara, ma questa volta risultano accessibili solo alcune altezze, quelle determinate dai gradoni della piramide: qualsiasi altezza intermedia è preclusa, poiché il turista scivolerebbe immediatamente al livello del gradone inferiore. Analogamente, mentre in un sistema solare i pianeti possono occupare qualsiasi orbita, all'interno degli atomi gli elettroni possono accedere solo a determinati e ben definiti livelli.

Partendo da questa ipotesi, Bohr scoprì inaspettate regole per il moto delle particelle, che avrebbero condotto alla nascita di una nuova teoria: la *meccanica quantistica*. Questa nuova teoria avrebbe presto scalzato la descrizione newtoniana del moto e rivoluzionato molti concetti fondamentali della fisica. Nella meccanica

[14] J. Rowland, *Understanding the Atom*, Gollancz, London 1938, citato (e ripreso nel titolo) in B. Cathcart, *The Fly in the Cathedral*, Viking, London 2004.

Figura 2.3 Conversazione tra Niels Bohr (*a destra*) e Werner Heisenberg. (*Fonte: Pauli Archive/CERN*)

quantistica anche le nozioni di traiettoria e di orbita perdono i loro normali significati.

La semplice ma strana ipotesi di Bohr sulle orbite degli elettroni, pur se inizialmente non giustificata da alcun sensato principio della fisica, non solo si rivelò adeguata per spiegare la struttura atomica, ma fu anche in grado di predire lo *spettro di frequenze* dell'idrogeno. Lo spettro di un elemento chimico è l'insieme delle frequenze della luce assorbite o emesse da tale elemento. Tali frequenze sono una caratteristica distintiva di ciascun elemento chimico e ne forniscono una sorta di impronta digitale, attraverso la quale esso può essere identificato in modo univoco. Per esempio, le lampade al sodio non emettono luce bianca (cioè distribuita su tutte le frequenze), bensì luce con due soli valori specifici di frequenza. Poiché noi percepiamo le frequenze della luce come colori, ai nostri occhi le lampade al sodio, spesso utilizzate per l'illuminazione degli svincoli autostradali, emettono la caratteristica luce giallo-arancio.

Viceversa, scomponendo con un prisma luce bianca che abbia attraversato un gas, scopriamo delle righe nere che coincidono esattamente con le frequenze caratteristiche, cioè le impronte digitali, di quel gas: l'elemento che compone il gas ha assorbito le frequenze luminose corrispondenti al suo spettro. Nel XIX secolo l'analisi degli spettri di frequenze della luce proveniente dalle stelle ha condotto a una fondamentale scoperta scientifica: gli elementi chimici presenti nei corpi celesti sono esattamente gli stessi che esistono sulla Terra, poiché gli elementi stellari mostrano impronte digitali identiche a quelle degli elementi terrestri. È curioso che un elemento chimico, l'elio, sia stato scoperto per la prima volta nello spettro solare, come ricorda il suo nome (dal greco *helios*, sole), e solo più tardi sulla Terra.

Bohr ipotizzò che lo spettro di frequenze di un elemento corrispondesse alle differenze di energia tra gli elettroni nelle diverse orbite possibili all'interno dell'atomo. Nell'analogia precedente, le frequenze dello spettro corrispondono all'energia richiesta per saltare da un gradone all'altro della Piramide di Saqqara. Poiché esiste solo un numero ristretto di gradoni possibili, devono esistere solo particolari valori di frequenza della luce emessa. Bohr poté dunque calcolare lo spettro di frequenze dell'idrogeno che era già noto sperimentalmente con grande precisione: l'accordo tra i valori calcolati da Bohr e i dati sperimentali risultò stupefacente.

La scoperta del nucleo atomico non aveva solo svelato la struttura più intima della materia, ma aveva anche mostrato che le leggi fondamentali della natura descrivono un mondo profondamente diverso da quello abitualmente percepito dai nostri sensi. La stranezza dell'ipotesi di Bohr e il suo successo nello spiegare le proprietà dell'atomo di idrogeno determinarono in molti un profondo sconcerto. Si dice che, in quei giorni, la domanda più frequente tra i fisici teorici fosse: "Tu ci credi?" La risposta più adeguata a tale interrogativo, seppure in un contesto completamente diverso, fu data, probabilmente, dallo stesso Bohr. Un giorno un ospite, che si era recato a trovarlo nella sua casa di campagna a Tisvilde, in Danimarca, rimase sorpreso vedendo un ferro di cavallo appeso sopra la porta di ingresso. Chiese allora a Bohr se credeva davvero che un ferro di cavallo portasse fortuna. "Naturalmente no," rispose Bohr, "ma mi hanno detto che funziona anche se uno non ci crede."[15] La stessa

[15] P. Robertson, *The Early Years, the Niels Bohr Institute 1921–30*, Akademisk Forlag, Copenhagen 1979.

cosa avrebbe potuto dirsi delle prime ipotesi della meccanica quantistica. Nessuno aveva una buona spiegazione razionale del perché le sue strane regole funzionassero, e tuttavia esse descrivevano perfettamente le osservazioni sperimentali condotte sugli atomi e sulla loro struttura interna. Ma le sorprese della meccanica quantistica erano appena iniziate: ne stavano per arrivare molte altre.

Dentro il nucleo atomico

> Gli aspirapolvere a energia nucleare saranno probabilmente una realtà entro dieci anni.
>
> Alex Lewyt[16]
> (presidente della Lewyt Vacuum Cleaner Company, società produttrice di aspirapolvere, intervistato nel 1955)

La scoperta del nucleo atomico da parte di Rutherford e la teoria delle orbite degli elettroni di Bohr spianarono la strada alle misurazioni della carica elettrica positiva contenuta negli atomi. L'idea era sparare un fascio di raggi X sugli atomi per colpire alcuni elettroni, scaraventandoli fuori dalle loro orbite. Gli elettroni rimanenti avrebbero riorganizzato la propria struttura riempiendo alcune orbite a minore energia rimaste vuote, emettendo quindi raggi X secondari che potevano essere misurati. Le frequenze dei raggi X secondari contenevano le informazioni relative ai livelli energetici delle orbite interne degli elettroni. Mediante calcoli teorici e dati sulle frequenze dei raggi X era possibile dedurre la carica elettrica del nucleo, il cosiddetto *numero atomico* Z.

Misurazioni sistematiche del numero atomico di quasi tutti gli elementi conosciuti furono eseguite da Henry Moseley (1887-1915), che aveva sviluppato a Oxford nuove tecniche per la determinazione della frequenza dei raggi X. La sua brillante carriera fu prematuramente stroncata: allo scoppio della prima guerra mondiale il giovane Moseley si arruolò volontario nell'esercito britannico e cadde a Gallipoli sotto il fuoco turco. Nel frattempo, l'inglese Marsden e il tedesco Geiger – i due collaboratori di Rutherford – stavano combattendo entrambi sul fronte occidentale, ma da parti opposte.

[16] Vacuum Cleaners Eyeing the Atom, *The New York Times*, June 11, 1955.

Attraverso la misurazione dei numeri atomici, i fisici stavano riscoprendo la tavola periodica di Mendeleev, trovando un nuovo e più profondo significato nella classificazione degli elementi chimici. I valori ottenuti del numero atomico Z (la carica elettrica del nucleo) risultarono essere interi, almeno nei limiti dell'errore sperimentale. Inoltre, a elementi più pesanti corrispondevano valori più grandi di Z. Il peso di un elemento, espresso impiegando come unità di misura la massa dell'atomo di idrogeno, è chiamato *peso atomico* A. Anche i valori di A dei diversi elementi, ben noti alla chimica, erano approssimativamente numeri interi.

Tutti questi risultati fornivano ottimi indizi a favore dell'idea che i nuclei fossero agglomerati di entità più semplici, dei quali il nucleo di idrogeno rappresentava il mattone fondamentale. Questo mattone ha una carica elettrica positiva, uguale e opposta a quella dell'elettrone, ma una massa 1836 volte maggiore di quella dell'elettrone. A partire dal 1920, il nucleo di idrogeno – il mattone costituente di tutti i nuclei – fu chiamato *protone* (dal greco *protos*, primo), un termine usato per la prima volta da Rutherford.[17]

Fu tuttavia subito evidente che i nuclei atomici non potevano essere costituiti solo di protoni. Se i protoni fossero stati i soli componenti del nucleo, le masse nucleari e le cariche totali sarebbero state, rispettivamente, la somma delle masse e la somma delle cariche dei singoli protoni presenti nel nucleo; pertanto, i valori di A e di Z di ciascun elemento chimico avrebbero dovuto essere uguali. Questa conclusione era smentita dalle misurazioni: il valore di A cresceva da un elemento all'altro più velocemente di Z. Per esempio, Moseley aveva trovato: per il titanio $Z = 22$ e $A = 48$; per il vanadio $Z = 23$ e $A = 51$; per il cromo $Z = 24$ e $A = 52$; e così via.

L'ipotesi allora in voga per spiegare queste osservazioni era che il nucleo contenesse protoni ed elettroni. Poiché la massa dell'elettrone è praticamente trascurabile rispetto a quella del protone, si deduceva che il numero di protoni nel nucleo dovesse essere uguale ad A; come illustrato nella figura 2.4, secondo tale ipotesi il nucleo avrebbe dovuto contenere un numero di elettroni uguale ad $A - Z$, poiché il numero atomico era dato dal numero dei protoni meno il numero degli elettroni (portatori di carica negativa).

[17] Riportato in Physics at the British Association, *Nature* 106, 357 (1920).

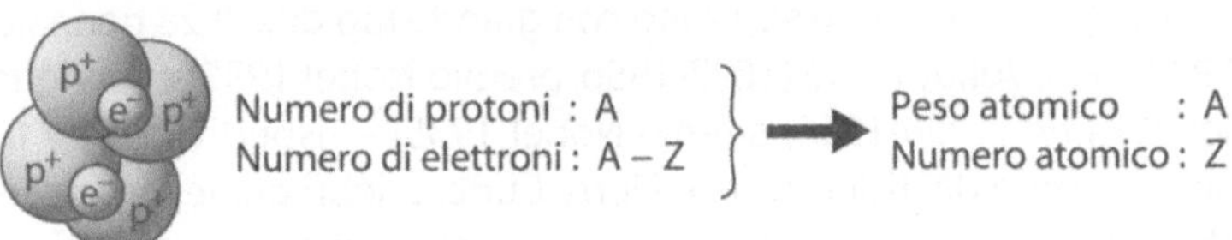

Figura 2.4 Il nucleo atomico secondo l'ipotesi che esso contenesse A protoni e A–Z elettroni. (Lo schema è riferito all'elio, che ha peso atomico A=4 e numero atomico Z=2)

Oggi sappiamo che questa spiegazione è errata, ma allora sembrava l'ipotesi certamente più plausibile. Infatti, elettroni e protoni erano le sole particelle conosciute e, dunque, i naturali ingredienti di qualsiasi ricetta atomica. Si sapeva, inoltre, che i nuclei degli atomi caratterizzati da radioattività beta emettono elettroni, ed era quindi del tutto ragionevole ritenere che dovessero esistere elettroni all'interno del nucleo. Infine, non era chiaro che cosa potesse tenere insieme i protoni nel nucleo. Infatti, cariche elettriche dello stesso segno (nel caso dei protoni, positive) tendono a respingersi e quindi la forza elettrica tra i protoni avrebbe dovuto determinare la rapida disintegrazione del nucleo. Sebbene nessuno fosse in grado di proporre una spiegazione plausibile per la stabilità del nucleo, l'aggiunta di elettroni forniva almeno qualche speranza, in quanto la carica negativa degli elettroni avrebbe potuto esercitare una forza attrattiva sui protoni. Per usare le parole di Rutherford: "Sebbene di minuscole dimensioni, il nucleo è di per sé un sistema molto complesso costituito di corpi carichi positivamente e negativamente tenuti strettamente legati da intense forze elettriche."[18]

Eppure alcuni fisici teorici contestavano l'idea di nuclei composti di protoni ed elettroni, poiché le prime cognizioni di meccanica quantistica indicavano che non era possibile confinare gli elettroni in spazi così piccoli come quelli dei nuclei atomici. Da parte loro, i fisici sperimentali provavano a bombardare i protoni con elettroni, nel tentativo di neutralizzare la carica elettrica totale e di creare quel "sistema molto complesso" che si riteneva esistesse nel nucleo. Ma questi tentativi continuavano a fallire anno dopo anno.

[18] E. Rutherford, The Structure of the Atom, *Scientia* 16, 337-351 (1914).

Poi gli eventi si susseguirono con grande rapidità. Il 28 gennaio 1932, Irène Joliot-Curie (1897-1956, premio Nobel 1935) e Frédéric Joliot-Curie (1900-1958, premio Nobel 1935) – rispettivamente figlia e genero dei fisici Marie e Pierre Curie, celebri per le loro ricerche sulla radioattività – annunciarono una nuova scoperta: bombardati con particelle alfa, gli atomi di berillio emettevano raggi in grado di estrarre protoni da un bersaglio formato di cera di paraffina. I Joliot-Curie interpretarono erroneamente questi raggi come radiazioni elettromagnetiche gamma. Ma l'aspetto sconcertante del loro risultato era che, per essere abbastanza penetrante da poter espellere protoni dalla paraffina, questa radiazione elettromagnetica avrebbe dovuto possedere un'energia molto maggiore di quella disponibile all'interno dell'atomo di berillio. Nei loro primi tentativi di spiegazione, i Joliot-Curie avanzarono perfino la congettura che, a livello nucleare, l'energia non fosse conservata.

Quando il fisico catanese Ettore Majorana (1906-1938?) – che pochi anni dopo sarebbe misteriosamente scomparso – seppe di questo risultato, esclamò: "Ma guarda che idioti, hanno scoperto il protone neutro e non se ne sono neppure accorti."[19] I siciliani, si sa, sono meno flemmatici degli inglesi e si esprimono con meno garbo, anche se forse in modo più efficace. Infatti James Chadwick (1891-1974, premio Nobel 1935) reagì allo stesso evento con un commento assai più sobrio: "Un risultato elettrizzante."[20]

Chadwick, come Majorana, aveva immediatamente compreso che, per essere così penetrante da riuscire a raggiungere il nucleo estraendone un protone, la radiazione doveva essere causata da una particella neutra e pesante. La pubblicazione dei Joliot-Curie era giunta a Cambridge all'inizio di febbraio e Chadwick lavorò nel suo laboratorio per dieci giorni filati, pur senza trascurare le sue responsabilità al Cavendish Laboratory, dormendo non più di tre ore per notte. Il 17 febbraio 1932 inviò alla rivista scientifica *Nature* l'ar-

[19] Nelle rievocazioni di Gian Carlo Wick ed Emilio Segrè. Vedi: A. Martin, in *Spin in Physics*, X Séminaire Rhodanien de Physique, March 2002 (eds. M. Anselmino, F. Mila, J. Soffer), Frontier, Torino 2002; E. Segrè, in *Nuclear Physics in Retrospect: Proceedings of a Symposium on the 1930s* (ed. R.H. Stuewer), University of Minnesota Press, Minneapolis 1979.

[20] J. Chadwick, in *Proceedings of 10th International Congress on the History of Science*, Ithaca, New York, Hermann, Paris 1964.

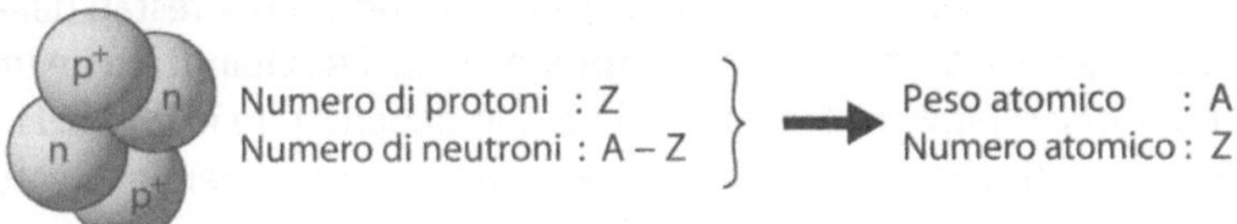

Figura 2.5 Il nucleo atomico secondo il modello con Z protoni e A–Z neutroni. (Lo schema è riferito all'elio, che ha peso atomico A=4 e numero atomico Z=2)

ticolo nel quale descriveva la scoperta del *neutrone*. Subito dopo tenne un seminario al Cavendish nel quale spiegò ai colleghi i suoi risultati, concludendo così: "Ora vorrei essere cloroformizzato e messo a letto per un paio di settimane."[21]

Chadwick aveva scoperto il *neutrone*, una particella con carica elettrica zero e massa quasi identica a quella del protone. In realtà, sia Chadwick sia Rutherford erano ancora convinti che il neutrone fosse uno stato legato formato da un protone più un elettrone. Invece successivi studi chiarirono che il neutrone è, a tutti gli effetti, una particella e un componente del nucleo al pari del protone.

Così la fisionomia dell'atomo cambiava: il nucleo è composto da un numero Z di protoni e da un numero A - Z di neutroni (vedi figura 2.5), e ciò spiega correttamente sia la sua massa totale sia la sua carica elettrica. Gli elettroni occupano solo orbite esterne al nucleo e riempiono la maggior parte dello spazio atomico.

La scoperta del neutrone ebbe conseguenze impreviste. Il fisico ungherese Leo Szilard (1898-1964) racconta: "Ricordo molto chiaramente che l'idea che la liberazione di energia atomica fosse effettivamente possibile mi si presentò per la prima volta nell'ottobre 1933, mentre aspettavo il verde a un semaforo in Southampton Row a Londra... Mi venne in mente che quei neutroni, a differenza delle particelle alfa, non ionizzano la sostanza che attraversano; di conseguenza, i neutroni non si fermano finché non colpiscono un nucleo con il quale possono reagire."[22] Szilard si era reso conto che

[21] C.P. Snow, *The Physicists*, Little Brown, Boston 1981.

[22] L. Szilard, *The Collected Works: Scientific Papers* (eds. B.T. Feld, G. Weiss Szilard), MIT Press, Boston, 1972.

i neutroni, essendo privi di carica elettrica, non sono arrestati dalla barriera elettromagnetica che protegge il nucleo. Quindi anche un neutrone relativamente lento è in grado di penetrare in un nucleo e magari di scinderlo, liberando parte della grande energia in esso contenuta. La scissione del nucleo avrebbe potuto determinare il rilascio di altri neutroni che, a loro volta, avrebbero provocato la scissione di ulteriori nuclei in una reazione a catena. La natura aveva messo nelle mani dei fisici un proiettile – il neutrone – in grado di colpire la parte più interna della materia.

Quando il semaforo di Southampton Row diventò verde, per l'umanità era iniziata una nuova avventura, un'avventura che avrebbe comportato anche atroci conseguenze. Ma si tratta di una storia diversa da quella che sto raccontando.

Antimateria

È stata stabilita una comunicazione tra gli esseri umani qui sulla Terra ed extraterrestri che vivono in una galassia costituita di antimateria. Si è scoperto che in quell'anti-mondo essi hanno un'anti-scienza, un'anti-matematica e un'anti-fisica. I fisici terrestri ricevono una descrizione di un anti-laboratorio di anti-fisica e, guarda un po', scoprono che è pieno di anti-semiti.

Peter Freund[23]

Talora il progresso in fisica avviene in seguito a importanti scoperte sperimentali; talora è guidato da nuove congetture teoriche; il più delle volte deriva da una combinazione delle due. L'antimateria è un esempio di concetto generato inizialmente da pura speculazione intellettuale e solo successivamente confermato da esperimenti. Nell'ardito cammino logico che portò alla scoperta dell'antimateria, nessuno avrebbe potuto svolgere il ruolo di guida e di protagonista meglio di Paul Dirac (1902-1984, premio Nobel 1933).

Dirac era nato a Bristol da padre svizzero, del quale ricordava: "Mio padre stabilì la regola che dovevo parlargli solo in francese. Pensava che per me fosse bene imparare il francese in questo

[23] P. Freund, *A Passion for Discovery*, World Scientific, Singapore 2007.

Figura 2.6 Paul Dirac (a destra) e Wolfgang Pauli a Oxford nel 1938. (*Fonte: Pauli Archive/ CERN*)

modo. Poiché trovavo difficile esprimermi in francese, era meglio per me stare zitto piuttosto che parlare in inglese. Divenni allora molto silenzioso e ciò accadde molto presto."[24] La riservatezza di Dirac era leggenderia. A proposito dei suoi incontri con Bohr, ricordava: "Abbiamo avuto lunghe conversazioni insieme, lunghe conversazioni nelle quali Bohr era praticamente l'unico a parlare."[25] Dirac usava le parole con parsimonia, ma sapeva parlare attraverso le equazioni.

All'inizio del XX secolo la relatività speciale e la meccanica quantistica rivoluzionarono il mondo della fisica. La relatività speciale ri-

[24] A. Pais, *Inward Bound*, Oxford University Press, Oxford 1986.

[25] P.A.M. Dirac, Ehrenhaft, the subelectron and the Quark, in C. Weiner, *History of Twentieth Century Physics*, Academic Press, New York 1977.

formulò le premesse in base alle quali osservatori diversi in moto relativo uniforme percepiscono intervalli di tempo e distanze nello spazio. Questa teoria mostrò che molti concetti fondamentali della fisica classica non sono più validi per corpi con velocità prossime a quella della luce. A sua volta, la meccanica quantistica ridefinì la nostra comprensione di processi che implicano piccoli scambi di energia. Le due teorie avevano rivelato nuove realtà, ma si mantenevano in sfere separate. Per descrivere il moto degli elettroni ad alta energia, tuttavia, era necessario formulare una teoria unitaria che potesse includere gli effetti sia della meccanica quantistica sia della relatività. La costruzione di una simile teoria presentava grandi difficoltà dal punto di vista matematico, ma Dirac amava i problemi difficili ed era deciso a trovare un'equazione che potesse descrivere il moto dell'elettrone soddisfacendo i criteri sia della meccanica quantistica sia della relatività.

Nel 1928 Dirac ottenne l'equazione che stava cercando. Sono ben poche le equazioni che hanno il privilegio di essere custodite in una cattedrale, ma quella di Dirac è scolpita su una lastra di ardesia, posta accanto alla tomba di Newton, all'interno dell'Abbazia di Westminster (figura 2.7). Se ciò non bastasse per testimoniare l'importanza di quell'equazione, aggiungeremo che essa non solo fornisce una descrizione unificata della relatività speciale e della meccanica quantistica, ma determina anche le proprietà magnetiche dell'elettrone in perfetto accordo con i dati sperimentali.

Il taciturno Dirac aveva scoperto il linguaggio matematico comune attraverso il quale la relatività speciale e la meccanica quantistica potevano infine conversare. Tuttavia, qualcosa ancora non quadrava. L'equazione di Dirac aveva una doppia soluzione: oltre all'elettrone, l'equazione descriveva anche un'altra misteriosa entità, probabilmente un'altra particella. Questa misteriosa particella aveva la stessa massa dell'elettrone, una carica elettrica di uguale intensità ma positiva e, tanto per peggiorare le cose, un'energia negativa. Che cosa poteva significare tutto ciò?

La confusione durò più di tre anni. La presenza di una particella con energia negativa era considerata una catastrofe. Infatti, se una particella contribuisce con un apporto negativo all'energia del sistema, allora qualsiasi incremento del numero di tali particelle determina una diminuzione dell'energia totale. Un sistema fisico evolve sempre verso lo stato di minima energia e, di conseguenza,

Figura 2.7 La lastra di ardesia del pavimento dell'Abbazia di Westminster sulla quale è scolpita l'equazione di Dirac. (*Fonte: Westminster Abbey*)

l'universo dovrebbe collassare in una gigantesca agglutinazione di particelle a energia negativa.

Per aggirare tale assurdo, Dirac avanzò l'ipotesi che le particelle con energia negativa dovessero semplicemente essere scartate dalla soluzione della sua equazione, in quanto prive di realtà fisica. Ma questa sbrigativa via d'uscita non funzionava: fu presto dimostrato che l'esistenza delle particelle a energia negativa era essenziale per la coerenza della teoria, poiché senza di esse l'equazione di Dirac non poteva riprodurre i risultati quantomeccanici noti, nel limite in cui la velocità degli elettroni è abbastanza bassa da poter trascurare gli effetti relativistici.

Allora Dirac tentò una spiegazione diversa. Formulò l'ipotesi che queste nuove particelle cariche positivamente fossero i protoni, sperando che gli effetti elettromagnetici potessero giustificare la differenza tra le masse dei protoni e degli elettroni. Peggio ancora: in questo caso tutti gli atomi si dovrebbero disintegrare in raggi gamma dopo appena 0,1 nanosecondi.

Finalmente, nel 1931, Dirac compì il passo decisivo: la nuova particella, "se esistesse, sarebbe un nuovo tipo di particella, sconosciuto alla fisica sperimentale, dotato della stessa massa e di carica opposta a quella dell'elettrone."[26] Dirac chiamò questa ipotetica

[26] P.A.M. Dirac, Quantised singularities in the electromagnetic field, *Proceedings of the Royal Society A* 133, 60-72 (1931).

particella antielettrone. Contemporaneamente, Dirac offrì una spiegazione per i valori negativi dell'energia, che tuttavia oggi è considerata obsoleta e insoddisfacente. La comprensione completa del significato fisico dell'energia negativa giunse solo più tardi con gli sviluppi della teoria quantistica dei campi.

Circa un anno dopo, il fisico statunitense Carl Anderson (1905-1991, premio Nobel 1936) scoprì nel suo apparecchio tracce di particelle insolite: avevano carica positiva, ma erano molto più leggere dei protoni. Concluse di aver identificato un nuovo tipo di particella, con carica opposta a quella dell'elettrone e massa analoga. Ignorando che quella particella aveva già un nome nell'ambiente dei fisici teorici, Anderson la chiamò *positrone*, che rimane la denominazione oggi più utilizzata. "Sì, sapevo della teoria di Dirac," dichiarò successivamente Anderson in un'intervista, "[...] ma non conoscevo in dettaglio il lavoro di Dirac. Ero troppo occupato a far funzionare queste apparecchiature per avere il tempo di leggere i suoi articoli."[27]

Dunque Dirac aveva visto giusto, anche se, come ammise in seguito: "L'equazione è stata più intelligente di me."[28] Il matrimonio tra la relatività speciale e la meccanica quantistica aveva generato l'antimateria. In altre parole, la coerenza logica della relatività speciale e della meccanica quantistica implica che la materia non possa esistere senza la sua controparte, l'antimateria. Per ciascuna particella esiste una corrispondente antiparticella, una sorta di immagine speculare della particella stessa: hanno entrambe esattamente la stessa massa, ma cariche elettriche opposte.

La scoperta del positrone da parte di Anderson aprì la caccia all'antimateria. L'obiettivo successivo fu dimostrare che anche protoni e neutroni avevano le loro corrispondenti antiparticelle. Per produrre antiprotoni e antineutroni, che sono circa 2000 volte più pesanti dei positroni, occorrevano acceleratori di particelle ad alta energia. I fisici di Berkely iniziarono la costruzione del Bevatron, un acceleratore di protoni, che poteva essere impiegato per bombardare bersagli materiali. Per quell'epoca, l'energia dei protoni era enorme, benché fosse meno di un millesimo di quella di un singo-

[27] A. Pais, *Inward Bound*, cit.

[28] G. Johnson, *Strange Beauty*, Knopf, New York 2000.

lo fascio dell'LHC. Nel 1955, esperimenti condotti sul Bevatron da Emilio Segrè (1905-1989, premio Nobel 1959) e Owen Chamberlain (1920-2006, premio Nobel 1959) portarono alla scoperta dell'antiprotone. L'anno successivo fu la volta dell'antineutrone.

Esistono gli antiatomi? Come gli atomi sono composti di protoni, neutroni ed elettroni, la combinazione di antiprotoni, antineutroni e positroni può formare antiatomi. Sebbene in natura non si trovino antiatomi stabili, essi possono essere prodotti in laboratorio. La più semplice forma di antiatomo fu creata per la prima volta al CERN nel 1995: si tratta dell'atomo di antidrogeno, costituito da un solo positrone che orbita intorno a un antiprotone. L'esperimento fu realizzato presso il Low-Energy Antiproton Ring (LEAR), un anello di 78 metri di circonferenza utilizzato per rallentare gli antiprotoni prima di combinarli con i positroni. Dopo la disattivazione di questa macchina, nuovi esperimenti furono compiuti su un apparecchio dedicato alla produzione di antidrogeno, l'Antiproton Decelerator (AD). Nel 2002 furono registrati al CERN diversi eventi corrispondenti alla produzione e al decadimento di antidrogeno. La maggiore sfida tecnologica resta il confinamento, per mezzo di campi magnetici, degli antiatomi per un tempo sufficiente per effettuare misurazioni precise della loro struttura prima che essi si disintegrino venendo a contatto con la materia. Le ricerche in tale direzione sono ancora in corso.

Nonostante abbiano avuto finora un modesto impatto nel mondo scientifico, le ricerche sulla produzione artificiale di antiatomi hanno suscitato grande interesse nel pubblico e nei media. È stato persino suggerito che l'antimateria potrebbe essere una valida fonte di energia. Sfortunatamente, l'efficienza della produzione di energia dall'antimateria è minima e "tutta l'antimateria finora prodotta al CERN non basterebbe nemmeno per tenere accesa una lampadina da 100 watt per più di un'ora."[29] L'antimateria resta comunque uno dei temi favoriti degli scrittori di fantascienza.

[29] R. Landua, Antihydrogen at CERN, *Physics Reports* 403, 323-336 (2004).

3

Forze della natura

Quando è necessaria, la forza deve essere applicata con audacia, con decisione e fino in fondo.

Lev Trotsky[1]

Alcuni antichi pensatori intuirono che tutte le forme della materia potevano in ultima analisi essere ricondotte a pochi elementi fondamentali. La scienza moderna ha dato loro ragione ragione. Ma per quegli antichi filosofi sarebbe stato difficile immaginare che ciò è vero non soltanto per la materia, ma anche per la forza. Meno intuitiva, infatti, è l'idea che tutti i fenomeni naturali, nella loro varietà e complessità possono essere ridotti a quattro forze fondamentali: gravità, elettromagnetismo, interazione debole e interazione forte. Ancora più inattesa è la conclusione che, non solo la materia, ma anche le forze sono frutto dell'esistenza di particelle elementari. Il percorso intellettuale che ha condotto a questa consapevolezza non è stato una semplice passeggiata.

Forza di gravità

La gravità è un mistero del corpo, concepito per celare i difetti dello spirito.

François de La Rochefoucauld[2]

Aristotele spiegava la gravità come una tendenza naturale del moto: ogni corpo non soggetto a forze o agenti esterni segue il

[1] L. Trotsky, *Nemetskaya Revolutsia i Stalinskaya Burokratiya* (1932).

[2] F. de La Rochefoucauld, *Maximes* (1665-1678).

proprio moto naturale, definito da linee rette, rivolte verso l'alto per gli elementi leggeri (aria e fuoco) e verso il basso per quelli pesanti (terra e acqua); quanto più pesante è un corpo, tanto più velocemente cade. Analogamente, è nella natura della Terra tendere al centro dell'universo e nella natura degli astri seguire percorsi circolari attorno a essa.

Aristotele sosteneva una visione organicista, che attribuiva ai corpi inanimati una tendenza naturale verso un'organizzazione globale, quasi si trattasse di una popolazione umana. Intorno al XVII secolo questa dottrina fu progressivamente rimpiazzata da una visione meccanicistica, per la quale sono leggi fisiche, espresse sotto forma di equazioni matematiche, a determinare il moto.

In questo nuovo approccio alla scienza un ruolo cruciale era svolto dall'impiego di esperimenti. Non bisogna tuttavia credere che la visione del mondo di Aristotele fosse solo il risultato di pura filosofia, poiché egli sostenne sempre che l'osservazione della natura doveva rappresentare il punto di partenza di qualsiasi affermazione. Esiste però una fondamentale differenza tra osservazione ed esperimento. Con l'osservazione, i fenomeni naturali sono studiati come si presentano ai nostri sensi; con l'esperimento, vengono create situazioni particolari, in condizioni controllate e riproducibili, per ottenere informazioni quantitative sul comportamento della natura.

Il merito di tale nuovo atteggiamento nella ricerca scientifica spetta innanzi tutto a Galileo Galilei (1564-1642). Alla luce dei suoi studi, egli concluse, in netta contraddizione con la dottrina aristotelica, che la gravità accelera tutti i corpi nello stesso modo, qualsiasi sia la loro massa. L'affermazione di Galileo era basata su esperimenti, ma egli dovette estrapolare i dati ottenuti a una situazione nella quale si potesse trascurare l'effetto dell'attrito dell'aria. Semplici osservazioni, che non consentono di separare gli effetti della gravità da quelli dell'attrito, possono infatti condurre a conclusioni errate.

Ci riempie di ammirazione l'immagine di Galileo che, con la sua leggendaria alterigia e spavalderia, sale in fretta la scala a spirale della Torre di Pisa. Giunto in cima, con un sorriso fiducioso e beffardo, lascia cadere dal lato sporgente della torre una pesante palla di cannone e una leggera palla di moschetto, che vanno a colpire, con perfetta simultaneità, il prato sottostante, salutate dalle grida di giubilo della folla e dal deliquio di qualche vecchio sapiente universitario.

Ahimè, l'episodio è certamente falso. Con le attuali conoscenze si può dimostrare che Galileo non avrebbe potuto realizzare una simile dimostrazione pubblica, poiché non sarebbe riuscita a causa della resistenza dell'aria.[3] Inoltre, il tempo di reazione umano non avrebbe consentito di lasciar cadere dalle mani le due sfere con la necessaria simultaneità. In nessuno degli scritti di Galileo, infatti, troviamo descritto questo fatidico esperimento. La storia è riportata nella biografia scritta da Vincenzo Viviani (1622-1703), l'ultimo assistente di Galileo, che probabilmente intendeva così esaltare ulteriormente la gloria del suo maestro. È più verosimile che la legge sulla caduta dei gravi sia il risultato di pazienti e precisi esperimenti sui piani inclinati, svolti nel silenzio di un laboratorio. Meglio così.

Isaac Newton (1643-1727)[4] scoprì la legge della gravitazione universale e fu necessario ben più della caduta di una mela per venire a capo del problema. Newton calcolò l'accelerazione necessaria per mantenere la Luna in un'orbita stabile intorno alla Terra. Osservò, quindi, che il valore ottenuto era minore dell'accelerazione gravitazionale terrestre di una quantità pari al quadrato del rapporto tra la distanza Terra-Luna e il raggio della Terra.

Ma il passo più importante consistette nel dimostrare che una forza gravitazionale che diminuiva con il quadrato della distanza dava luogo a orbite planetarie ellittiche, nelle quali il Sole occupava uno dei fuochi. Ciò corrispondeva esattamente alla legge enunciata da Keplero. Dunque questa legge, ottenuta empiricamente da Keplero sulla base di osservazioni astronomiche, poteva essere

[3] G. Feinberg, Fall of Bodies Near the Earth, *American Journal of Physics* 33, 501-502 (1965); B.M. Casper, Galileo and the fall of Aristotle: A case of historical injustice? *American Journal of Physics* 45, 325-330 (1977); C.G. Adler, B.L. Coulter, Galileo and the Tower of Pisa experiment, *American Journal of Physics* 46, 199-201 (1978).

[4] Secondo il calendario giuliano, ancora utilizzato in Inghilterra a quell'epoca, Newton nacque il 25 dicembre 1642, data corrispondente al 4 gennaio 1643 secondo il calendario gregoriano, allora già adottato nel resto d'Europa. Si dice spesso che Galileo morì lo stesso anno in cui nacque Newton, ma ciò è falso se i due eventi sono datati col medesimo calendario: secondo il calendario gregoriano, infatti, Galileo morì l'8 gennaio 1642, corrispondente al 29 dicembre 1641 del calendario allora in uso in Inghilterra.

dedotta dalla teoria newtoniana della gravità. Il cruciale balzo concettuale realizzato da Newton fu la comprensione del carattere universale della legge di gravità: la stessa forza che fa cadere le mele dagli alberi governa il moto dei pianeti; un'unica equazione matematica descrive fenomeni completamente diversi e consente di calcolare il moto dei corpi in qualsiasi punto dell'universo.

Oltre due secoli dopo, Albert Einstein (1879-1955, premio Nobel 1921) sarebbe stato turbato da un aspetto della teoria newtoniana della gravità: come fa la Terra a sapere che esiste il Sole a 150 milioni di chilometri di distanza, e a muoversi di conseguenza? La teoria di Newton non dava risposta a questo interrogativo: la forza di gravità era trasmessa istantaneamente anche a distanze cosmiche, ma nulla nella teoria spiegava come un corpo potesse agire a distanza o come la forza fosse trasmessa attraverso lo spazio. Newton stesso era ben consapevole di questo limite della sua teoria quando scrisse: "Che un corpo possa agire su un altro a distanza attraverso il vuoto, senza la mediazione di qualche altra cosa, mediante e attraverso la quale la loro azione e la loro forza possa essere trasmessa dall'uno all'altro, è per me un'assurdità talmente grande che ritengo che nessun uomo dotato della capacità di pensare con competenza su argomenti filosofici possa mai caderci."[5]

Einstein aveva proprio una "capacità di pensare con competenza" e non ci sarebbe "caduto". Il problema divenne particolarmente acuto dopo il 1905, quando Einstein scoprì che nella relatività speciale nessuna informazione poteva essere trasferita a una velocità superiore a quella della luce. Il concetto di forze che agiscono istantaneamente a distanza era incompatibile con la relatività speciale.

Partendo da tali considerazioni, e intraprendendo un percorso che si sarebbe rivelato lungo (lo impegnò dal 1907 al 1915) e arduo (sia dal punto di vista logico sia da quello strettamente matematico), Einstein giunse a una nuova formulazione della gravità: la *relatività generale*. Secondo tale teoria, una massa crea una distorsione dello spazio e del tempo, rendendoli a tutti gli effetti "curvi", modificando cioè le proprietà geometriche fondamentali alle quali siamo abituati nello spazio e nel tempo "piatti". Nello

[5] I. Newton, in *Four Letters from Sir Isaac Newton to Doctor Bentley Containing Some Arguments in Proof of a Deity* (1756).

spazio curvo un corpo libero – cioè non soggetto a forze esterne – non si muove lungo linee rette, ma segue gli avvallamenti e i rilievi di questo spazio distorto. Secondo Einstein la geometria sostituisce la forza di gravità, nel senso che la traiettoria seguita da un corpo libero nello spazio curvo coincide esattamente con ciò che percepiamo come la traiettoria di un corpo soggetto alla gravità nello spazio piatto. Perciò interpretiamo la gravità come una forza, mentre essa è solo un effetto delle proprietà intrinseche dello spazio. Invece che una forza esterna, la gravità è il risultato dell'azione reciproca tra materia e geometria dello spazio. La materia modifica lo spazio rendendolo curvo; a sua volta, la curvatura dello spazio modifica il moto della materia. Un'unica fondamentale equazione, l'equazione di Einstein, descrive questa relazione dinamica tra materia e geometria.

La relatività generale di Einstein implica una profonda revisione di fondamentali concetti, come spazio, tempo, forza e gravità. A mio avviso, è la più elegante e affascinante teoria scientifica mai proposta. La relatività generale non è solo una riformulazione della teoria di Newton, ma è stata in grado di predire effetti non spiegati e non previsti dalla teoria classica della gravitazione - come le anomalie nella precessione del perielio di Mercurio e la deviazione della luce da parte della massa – confermati in modo spettacolare dalle osservazioni. La relatività generale rappresenta, almeno fino al verificarsi di una nuova rivoluzione concettuale, la teoria della gravità attualmente accettata.

Forza elettromagnetica

> Il talento è come l'elettricità. Non capiamo l'elettricità. La usiamo.
>
> Maya Angelou[6]

Le proprietà elettriche dell'ambra strofinata su una pelliccia e le proprietà magnetiche di alcuni minerali ferrosi erano note già nell'antichità. Ma i primi studi sistematici su tali effetti iniziarono solo

[6] M. Angelou, in C. Tate (ed.) *Black Women Writers at Work*, Continuum, New York 1983.

all'epoca di William Gilbert (1544-1603), medico personale dei sovrani inglesi Elisabetta I e Giacomo I. Nel 1600 Gilbert coniò il termine *electricus* dal latino *electrum* (ambra), mentre *magneticus* deriva da *magnítis líthos* (antico nome del minerale estratto nella regione greca della Magnesia, oggi noto come magnetite).

I primi progressi nella comprensione dei fenomeni elettrici e magnetici furono piuttosto lenti. Nel XVIII secolo vennero costruiti, a scopo di intrattenimento, curiosi marchingegni per mostrare le meraviglie dell'elettricità in eleganti ricevimenti o spettacoli pubblici. Più tardi gli spiriti romantici furono affascinati dall'aura di mistero dei fenomeni elettrici e sedotti dall'immagine di un'indomita natura che scatenava la sua potenza. Durante gli studi all'Università di Oxford, il poeta Percy Shelley leggeva avidamente "trattati su magia e stregoneria, come pure quelli moderni che descrivevano i miracoli dell'elettricità e del galvanismo." Riuniva i suoi amici "parlando con crescente entusiasmo dei meravigliosi poteri dell'elettricità, del tuono e del lampo, descrivendo un aquilone elettrico che aveva fabbricato a casa e progettandone un altro enorme, o piuttosto una combinazione di molti aquiloni, che avrebbe tratto giù dal cielo un immenso volume di elettricità, la munizione completa di un potente temporale; e questa, diretta in un certo punto, vi avrebbe prodotto i più stupendi effetti."[7]

Ma gli "stupendi effetti" dell'elettricità potevano volgere facilmente in tragedia. Nel 1753, mentre partecipava a una riunione dell'Accademia delle Scienze di San Pietroburgo, il fisico Georg Wilhelm Richmann (1711-1753) udì un tuono che annunciava l'avvicinarsi di un temporale. Si precipitò a casa per misurare l'intensità dell'elettricità presente nei fulmini per mezzo di uno strumento di sua costruzione collegato a un'asta di metallo. Giunse il fulmine e, senza lasciare al povero Richmann il tempo di completare la sua misura, lo folgorò all'istante.

Alla fine, la scienza portò un po' d'ordine in questa materia ancora confusa e la comprensione dei fenomeni elettrici e magnetici culminò nelle famose equazioni di Maxwell. James Clerk Maxwell (1831-1879) entrò all'Università di Edimburgo all'età di 16 anni e tre anni dopo passò all'Università di Cambridge. Si narra che al suo

[7] T.J. Hogg, *The Life of Shelley*, Moxton, London 1858.

arrivo a Cambridge gli fu detto che vi sarebbe stata una funzione religiosa obbligatoria alle sei del mattino: "Bene," rispose Maxwell con il suo marcato accento scozzese,"credo di poter rimanere alzato fino a quell'ora." In questo somigliava a molti fisici di oggi. Ricordo ancora che il mio libro di testo di fisica iniziava con la definizione: "La fisica è quello che fanno i fisici la notte tardi."[8] Ma se in fatto di orari Maxwell non era dissimile da molti fisici, sotto parecchi altri aspetti era davvero uno scienziato eccezionale.

Maxwell affrontò il problema dei fenomeni elettrici e magnetici partendo da un'analogia tra le leggi della dinamica dei fluidi, che descrivono il flusso dei liquidi, e quelle dell'elettricità e del magnetismo, che descrivono il flusso delle cariche nelle correnti elettriche. Decise poi di utilizzare come variabili principali delle sue equazioni il campo elettrico e quello magnetico.

Il concetto di campo, introdotto per la prima volta da Michael Faraday, è fondamentale per la fisica moderna. Un campo associa a ciascun punto dello spazio una quantità fisica, che può essere espressa con un numero o un insieme di numeri. Una mappa del tipo utilizzato per le escursioni in montagna, che mostra le quote mediante curve di livello, può rappresentare un esempio di campo: a ogni punto della mappa è associato il valore dell'altitudine corrispondente. Anche un pezzo di metallo incandescente può essere interpretato come un campo: le diverse tonalità di colore lungo la sua superficie mostrano, punto per punto, i valori della temperatura.

Il campo elettrico e il campo magnetico descrivono, per ogni punto dello spazio, le forze elettriche e magnetiche esercitate dal sistema su un'ipotetica particella situata in quel punto. Da questa definizione, il campo potrebbe sembrare solo un complicato e superfluo concetto che si limita a rimpiazzare la più intuitiva nozione di forza. Invece è molto di più. L'introduzione del campo separa due effetti fisici diversi, distinguendo ciò che produce la forza da ciò che subisce la forza. In altre parole, il campo elettrico e il campo magnetico sintetizzano le informazioni relative a tutte le cariche e le correnti presenti nel sistema, alle loro posizioni e alle

[8] J. Orear, *Fundamental Physics*, Wiley, New York 1967 (Ed. it.: *Fisica generale*, Zanichelli, Bologna 1970. Trad di N. Tomasini Grimellini e F. Strada).

loro variazioni nel tempo, ma non dipendono dal corpo su cui la forza agisce.

Facendo ampio ricorso ai risultati dei suoi predecessori, Maxwell ottenne quattro equazioni che determinano i valori del campo elettrico e del campo magnetico in ogni punto dello spazio e le loro variazioni nel tempo, per qualsiasi configurazione di cariche e di correnti elettriche. Tali equazioni mostravano uno stretto parallelismo tra elettricità e magnetismo, al punto che i due concetti potevano essere fusi in uno solo: è per questo che oggi parliamo sempre semplicemente di *forza elettromagnetica.* "Con ogni probabilità, in una visione retrospettiva a lungo termine della storia dell'umanità – osservata, diciamo, tra diecimila anni – l'evento più significativo del XIX secolo sarà considerato la scoperta di Maxwell delle leggi dell'elettrodinamica,"[9] afferma Richard Feynman. Il lampo scatenato da un temporale, l'allineamento dell'ago di una bussola, la corrente che scorre nel microchip di un computer, sono tutti fenomeni spiegati dalle stesse leggi fisiche che descrivono la forza elettromagnetica.

La scoperta di Maxwell rivelò un risultato inatteso e stupefacente: le sue equazioni predicevano l'esistenza di onde generate dalle oscillazioni alternate del campo elettrico e di quello magnetico. Maxwell riuscì a calcolare la velocità di propagazione di queste onde, e il risultato fu davvero una sorpresa: la velocità ottenuta coincideva, nei limiti dell'accuratezza sperimentale, con la velocità della luce, nota sia da misure di laboratorio sia da osservazioni astronomiche. Nel 1865 Maxwell pubblicò un articolo nel quale scrisse: "Questa velocità è così prossima a quella della luce che sembrano esservi forti ragioni per concludere che la luce stessa (compreso il calore radiante ed eventuali altre radiazioni) sia un disturbo elettromagnetico sotto forma di onde propagate attraverso il campo elettromagnetico secondo le leggi dell'elettromagnetismo."[10]

La sintesi di elettricità e magnetismo aveva condotto così alla comprensione della natura della luce. Secondo la teoria di Maxwell, la luce è un'onda elettromagnetica, la cui natura è identica alle

[9] R.P. Feynman, *The Feynman Lectures on Physics*, Addison-Wesley, Reading 1964 (Ed. it.: *La fisica di Feynman*, Zanichelli, Bologna 2007. Trad. di G. Altarelli et al.).

[10] J.C. Maxwell, A Dynamical Theory of the Electromagnetic Field, *Philosophical Transactions of the Royal Society of London* 155, 459–512 (1865).

onde captate dalle radio, alle radiazioni prodotte nei forni a microonde o ai raggi X impiegati per gli accertamenti diagnostici. Questi diversi fenomeni hanno la stessa origine fisica e possono essere tutti correttamente spiegati dalle leggi che descrivono la forza elettromagnetica.

Le equazioni di Maxwell fornirono la chiave per dirimere un'antica controversia, che durava sin dagli albori dell'ottica: la luce è fatta di onde o di particelle? Newton optava per l'interpretazione corpuscolare, un raggio di luce viene arrestato da un ostacolo materiale, mentre un'onda sarebbe in grado di aggirarlo. Huygens propendeva per un'interpretazione ondulatoria, sulla base dell'osservazione dei fenomeni di interferenza della luce tipici delle onde. L'interpretazione di Maxwell fu pienamente confermata sette anni dopo la sua morte, quando Heinrich Hertz (1857-1894) riuscì a produre onde elettromagnetiche in laboratorio. Ogni ragionevole dubbio parve allora dissipato: la luce è un'onda.

C'è un aspetto paradossale negli esperimenti di Hertz, a riprova di quanto siano imprevedibili e stravaganti le vie attraverso le quali la scienza progredisce. Nel dimostrare che la luce è un'onda, Hertz pose le premesse per la tesi che la luce è fatta di particelle: infatti, durante i suoi esperimenti sulle onde elettromagnetiche egli scoprì il fenomeno noto come *effetto fotoelettrico*. Tale fenomeno presentava diverse caratteristiche enigmatiche, incompatibili con la teoria classica dell'elettromagnetismo. Circa vent'anni dopo, Einstein fornì per questo risultato sperimentale una spiegazione soddisfacente, che implicava però un'ipotesi sorprendente: la luce è fatta di particelle.

Questa conclusione era davvero scioccante, poiché contraddiceva tutti i dati che accreditavano l'interpretazione ondulatoria della luce. Einstein stesso non fu in grado di fornire una giustificazione credibile per risolvere la contraddizione, ed era evidentemente ben conscio del problema quando ammise: "Insisto sul carattere provvisorio di questo concetto, che non pare conciliabile con le conseguenze sperimentalmente verificate della teoria ondulatoria."[11] Ma Einstein aveva ragione, e successivi esperimenti

[11] A. Einstein, in *La Théorie du Rayonnement et les Quanta*, par P. Langevin et M. de Broglie [Atti del Primo Congresso Solvay, 1911], Gauthier-Villars, Paris 1912.

hanno confermato che la luce è effettivamente costituita di particelle, che oggi chiamiamo *fotoni*. Si trattò di una scoperta fondamentale, tanto che Einstein ottenne il premio Nobel non per la sua teoria più famosa, quella della relatività, ma per la spiegazione dell'effetto fotoelettrico.

Negli sconcertanti risultati dell'effetto fotoelettrico, la meccanica quantistica mostrava la sua vera natura di teoria controintuitiva, che sfida il senso comune. I fisici dovettero rassegnarsi all'idea che nella meccanica quantisitica i concetti familiari di particella e di onda sono intrinsecamente ambigui e non si escludono reciprocamente. Proprio come il bene e il male sono simultaneamente presenti nel Dr Jekyll e in Mr Hyde, mostrando ora un volto ora l'altro, così la luce può essere insieme particella e onda. In un certo senso Newton e Huygens avevano entrambi ragione ed entrambi torto.

La scoperta che le onde elettromagnetiche erano costituite di fotoni condusse a una nuova interpretazione del campo elettromagnetico e, di conseguenza, della forza elettromagnetica. Un'analogia può aiutare a dare un'idea della situazione. Una multinazionale ha filiali sparse in tutto il mondo; tuttavia nessuno di questi uffici opera indipendentemente, ma solo sotto l'influenza di tutti gli altri, scambiando informazioni sulla politica da seguire. È stata installata una rete globale di computer per facilitare la comunicazione tra gli uffici situati in tutto il mondo. Nonostante l'informazione sia globale, la comunicazione effettiva da un ufficio all'altro avviene attraverso l'invio di singoli messaggi e-mail, incessantemente scambiati attraverso la rete. Così l'attività globale della società è determinata, in ultima analisi, da singoli messaggi e-mail, sebbene in grandissimo numero.

In questa metafora le filiali rappresentano le diverse cariche elettriche distribuite nello spazio e la rete informatica è il campo elettromagnetico, che sovrintende al comportamento del sistema e trasmette la forza. I messaggi e-mail corrispondono ai fotoni: sono bit di informazione scambiati. Sebbene il campo elettromagnetico sia un'entità globale che copre tutto lo spazio, è di fatto costituito di particelle, i fotoni. Perciò la forza elettromagnetica è causata dal continuo scambio di fotoni tra le cariche elettriche. Ed è questa la conclusione sensazionale: non solo la materia è costituita di particelle, ma la forza stessa è il risultato di particelle.

Forza debole

Se la causa è giusta, il debole prevale sul forte.

Sofocle[12]

La storia della scoperta della forza debole ha inizio a Parigi in una giornata nuvolosa del febbraio 1896. Nel corso di esperimenti sulla fluorescenza, Henri Becquerel (1852-1908, premio Nobel 1903) avvolse una lastra fotografica in uno spesso foglio di carta nera, vi posò sopra un oggetto metallico – una medaglia a forma di croce di Malta – e quindi coprì il tutto con uno strato di solfato di potassio uranile, un sale di uranio da lui stesso preparato. La prima fase dell'esperimento consisteva nell'esporre il dispositivo alla luce solare; successivamente avrebbe sviluppato la lastra per osservare l'immagine fotografica prodotta dalla radiazione emessa dal materiale fluorescente che, come i raggi X, poteva penetrare la carta ma non l'oggetto metallico; l'immagine risultante avrebbe dovuto essere un'impronta al negativo della croce sulla lastra fotografica. Ma il cielo parigino rimase coperto per diversi giorni da una fitta coltre di nubi e, in mancanza di luce solare, Becquerel fu costretto a rimandare l'esperimento, conservando il dispositivo in un armadietto buio. Forse colpito da una provvidenziale intuizione, o semplicemente stufo di aspettare, decise di sviluppare la lastra nonostante il materiale fluorescente non fosse stato esposto alla luce: con sgomento, trovò sulla lastra fotografica un'immagine della croce di Malta ben visibile (figura 3.1). Ciò significava che, sebbene non fosse mai stato esposto ad alcuna sorgente luminosa, il sale d'uranio emetteva una radiazione invisibile in grado di penetrare attraverso il foglio di carta opaco alla luce. Nell'interpretazione di Becquerel, l'effetto era causato da "radiazioni invisibili [...], la cui persistenza è infinitamente maggiore di quella delle radiazioni luminose."[13] Aveva scoperto la *radioattività*.

È curioso che, proprio nello stesso mese dello stesso anno, anche il fisico Sylvanus Thompson (1851-1916) ottenne risultati identici, favorito dal grigio inverno inglese e dallo strato di smog

[12] Sofocle, *Edipo a Colono*.

[13] H. Becquerel, Sur les radiations invisibles émises par les corps phosphorescents, *Comptes Rendus* 122, 501-503 (1896).

Figura 3.1 L'immagine fotografica della croce di Malta con le annotazioni scritte da Becquerel. (*Fonte: AIP Emilio Segrè Visual Archives/William G. Myers Collections*)

che gravava sulla Londra vittoriana: proprio come quello di Becquerel, il dispositivo di Thompson mostrò un'immagine senza essere mai stato esposto alla luce. Thompson, tuttavia, ritardò la pubblicazione dei suoi risultati e li interpretò erroneamente, attribuendoli alla fluorescenza: non riconoscendo l'evidenza di una nuova forma di radiazione, mancò così l'appuntamento con la storia.

Studi successivi dimostrarono che esistono tre tipi di radiazioni emesse dai nuclei atomici, chiamate *radioattività alfa*, *beta* e *gamma*. La radiazione alfa è l'emissione di frammenti nucleari da nuclei instabili: questi frammenti sono le cosiddette particelle alfa, che abbiamo già incontrato negli esperimenti di Rutherford, costituite da due protoni e due neutroni legati. Dopo l'emissione di una particella alfa i nuclei devono ripristinare l'equilibrio tra la loro massa e la loro carica elettrica e vanno incontro a un processo chiamato radiazione beta: in tale processo un neutrone si trasforma in un protone emettendo un elettrone. La radiazione gamma, infine, è una radiazione elettromagnetica emessa dal nucleo per liberare una quantità di energia in eccesso, generalmente in seguito a un processo alfa o beta. La storia di cui stiamo parlando si riferisce solo alla radiazione beta, responsabile dell'immagine della croce di Malta osservata da Becquerel.

La radioattività beta poneva un enigma. In tutte le altre forme di radioattività l'energia trasportata dalla radiazione era uguale a quella persa dal nucleo. Il concetto è intuitivo: quando andiamo a fare la spesa il denaro pagato (energia trasportata dalla radiazione) deve essere pari a quello scomparso dal nostro portafoglio (energia persa dal nucleo); e non potrebbe essere diversamente.

Eppure per la radioattività beta le cose stavano davvero diversamente. Numerosi esperimenti culminati con le misurazioni eseguite nel 1927 da Charles Ellis (1895-1980) e William Wooster (1903-1984), presso il Cavendish Laboratory, mostravano che la radiazione beta emessa dai nuclei trasportava quantità variabili di energia. La radiazione beta è un flusso di elettroni, ciascuno dei quali risultava possedere energia diversa. Era come sparare molti colpi con lo stesso fucile e trovare per ogni proiettile una velocità diversa: alcuni proiettili sembrano lumache che si trascinano a fatica fuori dalla canna, altri schizzano fuori come razzi diretti verso lo spazio. Com'era possibile?

La questione giunse all'attenzione dei fisici teorici, dando luogo a una lunga controversia, i cui protagonisti principali furono Niels Bohr e Wolfgang Pauli (1900-1958, premio Nobel 1945). Bohr reagì alla situazione con una proposta rivoluzionaria: a livello atomico l'energia non è conservata in un singolo processo. La conservazione dell'energia è valida solo in senso statistico, quando si fa la media su un gran numero di processi elementari, come avviene per i fenomeni macroscopici; dunque nella radioattività beta gli elettroni fuoriescono dal nucleo con energie casuali. In un periodo storico in cui la relatività e la meccanica quantistica stavano facendo crollare uno dopo l'altro tutti i pilastri dei principi classici, in fisica ormai non c'era più nulla di sacro. Secondo Bohr, anche il venerato principio della conservazione dell'energia – pietra angolare della fisica classica – poteva essere demolito. Ma Pauli non era d'accordo: "Con le sue considerazioni su una violazione della conservazione dell'energia, Bohr segue una pista completamente sbagliata."[14] Bohr continuò a inseguire la sua idea, fino a immaginare che la violazione della conservazione dell'energia a livello microscopico nella radiazione beta potesse spiegare la produzione apparentemente eterna di energia nelle stelle. Ma Pauli ribattè: "Lasci che le stelle irradino in pace!"[15]

Pauli era noto per l'ironia tagliente, il sarcasmo irriverente e la risata beffarda, ma era anche molto stimato e ammirato dai colleghi per il suo straordinario talento e la sua conoscenza enciclopedica. A 18 anni, poco dopo aver terminato il liceo a Vienna, aveva pubblicato il suo primo articolo scientifico, sulla relatività generale. La maggior parte della sua carriera scientifica si svolse a Zurigo, benché viaggiasse spesso per andare ovunque si potesse discutere di fisica. Quando parlava in pubblico camminava ininterrottamente, su e giù, davanti alla lavagna, e durante le discussioni di fisica era solito dondolarsi come se stesse recitando una preghiera chassidica.

Ai fisici teorici spesso si attribuisce mancanza di senso pratico e incapacità di maneggiare gli strumenti di laboratorio. Come fisico teorico, Pauli primeggiava anche sotto questo aspetto. Gli fu perfino accreditato il cosiddetto "effetto Pauli", un misterioso fenomeno per il quale, non appena varcava la soglia di un laboratorio, gli strumenti andavano in pezzi o smettevano di funzionare per motivi sconosciuti. Un giorno, mentre James Franck era impegnato in un esperimento nel suo laboratorio di Gottinga, un sofisticato apparecchio esplose inspiegabilmente. Franck scrisse a Pauli narrandogli l'incidente e confessando di non essere assolutamente riuscito a comprenderne la causa; se solo Pauli fosse stato presente, aggiungeva, avrebbe potuto dare la colpa al suo metafisico effetto. Pauli controllò la propria agenda e fu molto divertito nello scoprire che, in quel preciso momento, si trovava proprio alla stazione ferroviaria di Gottinga, in attesa di una coincidenza durante un viaggio tra Zurigo e Copenhagen.

[14] W. Pauli, lettera a O. Klein, 18 febbraio 1929, in *Wolfgang Pauli, Scientific Correspondence* (eds. A. Hermann, K. von Meyenn, V. Weisskopf), Springer, New York 1979.

[15] W. Pauli, lettera a N. Bohr, 17 luglio1929, in Wolfgang Pauli, *Scientific Correspondence* cit.

Figura 3.2 Wolfgang Pauli durante una conferenza a Copenhagen nel 1929. (*Fonte: Pauli Archive/CERN*)

Un giorno un gruppo di fisici decise di giocare uno scherzo a Pauli. Durante un convegno, collegarono il lampadario della sala a un congegno in modo tale che Pauli, entrando, avrebbe involontariamente attivato il meccanismo, provocando il crollo del lampadario. A quel punto, tutti avrebbero gridato per la meraviglia, invocando il misterioso effetto Pauli come unica possibile spiegazione dell'incredibile incidente. Ignaro del complotto, Pauli entrò nella sala, ma il lampadario non cadde perché il meccanismo non funzionò. L'effetto Pauli aveva colpito ancora.

Pauli affrontò il problema della radioattività beta con una strategia diversa da quella di Bohr. Partì dall'ipotesi che l'energia totale emessa nella radiazione beta fosse sempre la stessa, ma che

Figura 3.3 Niels Bohr (a sinistra) e Wolfgang Pauli al Congresso Solvay del 1948. (*Fonte: Pauli Archive/CERN*)

solo una parte di tale energia fosse trasportata dall'elettrone, mentre il resto era trasportato da una nuova particella – il *neutrino* – con carica elettrica zero e massa zero (o almeno enormemente minore di quella del protone). Questa particella risultava completamente invisibile per i rivelatori sperimentali, essendo quasi insensibile alla forza elettromagnetica. Secondo Pauli, pertanto, gli esperimenti misuravano solo una parte dell'energia effettivamente prodotta dalla radioattività beta e ciò spiegava le strane osservazioni sperimentali sull'energia degli elettroni emessi in tale processo.

Possiamo riformulare la spiegazione di Pauli ricorrendo all'analogia precedente. Tutti i colpi sparati dal fucile hanno la stessa energia. Supponiamo, tuttavia, che a ogni colpo il fucile spari non un solo proiettile, ma due insieme, uno dei quali è "visibile" (l'elettrone), poiché lascia un segno sul bersaglio, mentre l'altro è "invisibile" (il neutrino), poiché attraversa il bersaglio senza lasciare traccia. L'energia dello sparo è suddivisa tra i due proiettili in modo casuale. Poiché possiamo vedere solo uno dei due proiettili, siamo indotti a credere all'ingannevole apparenza che una parte dell'energia sia sparita.

I fisici di oggi sono più avvezzi a inventare nuove particelle, ma a quei tempi l'ipotesi di Pauli sembrò molto radicale. E in effetti Pauli stesso non ebbe il coraggio di pubblicare la sua idea in un articolo scientifico, ma si limitò a descriverla in una lettera inviata ai partecipanti a un convegno sulla radioattività che si svolgeva a Tubinga, al quale non aveva potuto intervenire essendo stato invitato al ballo degli studenti italiani in un albergo di Zurigo. "Care signore e cari signori radioattivi," così iniziava la lettera di Pauli, nella quale egli spiegava come la sua ipotesi rappresentasse una "disperata via d'uscita"[16] per dare una soluzione al problema della radiazione beta. Persino a Pauli questa congettura sembrava troppo azzardata.

Nell'ottobre del 1931 egli partecipò a un convegno a Roma, del quale affermò più tardi di serbare due orribili ricordi: aveva dovuto stringere la mano a Mussolini ed era stato costretto ad arrendersi all'insistenza dei colleghi e a illustrare la sua ipotesi sul neutrino. Anni dopo descrisse la sua ipotesi come "l'insensata creatura della crisi della mia vita, che andava anch'essa in modo insensato."[17]

Non erano anni facili per Pauli: dopo il suicidio della madre e il divorzio dalla prima moglie, la ballerina tedesca Käthe Deppner, cadde in un grave stato di depressione e consultò lo psicanalista Carl Jung, sottoponendosi a psicoterapia per circa quattro anni. Nel suo libro *Psicologia e alchimia*, Jung ha presentato e analizzato centinaia di sogni di Pauli.

Nella lettera indirizzata al convegno di Tubinga Pauli designava la nuova particella col nome "neutrone", poiché a quell'epoca il neutrone di Chadwick non era ancora stato scoperto. Il termine "neutrino" fu coniato scherzosamente da Enrico Fermi (1901-1954, premio Nobel 1938) quando gli fu chiesto, durante un seminario tenuto a Roma, se le due particelle fossero la stessa cosa. "No" rispose Fermi.

[16] W. Pauli, lettera al convegno di Tubinga, 4 dicembre 1930, in *Wolfgang Pauli, Collected Scientific Papers* (eds. R. Kronig, V. Weisskopf), Interscience, New York 1964.

[17] W. Pauli, lettera a M. Delbrück, 6 ottobre 1958, in *Wolfgang Pauli, Scientific Correspondence* cit.

"I neutroni di Chadwick sono grandi e pesanti. I neutroni di Pauli sono piccoli e leggeri; essi debbono essere chiamati neutrini."[18]

La confusione, però, non riguardava soltanto i nomi, ma anche i ruoli giocati da queste particelle. Se nella radiazione beta i nuclei emettevano elettroni e neutrini, anche queste particelle erano costituenti del nucleo come protoni e neutroni? Dove stavano gli elettroni e i neutrini prima di essere emessi? Originariamente Pauli pensava che i neutrini si comportassero come minuscoli magneti e che fossero intrappolati all'interno del nucleo dalle forze elettromagnetiche; ma questa idea si rivelò errata.

Alla fine fu Fermi a fornire la spiegazione definitiva. Egli trasse ispirazione dalle nuove idee emergenti della teoria quantistica dei campi, che erano state proposte per spiegare l'emissione e l'assorbimento di fotoni da parte degli atomi. Come vedremo nel prossimo capitolo, nella teoria quantistica dei campi il concetto di forza è sostituito da interazioni tra particelle: particelle possono essere create o distrutte in vari punti dello spazio, per effetto delle loro interazioni. La forza è il risultato di scambi di particelle e dunque, in ultima analisi, delle interazioni tra particelle: per esempio, i fotoni possono essere emessi o assorbiti dall'atomo a causa dell'interazione elettromagnetica, senza che per questo i fotoni siano "costituenti" atomici.

Fermi giunse alla conclusione che la radiazione beta poteva essere spiegata in modo molto simile alla radiazione elettromagnetica e introdusse l'ipotesi dell'esistenza di una nuova forma di interazione, che coinvolgeva neutroni, protoni, elettroni e neutrini. A causa di tale interazione, un neutrone viene trasformato in protone con l'emissione di un elettrone e di un neutrino. Fermi scoprì così una nuova forza, in seguito chiamata *forza debole*, responsabile della radioattività beta.

Fermi era molto soddisfatto della propria teoria e, durante una vacanza in montagna, invitò nella sua camera d'albergo i colleghi e amici Emilio Segrè, Edoardo Amaldi e Franco Rasetti. Seduto sul letto, lesse loro l'articolo che aveva scritto, ricevendo commenti en-

[18] G. Gamow. *Thirty Years that Shook Physics*, Anchor Books Doubleday and Co, Garden City, New York, 1966 (Ed. it.: *Trent'anni che sconvolsero la fisica*, Zanichelli, Bologna 1966. Trad. di L. Felici). Nel testo originale inglese la frase di Fermi è riportata in italiano.

Figura 3.4 "I ragazzi di Via Panisperna": il gruppo di giovani fisici dell'Università di Roma guidato da Fermi negli anni Trenta. Da sinistra: Oscar D'Agostino, Emilio Segrè, Edoardo Amaldi, Franco Rasetti, Enrico Fermi. (*Fonte: Archivio Amaldi/Dipartimento di Fisica/Sapienza, Università di Roma*)

tusiastici. Fermi inviò fiducioso il manoscritto alla rivista scientifica *Nature*, ma l'articolo fu respinto con la motivazione che conteneva "speculazioni troppo lontane dalla realtà, per interessare il lettore."[19] L'articolo fu poi pubblicato su un'altra rivista e la teoria di Fermi ebbe rapidamente pieno riconoscimento. In realtà l'articolo fu pubblicato su due riviste, una italiana e una tedesca, poiché una regola autarchica del regime fascista imponeva agli scienziati italiani di pubblicare i propri lavori in italiano. Poiché un articolo in italiano sarebbe stato sicuramente del tutto ignorato dalla comunità scientifica internazionale, Fermi ricorse alla doppia pubblicazione.

[19] F. Rasetti, in E. Fermi, *Note e Memorie*, vol. I (Italia 1921-1938), Accademia Nazionale dei Lincei – The University of Chicago Press, Roma – Chicago 1962.

Nonostante l'analogia rilevata da Fermi, esistono importanti differenze tra la forza elettromagnetica e la forza debole.

Innanzi tutto, la forza elettromagnetica non cambia la natura delle particelle sulle quali agisce: in altre parole, un elettrone esercita una forza elettromagnetica su un'altra particella carica tramite scambi di fotoni, ma l'emissione di fotoni non modifica l'identità dell'elettrone stesso. La forza debole, invece, ha la proprietà di trasformare le particelle, poiché esse mutano la propria natura nell'atto stesso di esercitare la forza. In particolare, nel processo radioattivo beta un neutrone, emettendo una coppia elettrone-neutrino, cambia la propria identità e diventa una particella diversa, un protone.

La seconda differenza riguarda il raggio d'azione delle due forze. Una carica elettrica esercita una forza anche a distanze molto grandi, e per tale motivo l'elettromagnetismo può produrre fenomeni percepibili a livello macroscopico. La forza debole, invece, agisce solo a distanze piccolissime: per risentirne gli effetti, le particelle coinvolte devono essere separate da meno di 10^{-18} metri, una distanza evidentemente troppo piccola perché l'interazione debole possa essere percepita direttamente dai nostri sensi.

Ciò nonostante, la forza debole non è solo un passatempo riservato al mondo delle particelle, ma produce effetti perfettamente visibili a tutti noi, tanto visibili quanto la luce del Sole in una bella giornata estiva. In un certo senso, Bohr aveva ragione quando suggeriva che la radioattività beta fosse all'origine della luminosità delle stelle, sebbene la spiegazione non avesse nulla a che fare con la violazione della conservazione dell'energia. Sono i processi termonucleari generati dalla forza debole a rendere luminosi il nostro Sole, come tutte le altre stelle.

La terza differenza tra la forza debole e quella elettromagnetica riguarda le loro intensità. Diversamente da quanto supposto inizialmente da Pauli, il neutrino interagisce con la materia solo attraverso la forza debole e proprio per questo è straordinariamente sfuggente e difficile da rivelare con i nostri strumenti. Per un neutrino l'intera massa della Terra è un mezzo quasi perfettamente trasparente e per essere sicuri di arrestare un neutrino emesso dalla radioattività beta, occorrerebbe un blocco di ferro spesso circa quanto la distanza tra la Terra e Alpha Centauri. È questo il motivo per cui questa forza è detta "debole".

Nondimeno, i neutrini possono essere osservati sperimentalmente. Per compensare la probabilità estremamente bassa di rivelare un singolo neutrino, gli sperimentatori impiegano flussi molto intensi di neutrini in modo da aumentare il loro numero e quindi accrescere la probabilità complessiva di rivelarne qualcuno. Nel 1956 Clyde Cowan (1919-1974) e Frederick Reines (1918-1998, premio Nobel 1995) ottennero la prima evidenza sperimentale dell'esistenza dei neutrini presso il reattore nucleare di Savannah River, nel South Carolina. Subito dopo la scoperta, i due scienziati statunitensi si affrettarono a informare Pauli con un telegramma. Pauli celebrò l'avvenimento consumando una cassa di champagne con gli amici, quindi rispose con una breve lettera: "Grazie per il messaggio. Tutto arriva a chi sa attendere. Pauli."[20]

Forza nucleare forte

> Solo le personalità forti possono sopravvivere alla storia, quelle deboli ne vengono cancellate completamente.
>
> Friedrich Nietzsche[21]

Una volta stabilito che il nucleo è fatto di protoni e neutroni, ma non contiene alcun elettrone, il problema era comprendere che cosa tiene insieme queste particelle all'interno del nucleo atomico. La forza di gravità era fuori discussione: assolutamente troppo debole per particelle nucleari. La forza elettromagnetica agisce nel senso sbagliato: respingendo reciprocamente i protoni, contribuisce alla disintegrazione del nucleo e certo non alla sua coesione. Dopo la scoperta di Fermi, Werner Heisenberg e altri tentarono di utilizzare la forza debole per spiegare la stabilità del nucleo, ma tutti i tentativi fallirono.

Era quindi necessario ipotizzare l'esistenza di un nuovo tipo di forza, che fu chiamata *forza nucleare forte* (o, per brevità, *forza forte*),

[20] F. Reines, The Detection of Pauli's Neutrino, in *History of Original Ideas and Basic Discoveries in Particle Physics* (eds. H.B. Newman, T. Ypsilantis), Plenum Press, New York 1996.

[21] F.W. Nietzsche, *Unzeitgemässe Betrachtungen, Zweites Stück: Vom Nutzen und Nachteil der Historie für das Leben* (1874).

poiché all'interno del nucleo la sua intensità doveva superare quella di tutte le altre forze conosciute. Non si sapeva molto di questa forza, tranne una sua peculiare proprietà: le misure condotte sulla diffusione di protoni e neutroni avevano mostrato che la forza forte agiva approssimativamente nella stessa misura su entrambi i tipi di particelle e tale proprietà fu definita "indipendenza dalla carica". Ma l'origine dell'interazione forte restava un assoluto mistero.

Nel 1934, il fisico teorico giapponese Hideki Yukawa (1907-1981, premio Nobel 1949) ebbe l'idea che gli avrebbe assicurato un posto nella storia della scienza: "La forza nucleare è efficace a distanze estremamente piccole. La mia nuova intuizione fu che tale distanza e la massa della nuova particella fossero inversamente correlate."[22]

Per comprendere meglio il significato delle parole di Yukawa consideriamo una semplice analogia. In un giorno d'inverno due litigiosi fratelli escono a giocare all'aperto. Scoppia una lite e i due ragazzi cominciano a lanciarsi addosso palle di neve. Le palle esercitano tra i ragazzi una forza repulsiva che li allontana. Poiché i due riescono a lanciare le palle di neve lontano, tale forza persiste fino a grande distanza. Torna la calma, ma non per molto: volano nuove accuse, che degenerano in insulti e alla fine il gioco diventa più violento. Lasciate da parte le palle di neve, i due fratelli si scagliano l'un l'altro sacchi di sabbia che hanno trovato nelle vicinanze. I sacchi di sabbia, assai più pesanti delle palle di neve, non possono essere lanciati molto lontano: la loro forza repulsiva è molto efficace, ma agisce solo a distanze relativamente brevi.

Quanto più pesanti sono gli oggetti scambiati, tanto più breve è il raggio d'azione della forza; lo stesso accade per le particelle. La forza elettromagnetica, argomentava Yukawa, può agire a qualsiasi distanza e ha un raggio d'azione infinito, semplicemente perché il fotone – che è il mediatore della forza elettromagnetica – non ha massa, ma se l'avesse la forza elettromagnetica potrebbe agire solo a brevi distanze. Perciò, concludeva Yukawa, la particella che media la forza forte deve essere pesante e ciò spiega perché tale forza agisce tra neutroni e protoni solo a distanze dell'ordine di quelle nucleari.

[22] H. Yukawa, *Tabibito*, Kadokawa Shoten, Tokyo 1960 (Ed. in lingua inglese: *The Traveler*, World Scientific, Singapore 1982. Trad. di L.M. Brown e R. Yoshida).

Le palle di neve lanciate dai ragazzi mediano una forza repulsiva tra i due. I fotoni scambiati tra cariche elettriche mediano forze elettromagnetiche che possono essere repulsive (per cariche dello stesso segno) o attrattive (per cariche di segno opposto). In modo molto simile le particelle di Yukawa, scambiate tra protoni e neutroni, esercitano una forza attrattiva che tiene insieme il nucleo. Tuttavia, mentre i fotoni sono privi di massa, le particelle di Yukawa sono pesanti e quindi, come nel caso dei sacchi di sabbia, il loro effetto si estende solo a distanze relativamente brevi. La forza forte è molto intensa, ma può essere efficace solo entro le distanze nucleari, e non oltre.

Utilizzando i dati sperimentali sulle interazioni nucleari, Yukawa fu allora in grado di calcolare la massa dell'ipotetica particella responsabile della forza forte, giungendo alla conclusione che avrebbe dovuto essere circa 200 volte quella dell'elettrone. Avendo una massa intermedia tra quelle dell'elettrone e del protone (che è oltre 1800 volte maggiore di quella dell'elettrone), questa particella fu poi chiamata *mesone* (dal greco *mésos*, posto nel mezzo). Ora il problema era verificare se il mesone di Yukawa esisteva davvero.

Il più potente acceleratore di particelle dell'universo è l'universo stesso. Raggi cosmici, costituiti prevalentemente di protoni e di nuclei atomici, vengono accelerati da varie sorgenti astronomiche fino a enormi energie e bombardano continuamente la nostra atmosfera, penetrandovi fino alla superficie terrestre. Furono i raggi cosmici la prima risorsa utilizzata dai fisici per la ricerca di nuove particelle la cui produzione richiede collisioni ad alta energia. Per osservare le particelle prodotte dagli scontri dei raggi cosmici con l'atmosfera, i fisici usavano le *camere a nebbia*, apparecchi inventata a Cambridge da Charles Wilson (1869-1959) durante i suoi studi di meteorologia sulla formazione delle nubi. Questo strumento consiste in un contenitore ermetico pieno di vapore acqueo o vapore d'alcol in una particolare condizione critica, tale che una particella elettricamente carica attraversando il gas ne determina la condensazione in minuscole goccioline che formano una traccia che rende visibile la traiettoria della particella, proprio come avviene con le scie lasciate in cielo dai jet. La massa della particella può essere dedotta dallo spessore della traccia e la sua carica può essere calcolata in base alla curvatura della traccia stessa sotto l'effetto di un campo magnetico noto.

Nel 1936 Carl Anderson, il fisico che aveva scoperto il positrone, e il suo allievo Seth Neddermeyer (1907-1988) stavano analizzando i raggi cosmici con camere a nebbia nel laboratorio del California Institute of Technology, quando osservarono le tracce di una particella mai identificata prima: aveva la stessa carica dell'elettrone ma la sua massa fu valutata tra 100 e 400 volte quella dell'elettrone, con valore più probabile 200 volte. Fu una scoperta sensazionale: il mesone ipotizzato da Yukawa esisteva veramente.

"Sottile è il Signore, ma non è malizioso."[23] Einstein pronunciò queste famose parole nel 1921, durante la sua prima visita a Princeton, commentando le voci su nuove misure sperimentali che sembravano smentire la teoria della relatività speciale. In seguito queste parole vennero incise sul caminetto della Fine Hall, il vecchio Dipartimento di Matematica della Princeton University. Meno nota è la confessione che fece a un collega, in uno di quei momenti di frustrazione che non sono rari nell'attività dei fisici teorici: "Ci ho ripensato, forse è malizioso."[24] Come vedremo ora, la storia della scoperta del mesone accredita quest'ultima opinione.

Erano presto sorti sospetti che qualcosa non quadrasse nella scoperta del mesone, ma poi venne la guerra e la gente dovette occuparsi di altre questioni più urgenti. La prova definitiva dell'esistenza di un problema nell'interpretazione dei risultati di Anderson venne dagli esperimenti completati nel 1946 da Marcello Conversi (1917-1988), Ettore Pancini (1915-1981) e Oreste Piccioni (1915-2002). Questi esperimenti erano iniziati durante la guerra nello scantinato del Liceo Virgilio di Roma, luogo scelto perché si trovava sufficientemente vicino al Vaticano da ridurre il rischio che fosse bombardato (quel che si potrebbe definire, con terminologia moderna, "riduzione del rumore di fondo"). I componenti elettronici per l'apparecchiatura sperimentale furono acquistati al mercato nero durante l'occupazione nazista di Roma. Pancini si unì agli altri due fisici solo alla fine della guerra, poiché prima aveva partecipato alla Resistenza come comandante dei GAP (Gruppi d'Azione Patriottica) di Venezia. Gli esperimenti dei tre fisici italiani mostraro-

[23] A. Pais, *"Subtle is the Lord..." The Science and the Life of Albert Einstein*, Oxford University Press, Oxford, New York 1982 (Ed. it. Einstein. *"Sottile è il Signore..."*, Bollati Boringhieri, Torino 1986. Trad. di L. Belloni e T. Cannillo).

[24] J. Sayen, *Einstein in America*, Crown Publishers, New York 1985.

no che la particella scoperta da Anderson interagiva solo molto debolmente con il nucleo atomico e pertanto non poteva essere il mesone di Yukawa, messaggero della forza nucleare forte.

Nel 1947, durante la Conferenza di Shelter Island, una delle più celebri conferenze della storia della fisica, Robert Marshak (1916-1992) propose una possibile spiegazione del dilemma, pubblicata poi in collaborazione con Hans Bethe. Secondo Marshak, dovevano esistere due mesoni: il *muone*, scoperto da Anderson, e il *pione*, che era solo un nuovo nome per la particella proposta da Yukawa. Il muone e il pione hanno poco a che fare tra loro; ma fortuitamente e senza alcuna buona ragione, se non una maliziosa coincidenza scelta dalla natura per confondere i fisici, le loro masse sono quasi identiche. Entrambe le particelle possono essere prodotte dai raggi cosmici, ma mentre il pione si disintegra molto rapidamente ed è pertanto identificabile solo alle alte quote, il muone può raggiungere la superficie terrestre ed essere osservabile in esperimenti come quello di Anderson.

Marshak non sapeva che alcuni fisici giapponesi avevano già proposto la medesima idea nel 1942, ma a quell'epoca la comunicazione scientifica tra Giappone e Stati Uniti era, per ovvi motivi, piuttosto scarsa. Inoltre, nessuno degli scienziati presenti a Shelter Island era al corrente di un risultato davvero interessante ottenuto nel vecchio continente.

Già prima della guerra, erano stati sviluppati con successo, specialmente all'Università di Bristol, nuovi metodi fotografici per rivelare le particelle. La tecnica era basata su lastre fotografiche (chiamate *emulsioni nucleari*) sensibili a particelle cariche ad alta energia: dopo lo sviluppo della lastra, le traiettorie delle particelle erano visibili come tracce scure, mostrando una vera e propria fotografia delle particelle prodotte dai raggi cosmici. Il metodo era così semplice che "perfino un fisico teorico saprebbe usarlo,"[25] disse Walter Heitler (1904-1981), un fisico teorico che contribuì allo sviluppo di questa tecnica.

Poco dopo la guerra, Giuseppe Occhialini (1907-1993) e Cecil Powell (1903-1969, premio Nobel 1950), dell'Università di Bristol, esposero alcune emulsioni nucleari sul Pic du Midi, nei Pirenei francesi, a 2877 metri di altezza. Quel luogo oggi ospita un osser-

[25] W. Heitler, citato in O. Lock, The Discovery of the Pion, *CERN Courier*, June 1997.

vatorio, ma allora si raggiungeva solo con grandi difficoltà, che comunque non ostacolarono l'esperimento grazie a una fortunata circostanza. Dopo essere rientrato in Italia al termine di un periodo a Cambridge, nel 1937 Occhialini, mal sopportando l'opprimente regime fascista, si era trasferito in Brasile. Quando il Brasile entrò in guerra a fianco degli alleati, tuttavia, si trovò nella condizione di cittadino di un paese nemico e dovette abbandonare il suo posto all'Università di San Paolo per rifugiarsi sui monti Itatiaia, dove lavorò per qualche tempo come guida alpina. L'esperienza di Occhialini – non solo come fisico, ma anche come alpinista – risultò dunque particolarmente utile per la realizzazione dell'esperimento al Pic du Midi.

Fu in quell'esperimento che Occhialini e Powell scoprirono il pione, che risulta visibile solo alle alte quote poiché decade rapidamente in muone. César Lattes (1924-2005), uno studente brasiliano che aveva seguito Occhialini a Bristol, portò delle lastre a 5600 metri di altezza in una stazione metereologica sul monte Chacaltaya, in Bolivia, ottenendo la conferma definitiva della scoperta del pione. Il gruppo di Bristol pubblicò i propri dati nell'ottobre 1947, pochi mesi dopo la Conferenza di Shelter Island. L'intuizione di Yukawa fu pienamente confermata dalla dimostrazione che il suo mesone – il pione – esisteva realmente in natura.

Ma l'intricata storia della forza forte, ricca di grandi scoperte e di interpretazioni errate non era finita. Il pione aveva trovato la sua collocazione come messaggero della forza forte, ma il muone cosa c'entrava? Nel gran banchetto della fisica delle particelle, la natura aveva servito molte portate, alcune delle quali erano state previste, altre erano arrivate totalmente inaspettate, ma ogni portata aveva un suo ruolo ben preciso nel menu. Alcune particelle, come protoni, neutroni ed elettroni, costituivano i mattoni fondamentali della materia; altre particelle, come fotoni e pioni, erano i portatori delle forze fondamentali. Invece il muone era come un piatto di cavoli servito dopo il dessert. "E questo chi l'ha ordinato?" chiese infatti Isidor Isaac Rabi (1898-1988, premio Nobel 1944) dopo l'identificazione del muone.

Era davvero una buona domanda. Non c'era da stupirsene perché Rabi era un vero esperto nel porre le domande giuste, e il merito era tutto di sua madre: "Senza volerlo, mia madre ha fatto di me uno scienziato," ricordava Rabi. "Tutte le mamme ebree di Brooklyn chiedevano ai loro figli al rientro da scuola: 'Allora? Hai imparato qualcosa oggi?' Ma non mia madre. 'Izzy,' mi chiedeva, 'hai fatto qualche buona domanda oggi?' Questa differenza – saper fare buone domande – ha fatto di me uno scienziato."[26]

Ma invece di trovare la risposta alla domanda di Rabi i fisici continuarono a trovare nuove particelle. A partire dagli anni Cinquanta, furono scoperte molte nuove particelle, prima nei raggi cosmici e poi negli acceleratori. Si trattava di particelle che si disintegravano appena 10^{-24} secondi dopo essere state prodotte e che non avevano nulla a che fare con la materia e con le forze conosciute. L'elenco delle particelle "elementari" crebbe a tal punto che le lettere dell'alfabeto greco, impiegate per designarle, si stavano esaurendo rapidamente. Una volta Fermi, accorgendosi che uno studente si era sorpreso per una sua esitazione nel ricordare il nome di una particella, lo rimbeccò: "Giovanotto, se riuscissi a ricordare i nomi di tutte quelle particelle, avrei fatto il botanico."[27]

La situazione sembrava assolutamente caotica. Appariva ormai evidente che la spiegazione di Yukawa del pione come unico mediatore della forza forte era, se non sbagliata, quanto meno incompleta. Come ebbe a osservare il fisico teorico Mohammad Abdus Salam (1926-1996, premio Nobel 1972): "La natura non è parca di particelle o di forze, ma di principi."[28] Ma per il momento nessuno aveva la più pallida idea di quali fossero questi principi.

[26] I. Rabi, citato in Great Minds Start With Questions, *Parents Magazine*, September 1993.

[27] Lo studente era Leon Lederman, futuro premio Nobel per la scoperta del neutrino muonico. L'episodio è citato in L. Lederman, D. Teresi, *The God Particle*, Dell Publishing, New York 1993.

[28] M. Abdus Salam, citato in S. Weinberg, *Dreams of a Final Theory*, Hutchinson, London 1993.

4

Meraviglia Sublime

Dal sublime al ridicolo non vi è che un passo.
Napoleone Bonaparte[1]

La massima ricompensa per un fisico è scoprire che fenomeni differenti hanno una spiegazione comune riconducibile a un unico principio. La moderna teoria della fisica delle particelle è probabilmente l'esempio di maggiore successo di questo processo di sintesi della conoscenza scientifica. Tale teoria rappresenta davvero una Meraviglia Sublime, che descrive tutti i fenomeni conosciuti della fisica delle particelle come espressione di un unico principio sottostante. Questo capitolo presenta una breve rassegna degli eventi che hanno condotto alla formulazione di questa teoria.

L'edificazione della Meraviglia Sublime della fisica ha richiesto, innanzi tutto, la definizione di un linguaggio in grado di descrivere il mondo delle particelle: questo linguaggio è la *teoria quantistica dei campi*. A ciò ha fatto seguito la comprensione dei fenomeni elettromagnetici nell'ambito della fisica delle particelle. È infine emersa la Meraviglia Sublime come risultato di tre storie tra loro inestricabilmente intrecciate: la scoperta dei quark, l'unificazione dell'elettromagnetismo con la forza debole e la comprensione della forza nucleare forte. La sintesi di queste tre storie in un'unica teoria ha rappresentato un percorso glorioso che ha messo insieme brillanti idee teoriche e formidabili esperimenti,

[1] Considerazione rivolta all'ambasciatore di Francia in Polonia, abate de Pradt, da Napoleone Bonaparte mentre tornava a Parigi dopo la campagna di Russia, nel dicembre 1812. Citato in D. de Pradt, *Histoire de l'Ambassade dans le Grand-Duché de Varsovie en 1812*, Pillet, Paris 1815.

con l'aggiunta di una sana dose di false piste e vere e proprie cantonate. Questa Meraviglia Sublime non è stata la creazione di una singola mente – come era avvenuto, per esempio, in larga misura nel caso della teoria della relatività generale di Einstein – ma il risultato cumulativo dell'immaginazione, della creatività e del genio di un'intera generazione di fisici, che ha conseguito una magnifica sintesi delle leggi che governano il mondo delle particelle.

La teoria quantistica dei campi

> Amo le teorie della relatività e dei quanti perché non le capisco.
>
> David Herbert Lawrence[2]

Il processo di riconciliazione tra la relatività speciale e la meccanica quantistica, iniziato con Dirac, raggiunse il culmine con la formulazione della *teoria quantistica dei campi*, che è divenuta il moderno linguaggio per descrivere il mondo delle particelle e ha fornito una nuova e più profonda comprensione dell'effettivo significato di ciò che chiamiamo *particella*.

Nella fisica classica le entità che permeano lo spazio chiamate campi sono semplicemente un modo conveniente per descrivere le forze, ma il loro vero vantaggio emerge nel contesto della relatività speciale. La ragione principale sta nel fatto che nella relatività speciale la nozione di simultaneità non ha un significato assoluto, come si può comprendere con l'aiuto di un semplice esempio. Una persona seduta su un treno apre il giornale e, dopo aver letto un articolo, lo ripiega. Dal suo punto di vista, l'apertura e la chiusura del giornale sono avvenuti nello stesso luogo (il sedile del treno), ma in due momenti differenti nel tempo. Tuttavia un'altra persona, ferma sulla banchina della stazione, vede i due eventi svolgersi in luoghi diversi, poiché il treno si sta allontanando. Morale: *due eventi, che avvengono nello stesso luogo ma in tempi diversi per un osservatore, sono separati da un intervallo di spazio per un osservatore in moto.* Non c'è niente di strano in questa affermazione, che anzi è perfettamente conforme alla nostra esperienza comune.

[2] D.H. Lawrence, *Pansies: Poems*, Martin Secker, London 1929.

La relatività speciale ha rivelato un completo parallelismo tra i concetti di spazio e di tempo. Siamo quindi autorizzati a scambiare le parole "spazio" e "tempo" nella morale dell'esempio precedente, ottenendo una nuova affermazione: *due eventi, che avvengono nello stesso tempo ma in luoghi diversi per un osservatore, sono separati da un intervallo di tempo per un osservatore in moto*. In altre parole, gli stessi due eventi possono essere simultanei per un osservatore, ma separati nel tempo per un altro.

Mentre la prima affermazione suona perfettamente sensata e intuitiva, la seconda sembra alquanto paradossale, ma è nondimeno vera. La nostra fallace intuizione tende ad attribuire un significato assoluto allo scorrere del tempo e proposizioni che sembrano evidenti nel caso dello spazio appaiono quasi assurde nel caso del tempo. Eppure queste proposizioni sono vere, poiché nella relatività speciale spazio e tempo si fondono nel medesimo concetto comportando, tra l'altro, la rinuncia alla validità assoluta della nozione di simultaneità.

La crisi del concetto di simultaneità ha reso insostenibile l'idea di azione a distanza: le forze non possono agire simultaneamente in punti diversi e devono esistere entità fisiche che le trasportano attraverso lo spazio. Il concetto di campo elimina completamente qualsiasi riferimento all'azione a distanza, introducendo matematicamente un principio fondamentale della fisica: la *località*.

Località significa che il comportamento di un sistema dipende solo da proprietà definite nelle sue vicinanze (nello spazio e nel tempo). I marziani non possono modificare l'esito delle collisioni nell'LHC senza inviare qualche agente intermediario da Marte fino all'immediata prossimità dell'acceleratore. Sebbene la località non sia una necessità logica della natura, è un fatto sperimentalmente ben dimostrato. Per la scienza è anche un fatto estremamente utile: se la località non esistesse, l'interpretazione di qualsiasi esperimento di laboratorio – come l'oscillazione di un pendolo o il decadimento radioattivo di un nucleo – dovrebbe tener conto della posizione dei pianeti o della velocità di galassie lontane, e la fisica sarebbe un pasticcio inestricabile. Ma fortunatamente non è così.

Quando lanciate una pietra in mezzo a un lago potete osservare il disturbo prodotto sulla superficie dell'acqua propagarsi sotto forma di onde circolari. Queste onde possono raggiungere una boa distante facendola muovere su e giù. L'effetto della pietra sulla boa non è prodotto attraverso un'azione a distanza, bensì attraverso la mediazione delle onde che si propagano. Allo stesso modo, i campi trasportano l'informazione della forza attraverso lo spazio, rispettando rigorosamente la proprietà della località. Un sistema reagisce solo all'azione dei campi situati nelle sue vicinanze.

Dopo che le regole della meccanica quantistica furono applicate con successo all'elettrone, parve logico estenderle a una vecchia conoscenza della fisica sin dai tempi di Maxwell, il campo elettromagnetico. La procedura matematica per compiere tale operazione – detta *quantizzazione del campo* – era stata già introdotta nel 1926 da Max Born (1882-1970, premio Nobel 1954), Werner Heisenberg (1901-1976, premio Nobel 1932) e Pascual Jordan (1902-1980), dando luogo a diverse sorprese. Il campo quantistico – in particolare il campo elettromagnetico dopo la procedura di quantizzazione – non appariva come un mezzo continuo, come i campi immaginati da Maxwell, ma si decomponeva in una serie di singoli noduli di energia.

Ricorrendo a una metafora, possiamo considerare il campo quantistico come un vasto mare che copre l'intero spazio. In punti diversi il mare si solleva in onde, sotto forma di flutti o cavalloni, che si propagano lungo la superficie. Esaminata singolarmente, ogni onda appare come un'entità separata, ma in realtà sono tutte parte della stessa sostanza, il mare. Analogamente il campo quantistico contiene noduli di energia che si propagano nello spazio. Questi singoli noduli di energia sono ciò che chiamiamo particelle; ma in realtà le particelle sono solo un'espressione della sostanza sottostante che riempie lo spazio, il campo quantistico. Le particelle non sono altro che una localizzazione dell'energia del campo, proprio come i cavalloni sono innalzamenti localizzati del livello dell'acqua.

Questa nuova interpretazione del concetto di particella aiuta a spiegare alcuni enigmi sollevati dalla meccanica quantistica. Il dualismo tra particella e onda, così misterioso per i pionieri della meccanica quantistica, emerge ora più chiaramente dalla procedura di quantizzazione del campo. Il campo elettromagnetico si comporta come un'onda che obbedisce alle equazioni di Maxwell. Tuttavia, osservato con la lente d'ingrandimento della meccanica quantistica, il campo elettromagnetico non appare più come un mezzo continuo, ma piuttosto come uno sciame di entità individuali, ciascuna delle quali trasporta una ben determinata quantità di energia. Questi noduli di energia sono i fotoni, che si comportano come particelle. I fotoni sono dunque un'inevitabile conseguenza dell'applicazione della meccanica quantistica all'elettromagnetismo di Maxwell.

In effetti, la procedura di quantizzazione del campo non vale solo per i fotoni, ma per qualsiasi tipo di particella. Consideriamo per esempio gli elettroni: siamo portati a immaginarli come particelle individuali, ma in realtà sono noduli di energia di un campo quantistico che riempie tutto lo spazio. Ogni specie di particella elementare (elettrone, fotone e così via) è associata a un diverso campo quantistico. I campi quantistici sono i pezzi di Lego con i quali la natura gioca per costruire le sue meravigliose creazioni: sono i campi quantistici la realtà fondamentale, non le particelle.

In una popolazione umana ogni singolo individuo è diverso e unico: alcuni hanno occhi castani, altri azzurri; alcuni hanno capelli biondi, altri neri; alcuni sono più alti, alcuni più intelligenti. Al contrario, gli elettroni sono tutti perfettamente identici, come una popolazione aliena di cloni. Lo stesso vale per i fotoni e per ogni altra particella: ciascuna di esse è una copia esatta delle altre. Alla luce dell'interpretazione delle particelle fornita dalla teoria quantistica dei campi, ciò non deve sorprenderci. Esiste un'unica entità che descrive tutti gli elettroni: il campo quantistico dell'elettrone. Questo campo quantistico è soggetto a pulsazioni interne, che concentrano la sua energia in alcuni punti dello spazio. Noi osserviamo questi noduli di energia come singoli elettroni, ma in realtà essi sono manifestazioni di un'unica sostanza fisica.

In un mare in tempesta si formano onde e cavalloni, alcuni colossali, altri minuscoli, ma tutti costituiti dalla medesima sostanza: l'acqua. Analogamente, gli elettroni possono avere velocità differenti, alcuni sono molto veloci, altri lenti, ma tutti possiedono le medesime proprietà intrinseche (come massa e carica elettrica), poiché sono tutti manifestazioni dello stesso campo quantistico. Un unico campo descrive tutti gli elettroni presenti nell'universo.

Secondo la teoria quantistica dei campi, la forza elettromagnetica è il risultato dell'interazione tra il campo dell'elettrone e quello del fotone. È come se liquidi differenti riempissero il nostro mare metaforico: un liquido (ovvero un campo quantistico) per ogni diverso tipo di particella elementare. Ciascun liquido produce le proprie increspature che si propagano sulla superficie del mare. Quando vengono in contatto, le onde formate da liquidi diversi esercitano un effetto reciproco: alcune spariscono, altre si ingrossano assorbendo l'energia di quelle precedenti, nuove onde vengono prodotte. Lo stesso avviene per le particelle: i fotoni possono essere assorbiti o emessi dagli elettroni; le particelle possono sparire trasformando la propria energia in altri tipi di particelle. Le interazioni tra i campi, tuttavia, sono strettamente *locali*: le particelle si influenzano a vicenda solo nello stesso punto dello spazio e del tempo.

Il mondo delle particelle è un ambiente in perenne mutamento, dove l'energia è rapidamente trasformata in massa e viceversa, dove nuove particelle appaiono e scompaiono continuamente, come onde in un mare in burrasca. L'LHC è come una tempesta straordinariamente violenta, nella quale due colossali tsunami si scontrano in un solo punto e dall'impatto saranno generate nuove onde, forse anche di tipi sinora sconosciuti.

Una formidabile conseguenza della teoria quantistica dei campi è stata l'unificazione dei concetti di materia e di forza, che nella nostra esperienza quotidiana appaiono così diversi. La distinzione tra ciò che esercita la forza (l'elettrone) e ciò che la trasmette (il fotone) è solo una questione di classificazione e non di sostanza. Materia e forza sono entrambe il frutto di campi quantistici e della loro reciproca interazione. Si tratta davvero di un passo cruciale nella direzione della sintesi e dell'unificazione, lungo il cammino che porta alla scoperta dei principi fondamentali della natura.

Elettrodinamica quantistica

> La teoria dell'elettrodinamica quantistica descrive la Natura come assurda dal punto di vista del senso comune. E concorda pienamente con gli esperimenti. Pertanto, spero che accettiate la Natura per ciò che Essa è: assurda.
>
> Richard Feynman[3]

L'idea della teoria quantistica dei campi trovò la sua prima applicazione di successo in quella che oggi è chiamata *elettrodinamica*

[3] R.P. Feynman, *QED: The Strange Theory of Light and Matter*, Princeton University Press, Princeton 1985 (Ed. it.: *QED: La strana teoria della luce e della materia*, Adelphi, Milano 1989. Trad. di F. Nicodemi).

quantistica. Questa teoria è in genere indicata con l'acronimo QED, che sta per Quantum Electrodynamics, ma anche, con un gioco di parole, per *quod erat demonstratum*, l'espressione impiegata per concludere una dimostrazione matematica. La teoria QED è infatti il punto di arrivo per una descrizione completa degli elettroni, dei fotoni e delle loro reciproche interazioni, estendendo le leggi di Maxwell dell'elettromagnetismo al mondo delle particelle, nel quale la relatività speciale e la meccanica quantistica sono ingredienti essenziali.

Purtroppo, appena nata, questa teoria cominciò subito a dare problemi e, anziché comportarsi con la serena beatitudine di un neonato, mostrò immediatamente l'instabile irritabilità di un adolescente. I risultati prodotti dai calcoli in alcuni casi erano in perfetto accordo con i dati sperimentali, ma talvolta erano uguali a infinito, cioè un numero più grande di qualsiasi numero si possa immaginare. Ciò era del tutto assurdo e contrario a ogni logica.

L'atteggiamento iniziale di molti fisici consistette nel considerare validi solo i risultati soddisfacenti e nell'ignorare quelli illogici, in base all'assunto che tutto ciò che risultava infinito dovesse non esistere affatto. Naturalmente, questo atteggiamento non poteva essere preso sul serio troppo a lungo. "Solo perché qualcosa è infinito," scherzavano i fisici teorici, "non significa che sia per forza zero."[4]

La svolta decisiva ebbe luogo durante la Conferenza di Shelter Island, di cui si è già parlato nella storia della scoperta del pione. Questa conferenza, che si tenne tra il 2 e il 4 giugno 1947 al Ram's Head Inn di Shelter Island, nello Stato di New York, segnò un svolta nella storia della fisica per tre principali ragioni. La prima è che essa rappresenta la nascita della moderna visione del mondo delle particelle basata sulla teoria dei campi. In seguito Richard Feynman dichiarò: "Da allora ci sono state nel mondo numerose altre conferenze, ma per me nessuna è stata altrettanto importante."[5] Robert Oppenheimer e John Wheeler espressero opinioni analoghe. La se-

[4] S. Weinberg, *The Quantum Theory of Fields*, vol. I, Cambridge University Press, Cambridge 1995.

[5] R.P. Feynman, intervistato da C. Weiner nel 1966, in *Archives for the History of Quantum Physics*, Niels Bohr Library, American Institute of Physics, College Park, Maryland.

conda ragione è che, nonostante i severi controlli di sicurezza applicati a Shelter Island, i fisici poterono tornare a riunirsi e a discutere di scienza, senza l'incombente orrore della guerra e il giogo del controllo militare del Progetto Manhattan. Come ricordava Julian Schwinger: "Fu la prima volta che queste persone, che avevano dovuto tenere rinchiusa dentro di sé tutta quella fisica per cinque anni, poterono parlarsi senza che qualcuno sbirciasse alle loro spalle e domandasse 'Ha ottenuto il nulla osta di segretezza?' "[6] La terza ragione è di natura geografica. La conferenza segnò lo spostamento del centro dell'attività di ricerca in fisica dall'Europa agli Stati Uniti, in parte perché le leggi razziali avevano costretto all'emigrazione molti dei protagonisti europei, in parte perché l'Europa, prostrata dalla guerra, non aveva le risorse economiche per finanziare adeguatamente la ricerca di base.

Per quanto riguarda la nostra storia, alla conferenza furono presentati due importanti risultati sperimentali. Il primo di questi fu illustrato da Willis Lamb (1913-2008, premio Nobel 1955), un giovane ricercatore americano, che aveva iniziato la carriera di fisico teorico come allievo di Robert Oppenheimer. Impiegando la tecnologia del radar a microonde, sviluppata durante la guerra, era riuscito a misurare una separazione tra due righe spettrali dell'idrogeno, che, secondo la teoria di Dirac, avrebbero dovuto coincidere. Questa separazione tra righe spettrali fu in seguito chiamata *Lamb shift*.

Il secondo risultato fu presentato da Isidor Isaac Rabi. Egli aveva misurato l'intensità del magnetismo associato alla rotazione intrinseca dell'elettrone, detta *spin*, trovando un valore superiore a quello predetto dalla teoria di Dirac, seppure solo dello 0,1 per cento. Questa eccedenza, chiamata momento magnetico anomalo dell'elettrone, è solitamente indicata con il simbolo $g-2$.

Il risultato presentato da Lamb obbligò i teorici ad affrontare gli infiniti in campo aperto, senza poter più battere in ritirata. La QED, infatti, prediceva un effetto nel Lamb shift, ma il dato risultava infinito. L'esperimento presentato a Shelter Island dimostrava una volta per tutte che una cosa infinita non è per forza zero!

[6] S.S. Schweber, *QED and the Men Who Made it: Dyson, Feynman, Schwinger, and Tomonaga*, Princeton University Press, Princeton 1994.

Figura 4.1 I fisici discutono alla Conferenza di Shelter Island del 1947. Da sinistra a destra: (in piedi) Willis Lamb, John Wheeler; (seduti) Abraham Pais, Richard Feynman, Herman Feshbach, Julian Schwinger. (*Fonte: AIP Emilio Segrè Visual Archives*)

I teorici non si persero d'animo. A Shelter Island la discussione iniziò subito sotto la guida di Robert Oppenheimer (1904-1967), Hans Kramers (1894-1952) e Victor Weisskopf (1908-2002) e furono rapidamente proposte le prime idee su come debellare gli infiniti. Sul treno, di ritorno dalla conferenza, Hans Bethe (1906-2005, premio Nobel 1967) completò il calcolo del Lamb shift. Di lì a poco Julian Schwinger calcolò *g–2* con un risultato in perfetto accordo con la misura di Rabi. Prima della fine degli anni Quaranta, Richard Feynman (1918-1988, premio Nobel 1965), Julian Schwinger (1918-1994, premio Nobel 1965) e Sin-Itiro Tomonaga (1906-1979, premio Nobel 1965) avevano definitivamente dimostrato che qualsiasi processo fisico nell'ambito della QED può essere calcolato ottenendo un risultato finito. La battaglia contro gli infiniti era finalmente vinta. Come era stato possibile?

Immaginate che domani sia il giorno di San Valentino; voi e il vostro amico David Beckham andate a fare shopping per comprare i regali per le vostre rispettive mogli. Entrate in un negozio e David sceglie per Victoria 30 collane di diamanti, 50 bracciali di smeraldi, 60 pellicce più alcuni altri costosi oggetti. Intanto, egli annota accuratamente tutte le sue spese, che assommano ad alcuni fantastiliardi di zilioni di euro. Voi prendete un piccolo bouquet di fiori, sul quale non è indicato il prezzo. Nella confusione, alla cassa tutti i vostri acquisti vengono registrati insieme e il conto totale ammonta ad alcuni fantastiliardi di zilioni di euro. Dovete veramente pagare questa cifra colossale per un bouquet? Naturalmente no: vi basterà detrarre dal totale la spesa di David per scoprire che dovete pagare solo 19 euro e 99 centesimi.

Qualcosa di simile accade nei calcoli della QED, dove la maggior parte dei risultati è rappresentata da numeri enormi (di fatto infiniti). Tali risultati, tuttavia, non corrispondono a quantità fisiche misurabili, proprio come il conto totale dell'esempio precedente non indica ciò che dovete effettivamente pagare. Una volta che il valore di una quantità fisica viene opportunamente espresso in termini di altre quantità fisiche, questi numeri colossali vengono sottratti l'uno dall'altro dando come risultato un valore piccolo, perfettamente ragionevole. Nel gergo scientifico, questa procedura è chiamata *rinormalizzazione*. Per esempio, la QED produce enormi (di fatto infinite) correzioni sia alla massa e alla carica dell'elettrone sia al Lamb shift; tuttavia esprimendo il Lamb shift in termini di massa e carica totali dell'elettrone, enormi numeri vengono sottratti da enormi numeri dando luogo a un risultato perfettamente sensato.

La QED consente ai fisici teorici di fornire predizioni straordinariamente precise sui processi elettromagnetici che si verificano nel mondo delle particelle. Anche le misure sperimentali hanno compiuto eccezionali progressi. Per esempio i magneti associati al moto del muone e dell'elettrone sono stati misurati con precisioni, rispettivamente, di 6×10^{-10} e di 3×10^{-13}. Per avere un'idea della sbalorditiva precisione di quest'ultima misura, basti pensare che essa equivale a determinare la circonferenza terrestre con un margine di errore di 10 micron. Queste accuratissime misure sperimentali sui magneti del muone e dell'elettrone sono in perfetto accordo con i calcoli teorici effettuati in base alla QED.

Nonostante gli splendidi successi della QED, nel dopoguerra molti fisici guardavano con sospetto alla procedura di rinormalizzazione, poiché sembrava loro un trucco matematico per aggirare qualche profondo problema concettuale non ancora identificato. La presenza degli infiniti era considerata un indizio che la teoria quantistica dei campi si sarebbe dimostrata, in ultima istanza, una struttura malata, che prima o poi sarebbe morta per lasciare spazio a nuove teorie più accette ai palati raffinati dei fisici matematici, amanti del rigore della logica. Dal punto di vista pratico, tuttavia, il vero limite di quella teoria stava nella difficoltà di applicarla al di fuori dell'ambito della forza elettromagnetica. Benché funzionasse egregiamente per l'elettromagnetismo, la teoria quantistica dei campi falliva miseramente nello spiegare la forza debole e quella forte. Per la forza debole non si riusciva a costruire una teoria che consentisse di eliminare tutti gli infiniti. Per la forza forte era possibile formulare una tale teoria, ma essa era priva di utilità pratica, in quanto nessuno sapeva come trattare matematicamente le sue equazioni.

Per queste ragioni, durante tutti gli anni Cinquanta e parte degli anni Sessanta, nella borsa valori delle idee teoriche le quotazioni della teoria quantistica dei campi si mantennero piuttosto basse e i fisici teorici preferirono concentrarsi nella ricerca di teorie alternative. Come disse più tardi Schwinger: "La preoccupazione della maggior parte dei fisici coinvolti non era analizzare e applicare attentamente la nota teoria relativistica dei campi dell'elettrone ed elettromagnetico, ma di cambiarla."[7] Le nuove teorie che emersero (matrice S, teoria del bootstrap, teorie non-locali, teoria con lunghezza fondamentale, solo per citarne alcune) non hanno particolare rilievo nell'attuale descrizione delle particelle elementari, ma allora erano molto in voga.

Il disinnamoramento per la teoria quantistica dei campi si sarebbe poi rivelato prematuro, ma molte cose dovevano ancora essere capite prima che il potente arsenale di questa teoria potesse essere sfruttato pienamente.

[7] J. Schwinger, Renormalization theory of quantum electrodynamics: an individual view, in *The Birth of Particle Physics* (eds. L. Brown, L. Hoddeson), Cambridge University Press, Cambridge 1983.

La scoperta dei quark

> Non affaticate le vostre menti arrovellandovi sulla stranezza di questi fatti.
> William Shakespeare[8]

Mentre la QED aveva fornito la risposta definitiva al problema dell'elettromagnetismo, la situazione delle altre forze stava diventando sempre più complicata. Ciò non era certo dovuto alla mancanza di scoperte sperimentali, quanto al fatto che la natura stava offrendo ai fisici un profluvio di doni. A partire dagli anni Cinquanta furono scoperte sempre più particelle e, arrivati agli anni Sessanta, si era già superato il centinaio. Sembrava ormai svanire qualsiasi speranza che a livello microscopico la natura fosse semplice.

Per fare un po' d'ordine in quella confusione, i fisici classificarono le particelle in due famiglie. I *leptoni* (dal greco *leptós*, sottile) sono particelle che non risentono dell'effetto della forza forte, ma solo di quella debole e, in alcuni casi, di quella elettromagnetica. Di fatto, all'epoca si conoscevano solo tre leptoni: l'elettrone, il muone e il neutrino. Un altro leptone – il *tau* (dall'iniziale della parola greca *tríton*, terzo) – fu scoperto solo a metà degli anni Settanta. Successive ricerche dimostrarono che in realtà ci sono tre neutrini, associati rispettivamente all'elettrone, al muone e al tau.

La famiglia di particelle più complicata e sempre più numerosa era quella degli *adroni* (dal greco *hadrós*, spesso). Sono adroni le particelle influenzate dalla forza forte, come i protoni, i neutroni, i pioni e molte altre ancora. Per inciso, la lettera "H" di LHC evoca il fatto che i protoni sono adroni (in inglese *hadron*).

Gli adroni rappresentavano un vero rompicapo. Si scoprì che alcuni di essi possedevano l'inattesa proprietà di disintegrarsi molto lentamente, nonostante fossero stati prodotti velocemente da interazioni forti. Perché le stesse interazioni forti responsabili della rapida produzione non provocavano un'altrettanto veloce disintegrazione? Era come lanciare in aria una moneta e dover aspettare migliaia di anni per vederla ricadere nella mano. In assenza di un'effettiva comprensione di questo strano fenomeno, i fisici non trovarono niente di meglio che assegnare a queste particelle una

[8] W. Shakespeare, *The Tempest*, Act V, Scene I.

nuova proprietà che, a testimonianza dello smarrimento generale, chiamarono *stranezza*.

In realtà l'introduzione della stranezza permise di evidenziare un aspetto importante, che condusse a un utile chiarimento. Classificando i diversi adroni, come francobolli raccolti in un album, in ordine secondo la loro carica elettrica e la loro stranezza, si osservò l'emergere di uno schema ben preciso: la disposizione dei diversi gruppi di adroni corrispondeva a figure geometriche regolari. Se uno dei vertici della figura rimaneva vuoto – come se mancasse un francobollo nella collezione – i fisici sperimentali si gettavano alla ricerca di una nuova particella con le appropriate caratteristiche di stranezza e carica elettrica e, infallibilmente, la scoprivano.

Murray Gell-Mann (premio Nobel 1969) e Yuval Ne'eman (1925-2006) – un ingegnere convertitosi alla fisica, nonché ufficiale dell'esercito israeliano e in seguito ministro della scienza – identificarono indipendentemente, nel 1961, le proprietà di simmetria delle strutture degli adroni. Tale schema fu chiamato *ottuplice via* da Gell-Mann, che aveva una particolare abilità nell'inventare nomi originali, quando non bizzarri: "Il nuovo sistema è stato designato con l'espressione 'ottuplice via' perché coinvolge otto numeri quantici e anche perché ricorda un aforisma attribuito al Buddha 'È questa, o monaci, la nobile verità che conduce alla cessazione della sofferenza, la nobile ottuplice via, cioè retta visione, retta intenzione, retta parola, retta azione, retta vita, retto sforzo, retta consapevolezza e retta concentrazione.'"[9]

L'ottuplice via è per gli adroni ciò che la tavola periodica di Mendeleev è per gli atomi. La classificazione è spesso il primo passo verso la comprensione più profonda di una struttura interna. La disposizione degli atomi nella tavola periodica fu spiegata dalla loro composizione in termini di protoni, neutroni ed elettroni. Analogamente, Murray Gell-Mann e George Zweig giunsero indipendentemente alla conclusione che la struttura dell'ottuplice via si potesse magicamente riprodurre con l'ipotesi che gli adroni fossero costituiti di nuove entità: i *quark*.

In realtà Zweig – che all'epoca lavorava al CERN, ma in seguito si dedicò alla neurobiologia e poi al settore finanziario – assegnò agli

[9] G.F. Chew, M. Gell-Mann, A.H. Rosenfeld, Strongly Interacting Particles, *Scientific American*, 220, 74-93 (1964).

ipotetici componenti degli adroni il nome *aces* (assi). Ma competere con Gell-Mann nel trovare nomi bizzarri per le particelle era una partita persa in partenza. Gell-Mann introdusse il nome "quark" nel corso di discussioni con altri fisici, apparentemente solo come rima scherzosa con "pork". "Mi venne dapprima in mente il suono, senza trascrizione, della parola, che avrebbe potuto essere 'kwork'," spiega Gell-Mann. "In seguito, in una delle mie occasionali riletture di *Finnegans Wake* di James Joyce, mi imbattei nella parola 'quark' nella frase 'Three quarks for Muster Mark'. Poiché 'quark' (che, tra l'altro, sarebbe il grido di un gabbiano) doveva chiaramente far rima con Mark, come pure con 'bark' e altre parole simili, dovevo trovare una scusa per pronunciarla come 'kwork'."[10] La scusa era piuttosto debole, ma il nome "quark" fece comunque presa.

L'ipotesi che gli adroni fossero costituiti di quark funzionava benissimo, salvo per un dettaglio: in nessun esperimento era mai stato osservato un quark. Eppure i quark avrebbero dovuto essere più leggeri dei protoni, in quanto loro componenti, e avrebbero dovuto avere una carica elettrica frazionaria. Tuttavia, nonostante intense ricerche sperimentali, non fu mai scoperta nessuna particella con carica elettrica frazionaria rispetto a quella del protone, caratteristica facilmente identificabile negli esperimenti. Non vi era alcuna traccia dell'esistenza dei quark e per la maggior parte dei fisici questa era un'ottima ragione per dubitare della loro realtà fisica. I quark erano considerati solo un pratico espediente mnemonico per richiamare alla mente le proprietà degli adroni.

La diffusa incredulità circa l'esistenza dei quark è ben illustrata da un episodio del 1963, quando Gell-Mann telefonò dalla California a Victor Weisskopf, che era stato relatore della sua tesi di dottorato, per discutere di fisica. "All'inizio dell'autunno ebbi una conversazione telefonica, tra Pasadena e Ginevra, con Viki Weisskopf, allora direttore generale del CERN," ricorda Gell-Mann, "ma quando cominciai a parlargli dei quark disse: 'È una chiamata intercontinentale e non dobbiamo sprecare tempo in cose come queste'."[11]

[10] M. Gell-Mann, *The Quark and the Jaguar*, Abacus, London 1994 (Ed. it.: *Il quark e il giaguaro*, Bollati Boringhieri, Torino 1996. Trad. di L. Sosio).

[11] M. Gell-Mann, Quarks, Color and QCD, in *The Rise of the Standard Model* (eds. L. Hoddeson, L. Brown, M. Riordan, M. Dresden), Cambridge University Press, Cambridge 1997.

All'epoca Gell-Mann era già uno scienziato estremamente influente. Ex ragazzo prodigio, poliglotta e uomo di cultura straordinariamente vasta, è, tra l'altro, anche un esperto ornitologo. Mi hanno raccontato che, durante una visita in Israele, fu portato a fare un giro in jeep nel deserto del Negev. Improvvisamente, Gell-Mann annunciò eccitatissimo ai suoi compagni di viaggio che aveva udito il verso di un uccello estremamente raro. La jeep partì all'inseguimento guidata dalle indicazioni di Gell-Mann che, tendendo gli orecchi, cercava attentamente la provenienza del suono, riconoscibile solo al suo udito esperto. Dopo un lungo girovagare nella desolazione del deserto, l'autista fermò la jeep perché aveva finalmente capito l'origine del suono udito da Gell-Mann. Era il cigolio prodotto dalla cinghia del motore mentre la vecchia jeep procedeva traballando sulle piste sassose del deserto. L'episodio dimostra che anche Gell-Mann non è infallibile; sui quark però non si sbagliava.

La svolta si verificò nel 1968. Negli Stati Uniti, allo Stanford Linear Accelerator Center (SLAC), furono condotti esperimenti – diretti da Jerome Friedman (premio Nobel 1990), Henry Kendall (1926-1999, premio Nobel 1990) e Richard Taylor (premio Nobel 1990) – per studiare la struttura dei protoni sondandoli con fasci di elettroni. La logica di questi esperimenti era simile a quella seguita oltre cinquant'anni prima da Geiger, Marsden e Rutherford per esplorare la struttura dell'atomo. Misurando la deflessione degli elettroni che venivano fatti penetrare entro campioni di materia, i ricercatori dello SLAC riuscirono a dedurre la distribuzione della carica elettrica all'interno dei protoni.

I fisici teorici James Bjorken e Richard Feynman interpretarono i dati sperimentali mettendo in evidenza il sorprendente risultato che la carica elettrica del protone non era distribuita uniformemente, bensì concentrata in particelle puntiformi confinate al suo interno. Ciò significava che i protoni erano particelle composite costituite di quark. "Mi ha sempre entusiasmato il fatto che una cosa così enigmatica potesse rivelarsi tanto semplice," commentò in seguito Feynman.[12]

Ma l'aspetto più stupefacente dell'interpretazione teorica fu che i quark all'interno del protone non sembravano risentire di al-

[12] R.P. Feynman, citato in M. Riordan, *The Hunting of the Quark*, Simon & Schuster, New York 1987.

cuna reciproca interazione forte. Se i quark erano realmente i componenti del protone, sarebbe stato logico aspettarsi una potente forza di legame in grado di tenerli prigionieri al suo interno. I quark, invece, si comportavano come particelle libere che non interagivano tra loro: era come se fossero chiusi in una prigione con mura invisibili, essendo perfettamente liberi di muoversi all'interno del protone, senza però poterne oltrepassare i confini. Ma allora, se i quark non subiscono l'azione di potenti forze di legame, perché nessuno riusciva a osservarli isolati al di fuori del protone?

La teoria elettrodebole

> Il nostro errore non è che prendiamo troppo seriamente le nostre teorie, ma che non le prendiamo abbastanza seriamente.
>
> Steven Weinberg[13]

All'inizio degli anni Sessanta, la teoria di Fermi costituiva ancora la descrizione corrente della forza debole, anche se era stata molto perfezionata rispetto alla versione originaria. Questo affinamento aveva comportato una serie di sorprendenti implicazioni, poiché la forza debole presentava caratteristiche inattese quando venivano scambiati i ruoli di materia e antimateria, oppure quando le coordinate dello spazio erano riflesse come in uno specchio.

Ma la teoria di Fermi non poteva rappresentare l'ultima parola sulla forza debole. Così come i fotoni trasmettevano la forza elettromagnetica e così come si riteneva che i pioni trasportassero la forza forte, era logico supporre che una qualche nuova particella fosse il messaggero della forza debole. Questa ipotetica particella era indicata con il nome di *W*. La costruzione della teoria delle particelle *W* e della forza debole presentava notevoli difficoltà, ma alla fine il problema fu risolto nel contesto delle *teorie di gauge*. Queste teorie e il problema dell'interazione debole hanno un ruolo cruciale nel programma di ricerca dell'LHC e perciò questi concetti verranno trattati separatamente nel capitolo 8, dopo che saranno stati introdotti tutti gli elementi necessari. Per il momento è sufficiente

[13] S. Weinberg, *The First Three Minutes*, Basic Books, New York 1977 (Ed. it.: *I primi tre minuti*, Mondadori, Milano 1977. Trad. di L. Sosio).

sapere che le teorie di gauge sono generalizzazioni della QED, che descrivono l'azione di una forza mediata dallo scambio di particelle. Mentre nella QED la forza elettromagnetica è trasportata da un solo tipo di particella (il fotone), una teoria di gauge generale prevede tipi differenti di "fotoni", cioè tipi differenti di particelle portatrici di forza.

Nel 1967 Steven Weinberg (premio Nobel 1979) e Mohammad Abdus Salam (1926-1996, premio Nobel 1979) identificarono la corretta teoria della forza debole, applicando a un modello inizialmente proposto da Sheldon Glashow (premio Nobel 1979) le nuove idee delle *teorie di gauge*. In realtà Weinberg stava cercando di capire come tali idee potessero essere applicate per descrivere la forza forte, ma ben presto ebbe l'ispirazione giusta: "Mi apparve improvvisamente chiaro che si trattava di una teoria perfetta, ma che stavo applicandola al tipo di interazione sbagliato. L'ambito corretto per applicare queste idee non erano le interazioni forti, bensì le interazioni debole ed elettromagnetica."[14] Il quadro relativo ai quark e agli adroni era ancora troppo ingarbugliato e Weinberg decise di concentrarsi sui leptoni, particelle non influenzate dalla forza forte. Ottenne così una teoria in grado di descrivere magnificamente le interazioni tra i leptoni e le particelle *W*, riproducendo tutte le caratteristiche note della forza debole.

Il fisico olandese Martinus Veltman (premio Nobel 1999) aveva ostinatamente continuato a credere nella teoria quantistica dei campi, anche quando era sembrata passare di moda. Aveva sviluppato nuove tecniche per affrontare il problema degli infiniti in una teoria di gauge e affidato al suo studente Gerardus 't Hooft (premio Nobel 1999) il compito di studiare la procedura di rinormalizzazione della nuova teoria della forza debole. Nel 1971, sotto la guida di Veltman, 't Hooft dimostrò che tutti gli infiniti potevano essere cancellati in modo corretto e con questo risultato la nuova teoria della forza debole raggiunse un completo grado di rispettabilità agli occhi dei fisici teorici.

Un aspetto cruciale di questa nuova teoria era che il fotone e la particella *W* risultavano essere due portatori diversi della medesima forza. Una teoria unica descriveva contemporaneamente la

[14] S. Weinberg, The Making of the Standard Model, *The European Physical Journal C* 34, 5-13 (2004).

forza elettromagnetica e la forza debole: più di un secolo dopo Maxwell era stato compiuto un nuovo passo nella direzione dell'unificazione delle forze, sicché oggi parliamo di una sola *forza elettrodebole*.

Come possono la forza elettromagnetica e la forza debole costituire la stessa entità, quando ci appaiono così differenti? La spiegazione sta nel fatto che la forza debole risulta così fievole solo a causa del suo limitato raggio d'azione, ma non a causa della sua intensità intrinseca. Quando i fisici riuscirono a calarsi più in profondità – dapprima con l'immaginazione della teoria e poi con gli strumenti sperimentali – nel mondo delle particelle, ebbero la sorpresa di scoprire che la forza debole e la forza elettromagnetica si comportavano nella stessa maniera e potevano essere espresse con un unico concetto.

L'espressione "forza debole" è ingannevole, poiché la sua intensità intrinseca è in realtà paragonabile a quella dell'elettromagnetismo. Dovremo tuttavia aspettare il capitolo 8 per comprendere pienamente come operi tale unificazione.

L'ipotesi dell'unificazione elettrodebole non rappresentò solo un progresso concettuale, ma fornì anche una precisa predizione che poteva essere verificata sperimentalmente. Infatti la coerenza della teoria richiedeva l'esistenza, oltre che del fotone e della particella *W*, di un'ulteriore particella portatrice di forza, cui fu assegnato il nome di *Z*. Secondo questa predizione, tale particella – a differenza di *W*, elettricamente carica – sarebbe dovuta essere priva di carica e avrebbe dunque mediato un nuovo tipo di forza debole. Si sapeva che i neutrini interagivano con la materia trasformandosi in elettroni e tale processo, mediato dalla particella *W*, era noto come interazione di *corrente carica*. Ma se la particella *Z* esisteva realmente, i neutrini avrebbero dovuto interagire con la materia anche senza mutare la propria identità, rimanendo neutrini, in un processo definito interazione di *corrente neutra*.

La scoperta delle correnti neutre divenne quindi un obiettivo sperimentale prioritario, poiché avrebbe fornito una prova tangibile dell'unificazione elettrodebole. Purtroppo, l'identificazione delle correnti neutre rappresentava un'impresa di notevole difficoltà, poiché i neutrini sono particelle estremamente elusive. Ora non si trattava solo di identificarli, ma anche di misurarne le impronte lasciate quando rimbalzavano sulla materia.

Nel 1963 André Lagarrigue (1924-1975), Paul Musset (1933-1985) e André Rousset (1930-2001) elaborarono una proposta per un esperimento sui neutrini che impiegava una *camera a bolle* come rivelatore di particelle. Le camere a bolle rappresentavano un'evoluzione delle camere a nebbia, che erano state utilizzate per scoprire il positrone e il muone. Mentre le camere a nebbia identificavano le traiettorie delle particelle mediante le tracce formate dalla condensazione di goccioline, le particelle che attraversavano le camere a bolle lasciavano una traccia di minuscole bolle all'interno di un recipiente contenente un liquido surriscaldato in uno stato instabile al limite dell'ebollizione. Si dice che Donald Glaser (premio Nobel 1960), inventore della camera a bolle, abbia avuto l'idea di questo rivelatore di particelle osservando le colonne di bollicine in un bicchiere di birra.

La camera a bolle progettata dai ricercatori francesi era enorme per l'epoca: un cilindro di 1,9 metri di diametro e 4,8 di lunghezza

Figura 4.2 La camera a bolle Gargamelle al CERN nel 1970. (*Fonte: CERN/ Gargamelle Collaboration*)

riempito di freon liquido. Sebbene fosse appena un giocattolo in confronto ai rivelatori dell'LHC, l'apparecchiatura fu allora considerata così grande che, vedendone il disegno, il direttore dell'École Polytechnique la chiamò *Gargamelle*, dal nome della madre del gigante Gargantua, protagonista dello stravagante romanzo di Rabelais. Dalla finestra del mio ufficio posso ancora ammirare la camera a bolle di Gargamelle, oggi esposta su un prato all'interno del CERN.

La collaborazione scientifica sul progetto Gargamelle si estese durante la costruzione dello strumento e quando questo fu pronto per fornire i primi dati, nel 1971, comprendeva 60 fisici di sette laboratori europei. Cifre non molto impressionanti se confrontate con quelle degli esperimenti dell'LHC, ma certamente Gargamelle fu il primo esempio di una collaborazione scientifica così ampia nella fisica delle particelle. Nel dicembre 1972, i fisici impegnati nell'analisi dei dati di Gargamelle identificarono la prima chiara immagine di un "evento di corrente neutra": la diffusione di un neutrino da un elettrone atomico. La scoperta produsse grande euforia.

Gargamelle non era il solo esperimento per la ricerca delle correnti neutre. Al Fermilab, il laboratorio di fisica delle particelle nei pressi di Chicago, il gruppo di ricerca HPWF (Harvard Pennsylvania Wisconsin Fermilab) confermò i dati trovati da Gargamelle. Ma in seguito, dopo una modifica dello strumento per migliorarne le capacità di misurazione, il gruppo americano annunciò un nuovo risultato per il rapporto tra le correnti neutre e quelle cariche molto più piccolo del precedente e persino compatibile con la totale assenza di qualsiasi corrente neutra. Gli occhi della comunità scientifica erano puntati sui due gruppi sperimentali, in attesa che risolvessero il conflitto tra i loro risultati.

Donald Perkins, del gruppo di ricerca di Gargamelle, ricorda: "Gli americani avevano un'esperienza e un know-how molto più vasti [...] È importante tener conto di questa condizione di inferiorità nel valutare l'atteggiamento assunto a quell'epoca dalla gente del CERN nei confronti dell'esperimento di Gargamelle. Quando i risultati negativi (non pubblicati, ma largamente pubblicizzati) ottenuti dall'esperimento HPWF iniziarono a circolare, alla fine del 1973, il gruppo di Gargamelle fu sottoposto a forti pressioni e critiche da parte della grande maggioranza dei fisici del CERN. In parte ciò dipendeva presumibilmente solo da un pregiudizio nei confronti della tecnica: la gente non riusciva a credere che una scoper-

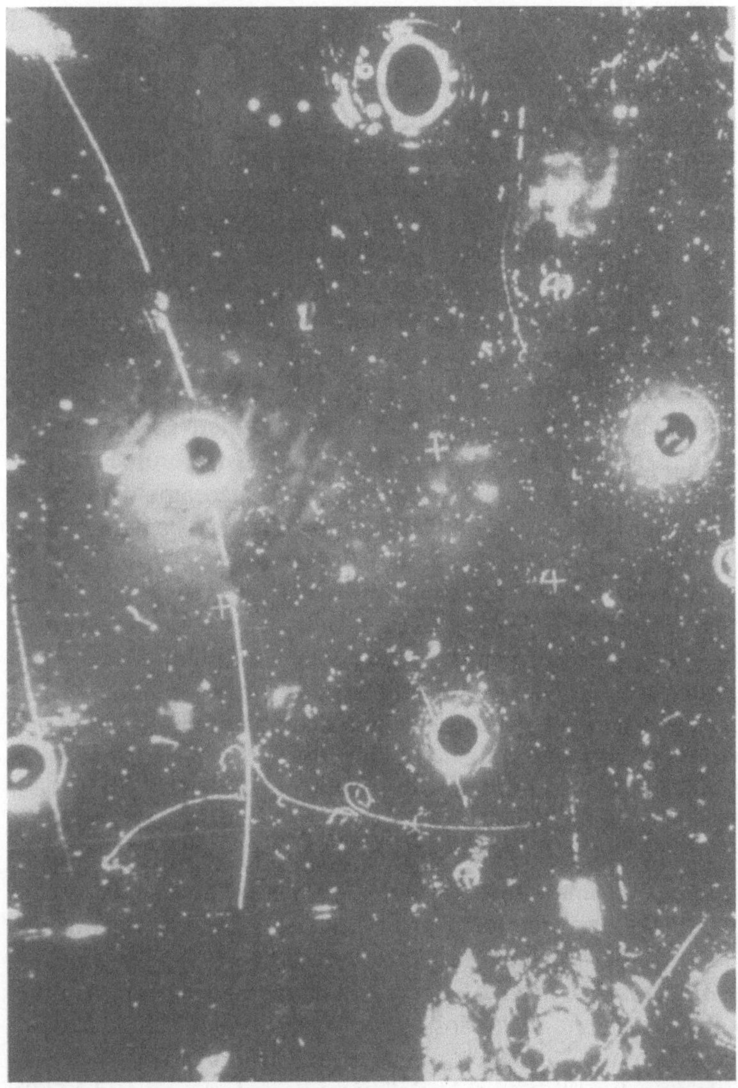

Figura 4.3 Immagine di un'interazione di corrente neutra rivelata da Gargamelle nel 1973. La traccia mostra un elettrone che è stato scagliato fuori dalla sua orbita atomica dall'arrivo di un neutrino. (*Fonte: CERN/Gargamelle Collaboration*)

ta tanto fondamentale potesse essere ottenuta con uno strumento così rudimentale come una camera a bolle a liquido pesante [...] Ma, fatto altrettanto importante, molte persone ritenevano che, ancora una volta, gli esperimenti americani dovessero per forza essere giusti. Un fisico del CERN puntò forte contro Gargamelle, scommettendo (e alla fine perdendo) la maggior parte del contenuto della sua cantina di vini!"[15] I fisici di Gargamelle rimasero fermi sulle proprie posizioni e, infine, la discrepanza con l'esperimento americano fu risolta. Dopo la modifica dello strumento, un'imperfetta comprensione del suo comportamento aveva indotto il gruppo HPWF a interpretare erroneamente alcuni eventi di corrente neutra come dovuti a correnti cariche. Una volta compreso pienamente il funzionamento del rivelatore, il gruppo HPWF confermò i dati di Gargamelle. Ogni residuo dubbio era stato spazzato via: le correnti neutre erano state scoperte. Alcuni fisici europei non resistettero alla tentazione di commentare scherzosamente gli oscillanti risultati del gruppo HPWF, affermando che gli americani avevano identificato delle "correnti neutre alternate".

La scoperta delle correnti neutre fornì una prova incontrovertibile a favore dell'unificazione tra le forze elettromagnetica e debole. Inoltre, grazie alla misura del rapporto tra correnti neutre e correnti cariche, divenne immediatamente possibile ottenere una prima stima delle masse delle ipotetiche particelle *W* e *Z*. Si aprì così la caccia sperimentale a queste particelle, la cui esistenza, sebbene fermamente affermata dai teorici, non era ancora stata direttamente dimostrata.

A quell'epoca il CERN stava progettando la costruzione di un grande acceleratore per la collisione di fasci di elettroni e positroni. Questo acceleratore, chiamato LEP (Large Electron-Positron collider), era particolarmente adatto per la scoperta delle particelle *W* e *Z*, ma avrebbe iniziato a operare in un futuro troppo lontano per i fisici, che erano molto ansiosi di dimostrare la realtà di tali particelle. Furono avanzate proposte per la costruzione di nuovi acceleratori per la collisione di fasci di protoni, ma la direzione del CERN non approvò questi progetti per timore che ritardassero il LEP.

[15] D. Perkins, Gargamelle and the Discovery of Neutral Currents, in *The Rise of the Standard Model* (eds. L. Hoddeson, L. Brown, M. Riordan, M. Dresden), Cambridge University Press, Cambridge 1997.

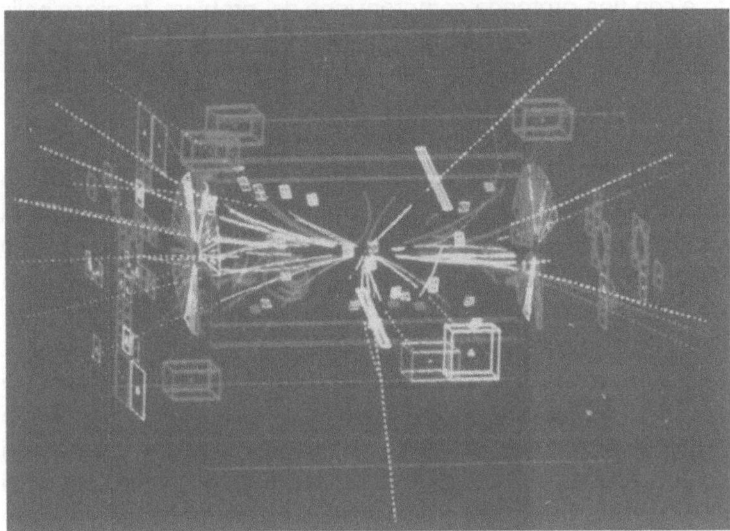

Figura 4.4 La prima particella *Z* registrata dal rivelatore UA1 il 30 aprile 1983. La particella *Z* si disintegra troppo rapidamente per essere vista, ma viene identificata grazie alle tracce della coppia elettrone–positrone prodotta nel processo di decadimento. (*Fonte: CERN / UA1 Collaboration*)

In questa incerta situazione, Carlo Rubbia (premio Nobel 1984) presentò un'idea audace e radicalmente differente. Nel 1977 sottopose, sia al CERN sia al Fermilab, il progetto di modificare gli esistenti acceleratori di protoni, affinché potessero far collidere fasci di protoni con fasci di antiprotoni. Rubbia era convinto che ciò fosse possibile grazie a una tecnica, sviluppata da Simon van der Meer (premio Nobel 1984), in grado di accumulare e accelerare intensi fasci di antiprotoni. Tuttavia nessuno era sicuro che tale tecnica fosse realizzabile e vi era molto scetticismo sull'idea di convertire, con scarse speranze di successo, macchine nuove di zecca e pronte a funzionare, come l'SPS (Super Proton Synchrotron) del CERN, in acceleratori per la collisione di protoni e antiprotoni. "Gran parte del merito di Carlo Rubbia sta nell'aver portato avanti le proprie idee con instancabile determinazione in un contesto tanto ostile. Non solo con determinazione, ma anche con una chiara visione delle conseguenze a cui queste idee avrebbero condotto e con una profonda comprensione dei problemi in gioco nella fisica degli acceleratori," ricorda Pierre Darriulat,[16] un fisico che ebbe un ruolo importante nella scoperta delle particelle *W* e *Z*.

L'idea di base era sparare un fascio di protoni contro un bersaglio per creare antiprotoni, producendo così solo un antiprotone per ogni milione di protoni incidenti. Gli antiprotoni sarebbero quindi stati raffreddati e accumulati in un anello, a un ritmo di cento miliardi al giorno. Infine, il fascio di antiprotoni sarebbe stato fatto collidere frontalmente contro un fascio di protoni. Rubbia realizzò un esperimento pilota, l'Initial Cooling Experiment (ICE), che dimostrò con successo la validità della tecnologia impiegata. Nel 1978 John B. Adams e Léon Van Hove, i due direttori generali del CERN, presero la coraggiosa decisione di approvare il progetto protone-antiprotone. "È molto difficile immaginare a posteriori come sarebbe potuta andare la storia, poiché gli eventi sono tutti strettamente intrecciati tra loro, ma sono fermamente convinto che, se non fosse stato per Carlo, non ci sarebbe stata nel mondo una fisica delle collisioni protone-antiprotone per molto tempo, forse mai," ha scritto Darriulat.[17]

Furono progettati e costruiti due grandi rivelatori, UA1 e UA2, per osservare le particelle generate dalle collisioni tra protoni e antiprotoni. Il 9 luglio 1981, dopo uno strenuo tour de force e a soli tre anni dall'approvazione del progetto, fu realizzata la prima collisione. Poche ore più tardi, le collisioni di particelle erano già state registrate e rese pubbliche. Pochissime persone avrebbero creduto che tutto ciò fosse possibile, e soprattutto in così breve tempo.

Nel 1983, entrambi i gruppi di ricerca, sia UA1 sia UA2, scoprirono dapprima la particella *W* e poi la particella *Z*: le loro masse risultarono, rispettivamente, circa 85 e 95 volte quella del protone, in perfetto accordo con le predizioni teoriche. Da tali risultati si deduceva che la forza debole agisce a una distanza 500 volte più piccola della dimensione del protone: è questa la ragione fondamentale dell'apparente debolezza di tale forza. Ma l'unificazione elettrodebole stabilisce che, a distanze 500 volte inferiori alla dimensione del protone, non esiste differenza intrinseca tra l'intensità della forza

[16] P. Darriulat, The Discovery of the W & Z, a Personal Recollection, *The European Physical Journal* C 34, 33-40 (2004).

[17] *Ibid.*

elettromagnetica e di quella debole. La scoperta delle particelle *W* e *Z* rappresentò la conferma finale della teoria elettrodebole.

Cromodinamica quantistica

> Metaforicamente la QCD sta alla QED come un icosaedro sta a un triangolo.
>
> Frank Wilczek[18]

Prima della scoperta dei quark la situazione riguardo alla forza forte sembrava praticamente disperata, ben riassunta nel 1960 dalle parole del fisico teorico russo Lev Landau: "È ben noto che attualmente la fisica teorica ha quasi perso ogni speranza di riuscire ad affrontare il problema dell'interazione forte [...] Ormai la sconfitta della teoria è tacitamente accettata anche da quei fisici teorici che proclamano di opporvisi. Ciò è evidente [...] soprattutto dall'affermazione di Dyson che la teoria giusta non sarà scoperta nei prossimi cent'anni."[19] Invece la teoria giusta fu scoperta solo 13 anni dopo.

La scoperta dei quark aveva imposto un certo ordine nel caotico mondo degli adroni, ma aveva anche aperto nuovi problemi. Come già ricordato, gli esperimenti condotti allo SLAC da Friedman, Kendall e Taylor avevano fornito un quadro piuttosto inatteso delle interazioni tra quark. La situazione può essere descritta con un'analogia. Immaginate che i quark siano uniti tra loro da elastici lunghi quanto il diametro di un protone, circa 10^{-15} metri. Se si cerca di estrarre un quark dal protone, l'elastico esercita una forza di richiamo che tende a riportare il quark verso l'interno. Quanto più un quark si allontana dagli altri, tanto più l'elastico è teso e tanto maggiore è la forza che lo trascina indietro verso la sua posizione iniziale dentro il protone. Questo spiega perché in nessuna ricerca sperimentale sono mai stati individuati quark isolati: gli elastici li trattengono saldamente all'interno del protone. Viceversa, quando i quark si aggirano tranquillamente all'interno del protone, le distanze tra loro sono inferiori al diametro del protone e, quindi,

[18] F. Wilczek, *Fantastic Realities*, World Scientific, Singapore 2006.

[19] L.D. Landau, Fundamental Problems, in *Theoretical Physics in the Twentieth Century; a Memorial Volume to Wolfgang Pauli* (eds. M. Fierz, V.F. Weisskopf), Interscience, New York 1960.

gli elastici sono allentati e non esercitano alcuna forza di richiamo. Ciò spiega le osservazioni sperimentali secondo le quali nel loro moto all'interno del protone i quark si comportano come particelle libere. In gergo scientifico, il quadro descritto da questa analogia è detto *libertà asintotica*, poiché i quark quando si trovano molto vicini tra loro sono quasi liberi da qualsiasi forza di legame.

La libertà asintotica era l'esatto contrario di ciò che si conosceva delle forze fondamentali della natura. Infatti si presupponeva che qualsiasi forza fondamentale diventasse meno intensa all'allontanarsi dei corpi sui quali agisce, com'è appunto il caso delle forze gravitazionale, elettrica, magnetica e debole. In particolare, si dava per scontato che qualsiasi teoria quantistica dei campi descrivesse solo forze le cui intensità diminuivano al crescere delle distanze.

Anche David Gross (premio Nobel 2004), dell'Università di Princeton, era assolutamente convinto di ciò e iniziò ad analizzare sistematicamente il problema nell'intento di dimostrare rigorosamente che la libertà asintotica era incompatibile con qualsiasi teoria quantistica dei campi. In altri termini, voleva dimostrare che nella teoria quantistica dei campi tutte le forze diventano più deboli all'aumentare della distanza che separa le particelle. Fece rapidi progressi e completò il programma prefissato con una sola eccezione: la teoria di gauge. Dopo il successo ottenuto nella spiegazione delle interazioni elettrodeboli, agli occhi dei fisici il prestigio della teoria di gauge era molto cresciuto ed era indispensabile darsi da fare per escludere anche quest'ultimo caso. Gross e il suo allievo Frank Wilczek (premio Nobel 2004) affrontarono il problema alla fine del 1972; più tardi i due appresero che, a Harvard, Sidney Coleman aveva assegnato al suo allievo David Politzer (premio Nobel 2004) un problema quasi identico.

I risultati di questi studi furono stupefacenti: i calcoli dimostrarono che in certi casi le teorie di gauge predicevano esattamente il fenomeno della libertà asintotica. "Per me la scoperta della libertà asintotica fu del tutto inaspettata," affermò Gross. "Come un ateo che ha appena ricevuto un messaggio da un roveto ardente, divenni immediatamente un vero credente."[20]

[20] D. Gross, Asymptotic Freedom and the Emergence of QCD, in *The Rise of the Standard Model* (eds. L. Hoddeson, L. Brown, M. Riordan, M. Dresden), Cambridge University Press, Cambridge 1997.

Ancora una volta la teoria di gauge dimostrò di essere la risposta giusta: essa infatti descrive correttamente non solo la forza elettromagnetica e quella debole, ma anche la forza forte. Le particelle portatrici di tale forza – analoghe del fotone e delle particelle *W* e *Z* della forza elettrodebole – sono chiamate *gluoni*. I gluoni trattengono i quark all'interno degli adroni come una sorta di "colla" (in inglese *glue*), ma hanno la particolarità di propagare una forza la cui intensità cresce all'allontanarsi dei corpi, al contrario delle altre forze fondamentali note. Eppure, la teoria che descrive la forza forte è concettualmente la stessa che spiega la forza elettrodebole, nonostante le profonde differenze tra i fenomeni fisici a esse associati.

L'elettromagnetismo è causato dallo scambio di una particella, il fotone; l'interazione debole è dovuta a due particelle, *W* e *Z*. L'interazione forte è mediata dai gluoni, che si presentano in otto diverse specie, chiamate *colori*. Anche i quark hanno tre colori differenti. Ma non dovete pensare che i rivelatori dell'LHC osservino quark blu, rossi e verdi o gluoni multicolori. Il "colore" è solo un termine convenzionale scelto dai fisici per indicare un attributo di quark e gluoni analogo alla carica elettrica: potete dunque immaginare il colore come la carica della forza forte. Le immagini ricostruite al computer degli eventi osservati con i rivelatori dell'LHC somigliano talvolta ai dipinti di Jackson Pollock, con numerose tracce colorate corrispondenti alle diverse particelle. Non lasciatevi ingannare, però: si tratta solo di codici di colore impiegati dai programmi di ricostruzione digitale e non hanno nulla a che fare con il "colore" di quark e gluoni.

I fisici si divertono a coniare espressioni bizzarre e durante un seminario estivo ad Aspen, nel 1973, Gell-Mann chiamò la nuova teoria della forza forte *cromodinamica quantistica*, abbreviata in QCD (Quantum Chromodynamics). L'espressione contiene un chiaro riferimento al colore (in greco, *chróma*) di quark e gluoni e il suo acronimo, QCD, sottolinea l'affinità concettuale tra questa teoria e la QED.

Alcuni anni prima Sheldon Glashow, John Iliopoulos e Luciano Maiani avevano lavorato sodo per venire a capo di un'inattesa proprietà connessa all'interazione tra la particella *Z* e i quark. "La nostra collaborazione assunse ben presto un schema fisso," ricorda Iliopoulos. "Ogni giorno uno di noi proponeva una nuova idea e, invariabilmente, gli altri due facevano a gara per dimostrargli che era stupida."[21] Alla fine, però, incapparono in un'idea che non era affatto stupida. L'ottuplice via spiegava la struttura degli adroni per mezzo di tre quark chiamati *up*, *down* e *strange* (su, giù, strano). Glashow, Iliopoulos e Maiani compresero che, per spiegare le interazioni degli adroni con la particella *Z*, doveva esistere un quarto tipo di quark, al quale assegnarono il nome di *charm* (fascino). "Chiamammo questa nostra costruzione mentale 'charmed quark' perché eravamo affascinati e sedotti dalla simmetria che introduceva nel mondo subnucleare,"[22] affermò Glashow.

"Dieci giorni del novembre 1974 sconvolsero il mondo della fisica. Qualcosa di meraviglioso e quasi inatteso stava per venire alla luce: una particella con un fascino (charm) molto discreto, un adrone così insolito da non sembrare nemmeno tale," racconta Alvaro De Rújula.[23] Negli Stati Uniti due gruppi di sperimentatori – uno allo SLAC, diretto da Burton Richter (premio Nobel 1976), e uno al Brookhaven National Laboratory, diretto da Samuel Ting (premio Nobel 1976) – scoprirono contemporaneamente una particella, cui fu attribuito il goffo nome di J/Ψ (dall'unione dei nomi assegnati da ciascuno dei due gruppi). Una volta compreso appieno il suo significato, questa scoperta ebbe un duplice effetto: dimostrò l'esistenza del quark charm e confermò la QCD, poiché le proprietà della J/Ψ potevano essere spiegate solamente con la libertà asintotica.

L'interpretazione teorica conseguente alla scoperta della particella J/Ψ dimostrò definitivamente che la forza forte era perfettamente descritta per mezzo dei quark e della QCD. In seguito i fisici si riferirono orgogliosamente a quegli eventi come alla "Rivoluzione di Novembre". "In sintesi, il Modello Standard sorse dalle ceneri della Rivoluzione di Novembre, mentre i suoi rivali caddero con onore sul campo di battaglia," racconta ancora De Rújula,[24] uno di coloro che parteciparono ai combattimenti di quei giorni gloriosi.

[21] J. Iliopoulos, What a Fourth Quark Can Do, in *The Rise of the Standard Model* (eds. L. Hoddeson, L. Brown, M. Riordan, M. Dresden), Cambridge University Press, Cambridge 1997.

[22] S. Glashow, The Hunting of the Quark, *The New York Times Magazine*, July 18, 1976.

[23] A. De Rújula, Yang-Mills Theories: a Phenomenological Point of View, in *Fifty Years of Yang-Mills Theory* (ed. G. 't Hooft), World Scientific, Singapore 2005.

[24] *Ibid.*

All'appello mancavano ancora due quark. Già nel 1973 Makoto Kobayashi (premio Nobel 2008) e Toshihide Maskawa (premio Nobel 2008), sviluppando uno schema proposto originariamente da Nicola Cabibbo, avevano predetto l'esistenza del quark *bottom* (sotto, talora chiamato *beauty*) e del quark *top* (sopra) Anche per questi giunsero conferme sperimentali, sebbene il quark top sia stato osservato solo nel 1995 al Tevatron, l'acceleratore per far collidere protoni e antiprotoni costruito al Fermilab.

Il Modello Standard

> Tutti i modelli sono sbagliati, ma alcuni sono utili.
>
> George Box e Norman Draper[25]

Così tutti i pezzi del puzzle sono finalmente andati a posto e il risultato di questa impresa scientifica è un'autentica Meraviglia Sublime, che descrive le forze elettromagnetica, debole e forte, e tutte le forme conosciute di materia in termini di un unico principio: quello delle teorie di gauge. È semplicemente sbalorditivo che la complessità della natura sia il risultato di un unico principio fondamentale, ed è ugualmente sbalorditivo che l'intelletto umano sia stato in grado di identificare tale principio.

La Meraviglia Sublime può essere riassunta in una sola equazione o, sebbene in modo assai meno preciso, in poche frasi. La materia è formata di quark e leptoni, che si presentano in varie specie, simili tra loro, come mostrato nella figura 4.5. Le forze elettromagnetica, debole e forte sono tutte descritte mediante il medesimo schema teorico, nel quale le forze sono trasmesse da particelle: fotoni, *W*, *Z* e gluoni. Questa Meraviglia Sublime è oggi indicata con la sigla MS, che è l'acronimo del suo vero, sebbene troppo modesto, nome: *Modello Standard*.

Numerosi acceleratori ad alta energia hanno contribuito a verificare il Modello Standard, in particolare il Tevatron del Fermilab, il LEP del CERN, l'HERA del laboratorio tedesco DESY e l'LSC dello SLAC. Anche esperimenti condotti con acceleratori a bassa energia

[25] G.E.P. Box, N.R. Draper, *Empirical Model-Building and Response Surfaces*, Wiley, New York 1987.

	Prima generazione	Seconda generazione	Terza generazione	Carica elettrica
Quark	Up (0,003 GeV)	Charm (1,3 GeV)	Top (173 GeV)	$\frac{2}{3}$
Quark	Down (0,005 GeV)	Strange (0,1 GeV)	Bottom (4,2 GeV)	$-\frac{1}{3}$
Leptoni	Neutrino elettronico ($<10^{-9}$ GeV)	Neutrino muonico ($<10^{-9}$ GeV)	Neutrino tau ($<10^{-9}$ GeV)	0
Leptoni	Elettrone (0,0005 GeV)	Muone (0,1 GeV)	Tau (1,8 GeV)	−1
Particelle di gauge (portatrici di forza)	Forza forte		Gluoni (massa zero)	0
Particelle di gauge (portatrici di forza)	Forza debole		W (80 GeV)	1
Particelle di gauge (portatrici di forza)	Forza debole		Z (91 GeV)	0
Particelle di gauge (portatrici di forza)	Forza elettromagnetica		Fotone (massa zero)	0

Figura 4.5 Le particelle del Modello Standard. Tra parentesi sono indicate le masse delle particelle espresse in GeV, un'unità di misura comunemente impiegata nella fisica delle particelle, che sarà definita nel capitolo 5

hanno fornito prove importanti. In tutti i casi le predizioni teoriche ricavate dal Modello Standard sono state pienamente confermate con uno stupefacente grado di precisione. È raro incontrare nella scienza una teoria concettualmente così semplice eppure con un ambito d'applicazione così ampio, così fondamentale eppure verificata sperimentalmente così bene come il Modello Standard.

Questa teoria rappresenta dunque la fine della storia? Nonostante il suo successo sperimentale e la sua eleganza teorica, la risposta è un deciso no. Restano ancora aperti troppi interrogativi che non hanno trovato risposta. Sono i quark e i leptoni le entità fondamentali della natura, o esiste nella struttura della materia un ulteriore livello sottostante? Perché quark e leptoni si ripetono sequenzialmente tre volte? Siamo ancora perplessi di fronte a queste domande, perché tutte le forme di materia e tutti i fenomeni che osserviamo normalmente sono perfettamente spiegati dall'esistenza delle forze fondamentali e dai quark up e down, dall'elettrone e da un neutrino. Queste particelle sono indicate come la *prima generazione* di quark e leptoni. Tutti gli altri quark e leptoni appaiono completamente superflui per il nostro mondo terrestre, in quanto esistono solo nelle collisioni prodotte dagli esperimenti di fisica delle particelle e nelle interazioni causate dai raggi cosmici. Eppure, nel Modello Standard la semplice struttura della prima generazione di quark e leptoni si ripete tre volte. Tali ripetizioni, note come le *tre generazioni*, contengono particelle perfettamente identiche, da una generazione all'altra, salvo per una proprietà: la massa. I quark up, charm e top sono assolutamente indistinguibili, tranne che per le loro masse. Lo stesso accade per i quark down, strange e bottom, per l'elettrone, il muone e il tau e per i tre neutrini. Il problema della comprensione dell'origine di questa struttura triplicata rappresenta una versione allargata della domanda posta da Rabi per il muone: "E questo chi l'ha ordinato?" Ancora non abbiamo trovato una risposta.

Come rientra la gravità in questo schema? La più familiare delle forze conosciute è di fatto ignorata dal Modello Standard. Dal punto di vista pratico questo non è certo un problema. La forza gravitazionale esercitata tra due elettroni è 10^{43} volte più debole della corrispondente forza elettrostatica. Ciò rende assolutamente giustificato trascurare la gravità rispetto all'elettromagnetismo nell'interazione tra due elettroni: l'approssimazione è accurata quanto lo sarebbe misurare la dimensione dell'universo osservabile trascurando una lunghezza pari a quella di un solo nucleo atomico.

L'estrema debolezza della gravità nel mondo delle particelle può stupire, poiché siamo abituati a considerarla una forza potente. Ma la gravità è così intensa nel mondo macroscopico solo perché la sua forza d'attrazione è il risultato dell'effetto cumulativo di un enorme numero di particelle di materia. Invece, la neutralità elettrica degli atomi che formano la materia scherma la forza elettrostatica, che su grandi distanze risulta quindi normalmente meno importante della gravità. Tuttavia, anche se la gravità è sostanzialmente irrilevante negli esperimenti di fisica delle particelle, il suo inserimento in un quadro completo delle forze fondamentali resta ugualmente un problema aperto di cruciale importanza per la fisica teorica.

Tutti questi interrogativi fondamentali attendono ancora una soluzione. Ma ve n'è uno ancora più urgente: il Modello Standard – definito come semplice combinazione di quark, leptoni e messaggeri di forze – è in realtà incompleto. Manca ancora un elemento: come fanno le particelle elementari ad acquisire la propria massa? Per comprendere come la natura abbia risolto questo formidabile problema, è necessario un acceleratore formidabile: l'LHC.

Parte seconda

L'astronave dello zeptospazio

5

Stairway to Heaven

Perché tu sai che talvolta le parole hanno due significati, [...] quando tutti sono uno e uno è tutti.

Led Zeppelin[1]

L'unificazione della scienza

Come disse lo studioso della Kabbalah al venditore di hot dog, "Fammi uno con tutto."

Rabbi Lawrence Kushner[2]

Agli albori del XX secolo era convincimento comune tra gli scienziati che la fisica avesse completato il proprio compito di scoprire le leggi della natura.

Nel 1871 Maxwell scriveva: "Sembra prevalere l'opinione che in pochi anni tutte le grandi costanti fisiche saranno state approssimativamente stimate e che allora la sola occupazione che resterà agli uomini di scienza sarà aggiungere a queste misure qualche altro decimale."[3] Nel 1900 Kelvin ribadiva: "Non c'è più nulla di nuovo da scoprire in fisica. Tutto ciò che resta da fare sono misura-

[1] Led Zeppelin, *Stairway to Heaven*, Atlantic 1971; parole di Robert Plant.

[2] L. Kushner, What Did the Mystic Say to the Hot Dog Vendor? Six Neo-Kabbalistic Metaphors for Cosmic Design, *Annals of the New York Academy of Sciences* 950, 215-224 (2001). Il testo originale contiene un doppio senso che si perde nella traduzione. Nel linguaggio colloquiale "Make me one with everything" indica la richiesta di aggiungere nel panino tutti i diversi condimenti, ma l'espressione può essere intesa in senso più mistico: "Rendimi partecipe del tutto."

[3] J.C. Maxwell, *The Scientific Papers* (ed. W.D. Niven), Dover, New York 1965.

zioni sempre più precise."[4] E nel 1903 Michelson aggiungeva: "Le leggi e i fatti più importanti delle scienze fisiche sono stati tutti scoperti e sono ora così solidamente definiti che la possibilità che vengano modificati in seguito a nuove scoperte è straordinariamente remota."[5] Solo pochi anni dopo la relatività e la meccanica quantistica avrebbero sovvertito tutti i principi noti della fisica classica e rivoluzionato la scienza.

Anche i grandi fisici talvolta fanno predizioni sbagliate. È ben noto che inizialmente Kelvin liquidò i raggi X come un'impostura. E nel 1896 scrisse: "Non ho la più piccola molecola di fiducia nella navigazione aerea, salvo che con mongolfiere, né aspettativa di buoni risultati da uno qualunque dei tentativi di cui sento parlare."[6] Solo sette anni dopo l'aereo dei fratelli Wright si levava in volo a Kitty Hawk, in North Carolina. Del resto William Thomson, il futuro Lord Kelvin, non fu solo precoce negli studi, ma anche nelle cantonate. Si racconta che quando studiava all'Università di Cambridge fosse così fermamente convinto di laurearsi *Senior Wrangler* (lo studente col punteggio più alto) ai famosi esami dei Mathematical Tripos che chiese al suo servitore di andare a guardare i risultati per vedere chi fosse stato nominato *Second Wrangler* (lo studente con il secondo miglior punteggio). Il servitore tornò e gli disse: "Voi, signore."[7]

[4] Si afferma spesso che Kelvin pronunciò queste parole all'Annual Meeting del 1900 della British Association for the Advancement of Science. Poiché non ve n'è traccia nel resoconto pubblicato, l'autenticità della citazione resta dubbia. Ringrazio Rupert Baker, bibliotecario della Royal Society, per la sua ricerca del resoconto originale.

[5] A.A. Michelson, *Light Waves and Their Uses*, The University of Chicago Press, Chicago 1903.

[6] Lettera a Baden Baden-Powell, 8 dicembre 1896; ripubblicata in J.L. Pritchard, Major B.F.S. Baden-Powell, Honorary Fellow, (1860-1937), An Appreciation. *Journal of the Royal Aeronautical Society* 60, 9-24 (1956).

[7] Il titolo di Senior Wrangler per il 1845 andò infatti a Stephen Parkinson, che divenne in seguito un matematico all'Università di Cambridge, anche se non raggiunse mai la fama di Kelvin. È curioso osservare che anche James Clerk Maxwell e Joseph John Thomson furono Second Wrangler nei rispettivi anni. Maxwell perse il titolo a favore di Edward Routh, che in seguito divenne un matematico conosciuto soprattutto come istruttore di Senior Wrangler, poiché questo titolo andò per 22 anni consecutivi a suoi allievi. Thomson fu battuto da Joseph Larmor, che divenne un fisico famoso per i suoi lavori sull'elettrodinamica e la termodinamica.

Si deve riconoscere, tuttavia, che gli scienziati della fine del XIX secolo avevano ottime ragioni per ritenere che le conoscenze fisiche fossero sostanzialmente complete. Tutti i fenomeni noti potevano essere spiegati in termini di meccanica di Newton, elettromagnetismo di Maxwell, termodinamica, ottica o meccanica dei fluidi. La vera rivoluzione della fisica del XX secolo consistette nel dimostrare che tutte queste isole di conoscenza erano in realtà le punte emergenti di un'unica e fondamentale struttura concettuale che poteva spiegare contemporaneamente tutti i fenomeni naturali.

Nella scienza l'idea dell'unificazione non è nuova. Il primo brillante esempio è rappresentato dalla comprensione che la stessa forza, la gravità, è responsabile sia del moto dei corpi celesti sia della caduta degli oggetti sulla Terra. Ancor prima dell'opera di Newton, Galileo aveva intuito con notevole preveggenza la connessione logica tra questi due diversissimi fenomeni. Cinquantacinque anni prima della pubblicazione dei *Principia* di Newton, Galileo fa dire al suo alter ego Salviati nel *Dialogo sopra i due massimi sistemi*: "Ma se questo autore sa da che principio sieno mossi in giro altri corpi mondani, che sicuramente si muovono, dico che quello che fa muover la Terra è una cosa simile a quella per la quale si muove Marte, Giove, e che e' crede che si muova anco la sfera stellata; e se egli mi assicurerà chi sia il movente di uno di questi mobili, io mi obbligo a sapergli dire chi fa muover la Terra. Ma più, io voglio far l'istesso s'ei mi sa insegnare chi muova le parti della Terra in giù."[8]

Ma fu Newton a elaborare completamente questo concetto e, ciò che è più importante, a tradurlo in equazioni. Egli dimostrò che un'unica teoria della gravitazione universale poteva spiegare sia i fenomeni terrestri sia quelli astronomici. Newton era fermamente convinto che la fisica (o filosofia naturale, come era allora chiamata) dovesse spiegare la complessità della natura attraverso semplici forze fondamentali. Egli tentò di identificare tali forze usando come paradigma le leggi della meccanica da lui stesso scoperte, che credeva potessero estendersi a ogni altro fenomeno. Nell'introduzione ai *Principia* egli affermò, in perfetta sintonia con l'approccio della fisica moderna: "Tutta la difficoltà della filosofia sembra consistere in ciò: a partire dai fenomeni del moto investigare le forze della natu-

[8] G. Galilei, *Dialogo sopra i due massimi sistemi del mondo* (1632). Giornata seconda.

ra e, quindi, a partire da queste forze dimostrare i restanti fenomeni [...] Possiamo augurarci che sia possibile dedurre, con lo stesso modo di procedere, dai principi della meccanica tutti gli altri fenomeni della natura. In verità, molte ragioni mi inducono a sospettare che tali fenomeni possano dipendere tutti da certe forze, per le quali le particelle dei corpi, per cause ancora ignote, o si urtano e si connettono secondo figure regolari o, al contrario, si respingono e allontanano: per scoprire queste forze ignote, i filosofi hanno sinora inutilmente indagato la natura."[9]

Un passo gigantesco in questo cammino verso l'unificazione fu rappresentato dalle equazioni di Maxwell, poiché i fenomeni elettrici e magnetici venivano spiegati dalla medesima teoria. La ricerca di una teoria unificata, in grado di descrivere tutte le forze, proseguì con Einstein: "Il compito supremo del fisico è giungere a quelle leggi elementari universali, a partire dalle quali il cosmo può essere costruito con la pura deduzione."[10] Da allora, l'*unificazione* è diventata il leit-motif della fisica teorica. Unificazione significa semplificazione e sintesi degli elementi necessari per descrivere le leggi fisiche ma, soprattutto, significa ottenere una nuova e più profonda comprensione dei principi della natura. L'unificazione non è solo un'elegante esercizio intelletuale. Quasi sempre ogni passo del processo di unificazione preannuncia nuove inaspettate scoperte: nuovi fenomeni predetti dalla teoria unificata o nuove connessioni logiche con altre branche della ricerca scientifica. Chi avrebbe potuto sospettare che l'unificazione tra elettricità e magnetismo avrebbe condotto alla scoperta che la luce è un'onda elettromagnetica? E chi avrebbe potuto sospettare che l'unificazione tra meccanica quantistica e relatività speciale avrebbe condotto alla scoperta dell'antimateria?

La comprensione del fatto che fenomeni naturali differenti non seguono leggi indipendenti, ma hanno un'origine comune nell'ambito di un quadro unitario, è stata uno dei maggiori successi della scienza del XX secolo. Come affermò Einstein, anticipando i futuri sviluppi della fisica: "Le leggi generali sulle quali si basa la

[9] I. Newton, *Philosophiæ Naturalis Principia Mathematica* (1687).

[10] A. Einstein, discorso alla Società di Fisica di Berlino per il 60° compleanno di Max Planck (1918); in A. Einstein, *Ideas and Opinions*, Crown, New York 1954 (Ed. it.: *Idee e opinioni*, Schwarz, Milano 1957. Trad. di F. Fortini).

struttura della fisica teorica devono essere valide per qualsiasi fenomeno naturale in qualsiasi condizione. Con esse, deve essere possibile giungere alla descrizione, ovverosia alla teoria, di qualsiasi processo naturale, compresa la vita, per mezzo della pura deduzione, se tale procedimento deduttivo non è troppo al di là delle capacità dell'intelletto umano."[11]

Il Modello Standard rappresenta il più alto livello di unificazione finora raggiunto. I campi quantistici che si manifestano come particelle sono gli ingredienti fondamentali della natura sia per la materia sia per la forza. Tuttavia, il Modello Standard non può essere la teoria finale e il viaggio intrapreso dalla fisica alla ricerca delle leggi ultime della natura non è terminato. L'LHC è lo strumento necessario per farci procedere in questo viaggio.

La scala di Giacobbe

> Voglio scoprire come Dio ha creato il mondo. Il resto sono dettagli.
>
> Albert Einstein[12]

Il Libro della Genesi narra che Giacobbe, per paura di suo fratello Esaù, partì da Beersheba e giunse ad Haran. Qui decise di trascorrere la notte e, posato il capo su una pietra, cadde addormentato. "Sognò una scala che poggiava sulla terra, mentre la sua sommità raggiungeva il cielo; ed ecco gli angeli di Dio salivano e scendevano lungo questa scala. Ed ecco il Signore stava al di sopra di essa."[13] Tralasciando qualsiasi interpretazione religiosa, che non riguarda la fisica, il sogno di Giacobbe ci offre un'acuta metafora dell'ordine della natura.

Lo studio della natura ci ha insegnato che molti fenomeni macroscopici possono essere compresi in termini di entità microscopiche. Questo processo di riduzione a componenti più elementari si ripete in passaggi successivi: la materia è fatta di molecole, che sono composte di atomi; gli atomi sono fatti di elettroni che orbi-

[11] *Ibid.*

[12] A. Einstein, citato in A. Calaprice (ed.), *The Expanded Quotable Einstein*, Princeton University Press, Princeton 2000.

[13] *Genesi*, 28: 12, 13.

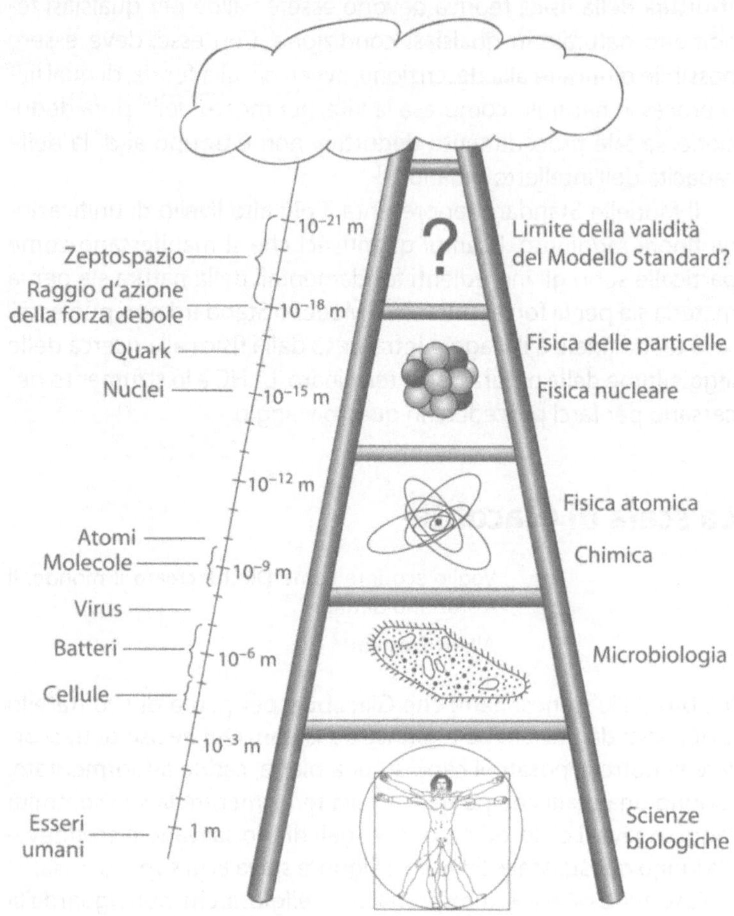

Figura 5.1 La scala di Giacobbe

tano intorno a nuclei; i nuclei sono composti di protoni e neutroni, a loro volta costituiti di quark. Salire sulla scala di Giacobbe è come muoversi verso dimensioni sempre più piccole. A ogni gradino della scala scopriamo nuove entità fondamentali, che cambiano la nostra visione della natura e forniscono nuovi ingredienti per un'interpretazione più adeguata del mondo fisico.

Inoltre, la fisica pura ha rivelato un altro importante aspetto dell'ordine della natura: le leggi fisiche che reggono le entità microscopiche sono più semplici di quelle del mondo macroscopico. Procedendo verso dimensioni sempre più piccole, scopriamo che la varietà e la complessità del nostro mondo sono una mera maschera che cela la semplicità delle leggi fondamentali. L'apparente caos del mondo macroscopico si risolve magicamente in un ordine sempre più armonioso a ogni nuovo gradino della scala di Giacobbe. In un certo senso, è come guardare un'immagine sullo schermo del computer: nel suo insieme essa presenta una complessità di forme e variazioni cromatiche, ma se la ingrandiamo con lo zoom, ci accorgiamo che in realtà è composta di tanti pixel, minuscoli quadratini, tutti della stessa misura e ciascuno di colore uniforme.

Lo studio del sempre più piccolo ha rivelato ancora un altro aspetto importante, che può essere illustrato con una metafora. Un bravo cuoco è capace di estrarre dagli ingredienti i più allettanti e deliziosi sapori. Nel processo di cottura egli sfrutta le reazioni chimiche che avvengono tra le molecole degli alimenti. Tuttavia, per avere successo nella sua professione, un cuoco non ha bisogno di conoscere le leggi della chimica; gli basta conoscere le leggi dell'arte culinaria, che coinvolgono proprietà come dolce, amaro, acido e così via. Avrebbe bisogno della chimica solo se volesse comprendere le ragioni profonde per le quali si sviluppa un certo sapore. Nemmeno a un buongustaio serve conoscere la chimica per apprezzare le specialità del cuoco.

In un contesto più scientifico, una situazione analoga si incontra in termodinamica. Le proprietà dei gas sono perfettamente descritte dalle leggi della termodinamica, che coinvolgono quantità come temperatura, pressione ed entropia. Ma salendo di un gradino sulla scala di Giacobbe scopriamo che i gas sono formati di molecole. Questa nuova interpretazione fornisce una più profonda comprensione delle leggi della termodinamica, che sono ora espresse in termini di energia cinetica delle particelle e di proprietà statistiche.

Questi esempi illustrano come ogni gradino della scala di Giacobbe possa essere descritto da una teoria scientifica coerente, che non richiede la piena conoscenza degli altri gradini. In altre parole, possiamo formulare una teoria atomica coerente senza conoscere i nuclei; possiamo ottenere una teoria nucleare senza conoscere i quark; e così via, procedendo verso dimensioni sempre più piccole. Ogni gradino della scala di Giacobbe offre una descrizione della natura valida, ma adeguata solo per quelle specifiche dimensioni. Variando lo zoom attraverso il quale osserviamo i fenomeni, passiamo dalla fisica delle particelle alla fisica atomica, alla chimica, alla microbiologia e alle scienze biologiche. Ogni gradino è connesso al precedente, ma è governato da proprie leggi. A ogni gradino la natura presenta nuovi e interessanti fenomeni che meritano attente indagini scientifiche. In effetti spesso risulta vano cercare di descrivere un fenomeno in base agli elementi di un gradino diverso della scala di Giacobbe: per esempio, le equazioni che descrivono il moto dei quark sono di scarsa utilità per calcolare le proprietà macroscopiche dei gas.

Scopo della fisica pura è arrampicarsi sulla scala di Giacobbe perché la scoperta di ogni nuovo gradino fornisce una comprensione più profonda del significato delle cose. Mentre un gradino descrive *come* la natura opera, il successivo spiega *perché* la natura opera in quel modo. Mentre la descrizione teorica di un gradino richiede l'utilizzo di parametri che devono essere determinati mediante misurazioni, nel gradino successivo alcuni di questi parametri divengono quantità calcolabili, che possono essere predette dalla teoria.

Può sembrare abbastanza ovvio che vi sia in natura una distinzione tra fenomeni che si verificano a scale di grandezza diverse. Eppure, non vi è una necessità logica per la quale la natura debba inevitabilmente comportarsi in questo modo. Certamente se così non fosse, la vita degli scienziati (per non parlare dei cuochi) sarebbe estremamente difficile: la spiegazione di qualsiasi fenomeno fisico sarebbe inestricabilmente legata alla conoscenza di tutti i dettagli della natura a tutte le scale di grandezza. Newton non avrebbe potuto scoprire la legge della gravitazione senza risolvere le equazioni che governano il moto di ogni singolo quark presente all'interno della Luna. Nessun processo fisico potrebbe essere compreso senza la conoscenza del comportamento della natura a dimensioni arbitrariamente piccole. Per fortuna, in natura esiste una scala di Giacobbe.

In fisica questa separazione tra scale di grandezza diverse ha una formulazione matematica ben definita, nota come *teoria efficace*. Una teoria efficace fornisce una descrizione approssimata della natura, ottenuta ignorando l'effetto di qualsiasi processo fisico che si verifichi su distanze molto piccole. La ragione che rende possibile tale semplificazione è connessa alle proprietà di località della teoria dei campi quantistici, di cui si è già parlato nel capitolo 4. In parole povere, una teoria efficace descrive esclusivamente un singolo gradino della scala di Giacobbe.

L'interpretazione della natura tramite questa scala non è una costruzione filosofica, ma una deduzione basata su fatti empirici. È grazie all'esistenza di questa struttura che la scienza può progredire nella comprensione del mondo delle particelle. Gradino dopo gradino, la scienza procede costruendo una teoria efficace sopra l'altra. La motivazione principale per proseguire in questo processo di scoperta è che ogni successivo gradino è descritto da leggi sempre più fondamentali: concetti che a un gradino sembravano completamente indipendenti a quello successivo risultano unificati in una stessa entità. È questo che spinge i fisici a esplorare dimensioni sempre più piccole e a continuare a salire la scala di Giacobbe alla ricerca delle leggi universali della natura.

L'LHC esplora dimensioni molto più piccole di quelle indagate da qualsiasi altro precedente esperimento. Ma il grande entusiasmo per l'LHC non è dovuto a una vaga idea di esplorazione di nuovi territori. Come vedremo nella terza parte del libro, vi sono buone ragioni per ritenere che l'ingresso nello zeptospazio corrisponda a un salto su un nuovo gradino della scala di Giacobbe, descritto da una nuova teoria efficace, diversa dal Modello Standard. Se ciò si verificasse davvero, l'LHC innescherebbe un'autentica rivoluzione intellettuale.

La comprensione dell'ordine della natura fa sorgere una domanda spontanea: che cosa c'è in cima alla scala di Giacobbe? Alcuni fisici ritengono che esista un gradino ultimo, finale: credono in una teoria definitiva, capace di descrivere tutte le forze e tutte le forme di materia in modo unificato. In cima alla scala troveremo una teoria esatta determinata unicamente dalla sua coerenza logica, nella quale non esistono parametri arbitrari.

Altri fisici non condividono questo punto di vista e si domandano: la scala di Giacobbe possiede davvero una sommità? Forse esiste un numero infinito di gradini, cosicché nessuno potrà mai raggiungere l'ultimo. Come i fisici della fine del XIX secolo, ci convinceremo periodicamente di aver scoperto tutto, fin quando una nuova rivoluzione delle idee dissolverà queste certezze, spingendo la fisica verso nuovi traguardi. E il processo di ricerca non avrà mai fine.

La realtà potrebbe rivelarsi ancora differente: e se la scala di Giacobbe a una certa altezza si trasformasse in qualcosa di diverso? Forse le concezioni dei fisici fondate sulle teorie efficaci potrebbero non funzionare più al di sotto di una certa dimensione. In tal caso non sarebbero più possibili approssimazioni in cui si trascurano le piccole distanze, né teorie efficaci, ma dovrebbe emergere una nuova concezione del nostro universo. Questa nuova concezione dovrebbe avere una formulazione matematica radicalmente differente da quelle delle teorie che conosciamo oggi e richiederebbe una completa revisione dei principi base della natura.

Forse un giorno conosceremo le risposte a queste ambiziose domande. Per il momento tutto ciò che possiamo fare è salire la scala di Giacobbe gradino dopo gradino, come gli angeli del Signore.

Microscopi sempre più grandi

> Solo osservata al microscopio la nostra vita sembra così grande.
> Arthur Schopenhauer[14]

La caccia alle leggi fondamentali della natura ci spinge a esplorare dimensioni sempre più piccole. Con l'aiuto di un microscopio possiamo scoprire che, osservato alla scala di qualche decina di micron, un organismo vivente è costituito di cellule (un micron corrisponde a un milionesimo di metro). Possiamo cercare di aumentare ulteriormente l'ingrandimento dello strumento, ma la risoluzione di nessun microscopio ottico può superare qualche frazione di micron, le dimensioni dei batteri più piccoli. Ciò è dovuto al fatto che la luce è un'onda elettromagnetica e non può essere impiegata per distinguere qualsiasi oggetto più piccolo della sua lunghezza d'onda. La luce visibile ha lunghezze d'onda comprese tra 750 e 380 nanometri (un nanometro corrisponde a un miliardesimo di metro) e, nell'osservazione di un campione, tutti i dettagli significativamente

[14] A. Schopenhauer, *Parerga und Paralipomena* (1851).

più piccoli di tale lunghezza d'onda risulteranno inevitabilmente indistinti. Non si tratta di un limite dello specifico strumento ottico, ma di una conseguenza di una proprietà intrinseca della luce: è come cercare di misurare le dimensioni di una zanzara con una pertica per la misura dei terreni o stringere le minuscole viti di un paio di occhiali con un cacciavite da autofficina. Uno strumento non può essere impiegato per operare su oggetti di misura molto inferiore alla sua dimensione caratteristica. Analogamente, la luce visibile è caratterizzata da una lunghezza minima intrinseca – la sua lunghezza d'onda – e quindi non può distinguere nessuna distanza inferiore a poche centinaia di nanometri.

Per esplorare la natura al di sotto delle centinaia di nanometri, occorrono sonde con lunghezza d'onda inferiori. Le immagini di virus e di biomolecole sono normalmente ottenute utilizzando microscopi elettronici. In questi strumenti il fascio di luce visibile dei comuni microscopi ottici è sostituito da fasci di elettroni e le lenti ottiche da elettromagneti. I microscopici elettronici possono distinguere distanze fino a poche decine di nanometri, la dimensione di singoli atomi, consentendoci di esplorare il mondo delle piccole dimensioni. Questo, tuttavia, non è ancora sufficiente per studiare la materia nucleare e subnucleare. Per frugare nell'intimo delle dimensioni subnucleari, dove sono celati i segreti delle leggi fondamentali della fisica, è necessaria una forma di radiazione più energetica, caratterizzata da lunghezze d'onda ancora inferiori.

Secondo la meccanica quantistica, tra onde e particelle esiste un dualismo; ciò significa che l'entità fisica reale non è né solo onda né solo particella, ma possiede proprietà comuni a entrambe. Nel regno della meccanica quantistica i concetti di onda e particella, a prima vista distinti, sono in effetti due espressioni della medesima essenza. Per esempio, possiamo interpretare la luce come onda elettromagnetica o come fascio di fotoni ed entrambe queste descrizioni sono corrette. La medesima interpretazione dualistica – stile Dr Jekyll e Mr Hyde – può essere estesa dai fotoni a tutte le altre particelle elementari, come ipotizzato nel 1923 dal fisico francese Luis de Broglie (1892-1987, premio Nobel 1929). Quando fu avanzata, la congettura di de Broglie sembrò così balzana che fu soprannominata "la Comédie Française". Ciò nonostante, la meccanica quantistica continuava a riservare molte sorprese e si osservò che gli elettroni davano effettivamente luogo a fenomeni di interferenza tipici di una natura ondulatoria, confermando l'ipotesi di de Broglie.

L'identificazione di particelle e onde in un solo concetto dualistico implica una relazione tra l'energia di una particella e la lunghezza d'onda dell'onda a essa associata. Quanta più energia possiede una particella, tanto più corta è la sua lunghezza d'onda. Secondo la meccanica quantistica, perciò, una radiazione con lunghezza d'onda molto corta equivale a un fascio di particelle molto energetiche; ciò significa che, per indagare la materia a dimensioni sempre più piccole, sono necessari acceleratori di particelle sempre più potenti.

Per esplorare un pozzo profondo, possiamo farvi cadere dei sassi e stabilire la profondità in base al ritardo di tempo con cui ci giunge il suono; dalla tonalità del suono possiamo anche dedurre se nel fondo c'è acqua, suolo o qualcos'altro. La stessa strategia è impiegata per sondare la materia in profondità, come nel caso degli esperimenti di Geiger, Marsden e Rutherford che condussero alla scoperta del nucleo atomico. La materia viene bombardata con proiettili ad alta energia (che per la meccanica quantistica sono equivalenti a radiazione di corta lunghezza d'onda). Quanto più alta è l'energia, tanto più in profondità i proiettili penetrano nella materia. Misurando le caratteristiche dei proiettili dopo la collisione con il bersaglio, è possibile ricavare informazioni su ciò che essi hanno incontrato all'interno della materia: gli echi di queste radiazioni altamente energetiche sono interpretati e tradotti in un'immagine del mondo microscopico.

La logica di questo approccio è analoga al funzionamento del microscopio ottico, nel quale i proiettili sono i raggi di luce riflessi dal campione osservato e percepiti dai nostri occhi come un'immagine. Nei moderni esperimenti di fisica i proiettili sono particelle ad alta energia, mentre gli "occhi" sono sofisticati rivelatori elettronici che osservano i frammenti delle collisioni e ricostruiscono l'"immagine" della natura a dimensioni subnucleari.

Vi è un'ulteriore ragione per la quale l'esplorazione del mondo delle particelle richiede giganteschi acceleratori ad alta energia. Per spiegare tale aspetto, è necessario aprire una parentesi.

Nel 1905 un impiegato dell'ufficio brevetti di Berna, un certo Albert Einstein, formulò la più famosa equazione mai scritta in fisica: $E = mc^2$, spiegando che "la massa equivale a un contenuto di energia."[15] Il significato di questa equazione è che la massa (*m*) è una forma di energia (*E*), proprio come il calore o l'energia cinetica; il quadrato della velocità della luce (c^2) è il fattore di conversione tra energia e massa, proprio come esistono fattori di conversione tra calorie e joule e tra chilometri e miglia. Possiamo dire che la distanza tra Ginevra e Parigi è uguale a 404 km, oppure a 251 miglia, ma la realtà non cambia. Allo stesso modo possiamo convertire il valore di una massa in unità di energia. Però il fattore di conversione tra massa ed energia (in unità di misura a noi familiari) è davvero gigantesco, al contrario di quelli tra chilometri e miglia o tra calorie e joule. Per esempio, secondo l'equazione di Einstein, un chilogrammo di materia corrisponde a un'energia di circa 20 megaton, pari all'energia prodotta dall'esplosione di più di mille bombe di Hiroshima. Oppure, se si preferisce, lo stesso chilogrammo di materia corrisponde all'energia sviluppata dal motore di una Ferrari 430 Scuderia lanciata a piena velocità per circa 8000 anni; per produrre questa quantità di energia, il motore della Ferrari consumerebbe parecchi milioni di tonnellate di carburante.

Poiché la massa equivale concettualmente all'energia, di norma i fisici esprimono la massa delle particelle in un'unità di energia: l'elettronvolt (eV). Un eV corrisponde all'energia acquistata da un elettrone quando è accelerato nel vuoto da un potenziale elettrostatico di un volt. Spesso si usano multipli di questa unità: MeV (1 milione di eV), GeV (1 miliardo di eV) e TeV (1000 miliardi di eV). Pertanto, sebbene MeV e GeV siano in realtà unità di energia e non di massa, è normale tra i fisici affermare che la massa dell'elettrone è 0,51 MeV (piuttosto che 9×10^{-31} kg) e quella del protone 0,94 GeV (piuttosto che 2×10^{-27} kg). Anche in questo libro, per indicare la massa delle particelle si impiegheranno queste unità di energia.

Ma che c'entra l'equazione di Einstein con le esplorazioni del mondo subnucleare? Le teorie che descrivono la natura a piccolissime distanze predicono l'esistenza di nuove particelle molto più pesanti dei normali neutroni e protoni. Per confermare o smentire la validità di queste teorie, i fisici devono cercare di produrre queste nuove particelle negli acceleratori, convertendo l'energia in massa secondo l'equazione di Einstein. Nelle collisioni tra particelle una

[15] A. Einstein, Über das Relativitätsprinzip und die aus demselben gezogenen Folgerungen, *Jahrbuch der Radioaktivität und Elektronik* 4, 411-462 (1907).

grande quantità di energia è concentrata in piccolissime regioni dello spazio e tale energia può materializzarsi sotto forma di nuove particelle. Occorrono, quindi, sorgenti di particelle ad alta energia sia per sondare le proprietà intime della materia, attraverso radiazioni a cortissima lunghezza d'onda, sia per scoprire nuovi tipi di particelle, trasformando i fasci in collisione in forme ancora sconosciute di materia.

Nei suoi esperimenti Rutherford utilizzò fasci di particelle alfa prodotte da sorgenti radioattive naturali, riuscendo a indagare dimensioni molto inferiori a quelle accessibili con la luce visibile. Le radiazioni alfa, tuttavia, non possono superare un livello massimo di energia caratteristico del materiale radioattivo e, come la luce visibile, non possono essere utilizzate per sondare dimensioni arbitrariamente piccole. La lunghezza d'onda associata alla radiazione alfa, ovvero il suo potere di risoluzione, è dell'ordine dei milionesimi di nanometri, sufficiente per scoprire il nucleo atomico ma non per esplorare più in profondità il mondo delle particelle.

Divenne presto chiaro che, per esplorare la struttura subnucleare, era necessario accelerare artificialmente le particelle a energie superiori a quelle prodotte dalla radioattività naturale. Rutherford stesso riconobbe tale esigenza nel 1927: "È da tempo una mia ambizione disporre di una grande quantità di atomi ed elettroni dotati di un'energia individuale di gran lunga superiore a quella delle particelle alfa e beta provenienti da sostanze radioattive. Spero che potrò un giorno veder soddisfatto questo desiderio, ma è ovvio che occorre superare numerose difficoltà sperimentali prima che ciò possa essere realizzato, anche solo in laboratorio."[16] Senza dubbio l'LHC esaudisce il desiderio di Rutherford ma, come egli aveva correttamente previsto, lungo il percorso è stato necessario superare molte difficoltà. C'è voluta tutta l'ingegnosità di generazioni di fisici e ingegneri per completare questo viaggio iniziato con i primi acceleratori elettrostatici – sviluppati negli anni Trenta al Cavendish Laboratory da John Cockcroft (1897-1967, premio Nobel 1951) e Ernest Walton (1903-1995, premio Nobel 1951) – e giunto oggi alla costruzione del più potente acceleratore mai visto, l'LHC.

[16] Address of the President, Sir Ernest Rutherford, O.M., at the Anniversary Meeting, November 30, 1927, *Proceedings of the Royal Society of London A* 117, 300-316 (1928).

I molti usi degli acceleratori

La produzione di troppe cose utili genera troppa popolazione inutile.

Karl Marx[17]

La ricerca sugli acceleratori non offre solo alcuni dei più potenti strumenti per studiare il mondo delle particelle, ma conduce anche a inaspettate ricadute utili per scopi pratici. Meno dell'1 per cento degli acceleratori oggi esistenti è rappresentato da macchine ad alta energia usate per ricerche di fisica delle particelle. La stragrande maggioranza è rappresentata da piccoli acceleratori che operano a basse energie negli ospedali di tutto il mondo per produrre radioisotopi o fasci di radiazioni impiegate per la cura del cancro.

Ernest Orlando Lawrence (1901-1958, premio Nobel 1938) fu tra i primi scienziati a intuire le possibili applicazioni mediche degli acceleratori, divenendone uno dei più attivi sostenitori. Lawrence è noto tra i fisici soprattutto come l'inventore del *ciclotrone*, il primo acceleratore circolare. È anche famoso perché seppe trasformare negli Stati Uniti il mondo della fisica sperimentale delle particelle, organizzando grandi gruppi di ricerca e ottenendo consistenti finanziamenti pubblici e privati. Negli anni Trenta, questo modo di gestire la scienza non era comune né facile da realizzare, specialmente subito dopo la Grande Depressione, ma era necessario per affrontare le sfide poste dall'esplorazione del mondo delle particelle. Come osservò scherzosamente uno dei suoi collaboratori, "chi pratica il mestiere del 'ciclotronista' non conosce la depressione."[18] Lawrence mise in piedi il laboratorio di Berkeley (oggi chiamato in suo onore Lawrence Berkeley National Laboratory) con un misto di passione, rigore e cameratismo. Secondo un aneddoto, un giorno piombò in un ufficio e vide un uomo con il ricevitore telefonico in mano e i piedi comodamente appoggiati sulla

[17] K. Marx, *Ökonomisch-philosophische Manuskripte aus dem Jahre 1844*, Drittes Manuskript [Bedürfnis, Produktion und Arbeitsteilung].

[18] F.N.D. Kurie, Present-Day Design and Technique of the Cyclotron, *Journal of Applied Physics* 9, 691 (1938), citato in J.L. Heilbron, R.W. Seidel, *Lawrence and His Laboratory. A History of the Lawrence Berkeley Laboratory*, Volume I, University of California Press, Berkeley 1990.

scrivania. "Siete licenziato!", esplose, con la sua caratteristica impulsività. L'uomo lo guardò e, tra l'imbarazzato e l'insolente, rispose: "Non potete licenziarmi: lavoro per la compagnia telefonica."[19]

Presso il ciclotrone, Lawrence produceva abitualmente isotopi radioattivi, destinandoli gratuitamente a ospedali e centri di ricerca. Nel 1937 a sua madre fu diagnosticata una forma inoperabile di cancro. In collaborazione col fratello John, medico a Yale, Lawrence la trattò con raggi X e fasci di neutroni. La terapia ebbe successo, sebbene un esame retrospettivo del caso abbia mostrato che la diagnosi era probabilmente errata. Forse, il meglio che si può dire è che la madre di Lawrence sopravvisse nonostante il trattamento. Ma da allora la ricerca biomedica mediante acceleratori ha fatto grandi progressi. I fasci di adroni (costituiti di protoni o ioni) sono oggi considerati la tecnica più promettente, poiché rilasciano quasi tutta la loro energia a una determinata profondità all'interno del corpo, focalizzandosi sulle cellule cancerose e limitando quindi i danni ai tessuti sani e agli organi sensibili del paziente. Al contrario, i tradizionali raggi X liberano buona parte della propria energia in prossimità della superficie cutanea, provocando maggiori danni alle cellule sane. Attualmente sono in costruzione, in Europa e in Giappone, diversi impianti per il trattamento dei tumori con adroni.

Un'altra straordinaria applicazione della ricerca sugli acceleratori è la *radiazione di sincrotrone*. Quando un fascio di elettroni viene fatto curvare da un campo magnetico, come avviene negli acceleratori circolari, emette un'onda elettromagnetica chiamata radiazione di sincrotrone. Questa emissione avviene con un processo simile alla trasmissione di onde radio da parte di un'antenna, ma la radiazione di sincrotrone è concentrata in uno stretto cono diretto tangenzialmente al fascio di elettroni e ha un ampio spettro di frequenze che dipende dall'energia del fascio stesso. Poiché l'emissione può avvenire anche nelle frequenze della luce visibile, questa radiazione può essere osservata persino a occhio nudo o, per maggiore sicurezza, ripresa con un normale apparecchio fotografico (e per tale motivo è detta anche *luce di sincrotrone*). Inizialmente i fisici considerarono la radiazione di sincrotrone come un fattore di disturbo, poiché degrada l'energia del fascio di elettroni: preziosa energia impiegata per accelerare gli elettroni negli espe-

[19] A. Sessler, E. Wilson, *Engines of Discovery*, World Scientific, Singapore 2007.

rimenti di fisica delle particelle era dissipata in una radiazione inutile. Tuttavia ben presto si comprese che la radiazione di sincrotrone offriva una fonte unica di raggi X, di intensità largamente superiore a quella di qualsiasi precedente apparecchiatura. I moderni impianti a sincrotrone possono produrre fasci di raggi X un milione di volte più intensi di quelli prodotti dalle normali apparecchiature utilizzate negli ospedali.

L'utilizzo della radiazione di sincrotrone è molto simile a quello della luce nei microscopi ottici. Ma la luce di sincrotrone consente l'osservazione di oggetti con una risoluzione dell'ordine dei nanometri ed è divenuta uno strumento indispensabile in un'ampia varietà di campi di ricerca. Riuscendo a fornire un'immagine delle strutture atomiche e cristalline, questa radiazione è impiegata nelle nanotecnologie, per esempio per produrre circuiti microelettronici o strumenti per microchirurgia. Nelle scienze applicate ha favorito lo sviluppo di nuovi materiali ed è anche utilizzata per individuare lo stress nei materiali, per esempio l'usura delle turbine degli aeroplani. Ha determinato numerosi progressi in biologia, medicina e farmacologia consentendo lo studio diretto di proteine e altre biomolecole. Ha reso possibili l'esecuzione su campioni biologici di test non distruttivi per individuare la presenza di minime quantità di sostanze, non rilevabili con altre tecniche. Vi è un interesse crescente per l'impiego della luce di sincrotrone nel restauro delle opere d'arte e in archeologia. I Rotoli del Mar Morto sono stati analizzati con luce di sincrotrone per ottenere informazioni sulle fibre tessili di cui sono costituiti e sui pigmenti dell'inchiostro, consentendo anche datazioni precise. Analisi non distruttive della composizione chimica dei dipinti contribuiscono a comprendere le cause del loro deterioramento e a scegliere le tecniche di restauro più appropriate: per esempio, per mezzo della luce di sincrotrone è stato possibile dare una spiegazione chimica del misterioso annerimento del pigmento cremisi negli affreschi di Pompei di 2000 anni fa.

In tutto il mondo sono in fase di costruzione o di progettazione numerosi impianti per la produzione di luce di sincrotrone. Un interessante esempio, che illustra anche il ruolo sociale della scienza, è rappresentato dal progetto SESAME (Synchrotron light for Experimental Science and Applications in the Middle East), realizzato in Giordania grazie a una collaborazione scientifica che coinvolge Israele, Iran, Pakistan e diversi Paesi arabi, compresa l'Autorità Palestinese. Questo progetto è animato da uno spirito molto simile a quello della fondazione del CERN, che riunì scienziati di nazioni che solo dieci anni prima erano nemiche nella più sanguinosa guerra mai combattuta. Recentemente alcuni studenti israeliani e palestinesi hanno organizzato al CERN una festa nella quale le rispettive bandiere erano unite dalla scritta "Perché le cose possono essere diverse" e la parola "Pace" in inglese, ebraico e arabo.

Importanti ricadute tecnologiche derivano non solo dagli acceleratori, ma anche dalla ricerca e dallo sviluppo dei rivelatori di particelle. La tomografia a emissione di positroni (PET) è una tecnica digitale di diagnostica che consente di produrre immagini tridimensionali dei processi funzionali che si svolgono nel corpo. Sostanze emettitrici di positroni vengono legate a molecole biologicamente attive e quindi introdotte all'interno del corpo; l'annichilazione dei positroni produce raggi gamma che sono rivelati mediante scanner; le informazioni digitali sono lette da computer che ricostruiscono un'immagine completa.

La commercializzazione di apparecchi di imaging a raggi X si è sviluppata a partire dalle ricerche sul rilevamento delle tracce di particelle negli esperimenti degli acceleratori. Questa tecnica consente l'analisi delle immagini fornite dai raggi X in tempo reale, essenziale in numerose procedure mediche; inoltre riduce notevolmente la dose di radiazioni necessaria rispetto alle tradizionali radiografie, limitando così il rischio di danno ai tessuti. La medesima tecnologia è comunemente utilizzata nel controllo dei bagagli e anche di container e autoveicoli per il trasporto merci.

I microstrip di silicio sviluppati per rivelare il passaggio di particelle elettricamente cariche sono oggi utilizzati per costruire modelli del funzionamento della visione umana ed è allo studio la possibilità di avvalersi di tale tecnologia per produrre retine artificiali in grado di restituire normali funzioni visive in alcuni tipi di cecità.

Le tecnologie dei rivelatori di particelle stanno trovando applicazioni utili e curiose anche in settori inaspettati. Una ricerca sul rivelatore interno di un esperimento dell'LHC è stata recentemente impiegata per misurare otticamente con grande precisione i solchi di vecchi dischi musicali. Registrazioni storiche che potrebbero andare perdute a causa del deterioramento sono così digitalizzate con eccezionale accuratezza, senza il rischio di danneggiare i dischi originali, poiché non vi è contatto diretto con il materiale.

Collider

> La necessità, madre dell'invenzione.
>
> Platone[20]

Nonostante tutti questi inaspettati benefici, il ruolo principale della ricerca sugli acceleratori e sui rivelatori resta il progresso nell'esplorazione del mondo a distanze sempre più piccole. Gli acceleratori creano fasci di particelle ad alta energia che vanno a colpire bersagli costituiti di sottili strati di materia. Anziché utilizzare un singolo fascio diretto su un bersaglio fisso, è tuttavia possibile indagare la materia molto più in profondità mediante un *collider*, uno speciale acceleratore nel quale due fasci di particelle che viaggiano in direzione opposta entrano in collisione. La maggiore efficacia dei collider è abbastanza ovvia: basta confrontare le conseguenze provocate dall'urto di un'automobile che cozza contro una vettura parcheggiata con quelle prodotte dallo scontro frontale tra due automobili lanciate a tutta velocità una contro l'altra. Infatti, se uno dei due fasci dell'LHC fosse diretto solo contro un bersaglio stazionario di protoni, l'energia rilasciata nell'impatto sarebbe migliaia di volte inferiore a quella effettivamente prodotta dalla collisione tra i due fasci, e la capacità dell'LHC di viaggiare nelle profondità dello zeptospazio sarebbe nulla.

Sebbene i vantaggi dei collider fossero apparsi subito evidenti, i primi prototipi furono costruiti solo all'inizio degli anni Sessanta. La principale difficoltà era creare fasci di particelle sufficientemente intensi e focalizzati per avere una ragionevole probabilità di produrre le collisioni frontali. Le particelle sono, infatti, così piccole che generalmente due fasci opposti si incrociano senza interagire, come due raggi di luce che si intersecano. Solo quando il fascio è estremamente concentrato e intenso, le particelle di un fascio possono avere una probabilità significativa di scontrarsi con le particelle del fascio opposto. Un collider assomiglia a un'autostrada costruita da un ingegnere folle: le corsie sono molto più larghe dei veicoli, ma talvolta le corsie dirette in senso opposto si incrociano senza segnaletica di preavviso o semafori. Tuttavia, nonostante la dissennatezza del nostro ingegnere civile, raramente si verificano

[20] Platone, *La Repubblica*.

scontri frontali tra le autovetture, poiché le corsie sono talmente ampie che in genere le automobili non si sfiorano neppure. Gli incidenti sono più frequenti durante le ore di punta, quando il traffico si fa più intenso. I fisici hanno bisogno di realizzare condizioni di intenso traffico con scontri frequenti, per produrre il gran numero di urti necessari per creare nuove particelle.

A grandi linee, le prestazioni di un collider sono determinate da tre parametri caratteristici.

Il primo parametro è rappresentato dal *tipo di particelle* accelerate nel fascio. L'LHC lavora soprattutto con protoni, sebbene per brevi periodi acceleri anche nuclei pesanti. In precedenza i collider hanno anche utilizzato fasci opposti di protoni e antiprotoni, di elettroni e positroni, di elettroni e protoni o di positroni e protoni.

Il secondo parametro è l'*energia* delle particelle accelerate all'interno del fascio: quanto maggiore è l'energia, tanto più violenta è la collisione. Fasci a maggiore energia corrispondono a radiazioni con minore lunghezza d'onda, che consentono di sondare più in profondità la materia. L'LHC è stato progettato affinché i protoni di ciascun fascio raggiungano un'energia di 7 TeV (1 TeV è pari a mille miliardi di elettronvolt), corrispondente a una lunghezza d'onda inferiore a 30 zeptometri. Di conseguenza, l'energia dell'LHC è proprio adatta per l'esplorazione diretta dello zeptospazio. L'energia dell'LHC è la maggiore mai raggiunta da un acceleratore, sebbene nel cosmo le particelle possano venire accelerate a energie molto più elevate in ambienti caratterizzati da violente condizioni astrofisiche. Flussi di tali particelle viaggiano attraverso lo spazio e la nostra atmosfera è continuamente bombardata da una pioggia di particelle che possono essere milioni di volte più energetiche di quelle prodotte nell'LHC: si tratta dei raggi cosmici, che sono stati utilizzati per le prime scoperte di fisica delle particelle. Sfortunatamente i raggi cosmici non giungono in fasci intensi e concentrati utilizzabili in esperimenti controllati e non possono competere con l'LHC nell'esplorazione sistematica dello zeptospazio.

Il terzo parametro che definisce le caratteristiche di un collider è la sua *luminosità*. In sostanza si tratta di una quantità che fornisce una misura dell'intensità dei fasci e, quindi, della frequenza delle collisioni tra particelle. Un'elevata energia senza luminosità è di scarsa utilità per i fisici delle particelle: se solo poche automobili percorrono l'autostrada dell'ingegnere folle, gli incidenti saranno rari. Automobili che viaggiano più veloci producono scontri più spettacolari, ma è necessario un traffico intenso per provocare un numero abbastanza elevato di incidenti. Nell'LHC non solo l'energia, ma anche la luminosità è particolarmente elevata. Ciò è fondamentale per osservare i rari e insoliti fenomeni che ci attendiamo si verifichino nello zeptospazio. Tuttavia, come vedremo più avanti, un'elevata luminosità impone formidabili sfide tecnologiche.

6

Il signore degli anelli

Non tutti coloro che vagano si sono perduti.

John Tolkien[1]

Nascita di un gigante

La politica non è una scienza esatta.

Otto von Bismarck[2]

Le prime idee e i primi studi di fattibilità per l'LHC risalgono agli inizi degli anni Ottanta, ma l'incontro di Losanna nel 1984 è in genere considerato l'evento che segnò la nascita del progetto. In occasione di quell'incontro gli ideatori dell'LHC esaminarono i problemi connessi alla costruzione della macchina e ne delinearono le caratteristiche. Il piano originale del 1984 prevedeva fasci di protoni con energie fino a 10 TeV, anziché di 7 TeV come nel progetto finale, ma una minore luminosità.

I primi anni Ottanta furono un periodo di grande fermento per il CERN. Nel 1983, il collider protone-antiprotone consentì di scoprire *W* e *Z*, le due particelle portatrici della forza debole. In quello stesso periodo, ebbe inizio al CERN la costruzione del LEP, un acceleratore nel quale un fascio di elettroni e uno di positroni (le antiparticelle dell'elettrone) si scontravano con un'energia adeguata per uno studio molto dettagliato delle proprietà di *W* e *Z*. I collider

[1] J.R.R. Tolkien, *The Fellowship of the Ring* (*The Lord of the Rings*, Vol. I), George Allen & Unwin, London 1954.

[2] O. von Bismark, discorso al Landtag prussiano, 18 decembre 1863.

elettroni-positroni sono macchine ideali per ottenere misure di precisione, poiché gli elettroni – a differenza dei protoni che sono strutture complesse composte di quark e gluoni – sono vere particelle elementari, almeno per quanto ne sappiamo oggi. Tale caratteristica consente una chiara e facile interpretazione dei dati ottenuti da questi acceleratori. Gli esperimenti condotti al LEP furono in grado di eseguire misure eccezionalmente precise, che confermarono pienamente la validità del Modello Standard stabilendone l'incontestato dominio sul mondo delle particelle.

I collider circolari elettroni-positroni, come il LEP, presentano il grande svantaggio che la loro energia non può essere aumentata a volontà, a causa dell'inevitabile limitazione imposta dalla radiazione di sincrotrone, lo stesso fenomeno che ha reso possibili le interessanti e utili applicazioni descritte nel capitolo 5. Dal punto di vista della fisica delle particelle, tuttavia, la radiazione di sincrotrone è soltanto un fastidioso parassita dei collider, poiché sottrae energia al fascio di particelle. Nel LEP il fascio di elettroni perdeva a ogni giro il 3 per cento circa della sua energia sotto forma di luce di sincrotrone. Una tale perdita è ancora accettabile, ma l'entità della radiazione emessa aumenta molto rapidamente al crescere dell'energia del fascio. Un incremento dell'energia del LEP da 100 GeV a 1 TeV avrebbe fatto aumentare le perdite per radiazione di un fattore 10 000. Nemmeno l'energia fornita da un enorme numero di centrali elettriche sarebbe stata sufficiente per reintegrare l'energia perduta dal fascio di particelle per effetto della radiazione di sincrotrone. Per questa ragione, la costruzione di un collider circolare elettroni-positroni molto più potente del LEP è del tutto irrealistica.

Il futuro delle macchine elettrone-positrone sta nei collider lineari, che accelerano le particelle lungo traiettorie rettilinee. Ma anche i collider lineari hanno i loro problemi, poiché elettroni e positroni devono essere accelerati su distanze relativamente brevi e dopo la collisione i fasci non possono essere riutilizzati, a differenza di quelli degli acceleratori circolari. Attualmente sono in corso intensi programmi di ricerca sui futuri collider lineari.

Gli scienziati del CERN erano ben consapevoli del limite rappresentato dalla radiazione di sincrotrone ed ebbero la lungimiranza di costruire il tunnel lungo 27 chilometri del LEP sufficientemente largo per ospitare le attrezzature necessarie per un collider di protoni, quale possibile successore del LEP. I collider di protoni, infatti, sono quasi esenti da problemi di radiazione di sincrotrone. Poiché i protoni sono più pesanti degli elettroni, quando un fascio di protoni viene fatto curvare emette, a parità di condizioni, diecimila miliardi di volte meno radiazione rispetto a un fascio di elettroni. Nell'LHC l'emissione di luce di sincrotrone è molto limitata, sebbene possa essere ripresa con una comune macchina fotografica. Essa ammonta a soli 3,6 kilowatt per fascio, circa lo stesso consumo di un grande forno da cucina; nonostante ciò, nel progetto dell'LHC si è dovuto tenere attentamente conto del suo effetto.

Mentre il CERN festeggiava il successo ottenuto con la scoperta delle particelle *W* e *Z*, lavorava alacremente alla costruzione del LEP e già pianificava il futuro LHC, gli scienziati americani compresero di dover intensificare il loro programma di fisica delle particelle per non perdere terreno.

Dalla fine della seconda guerra mondiale, gli Stati Uniti erano sempre stati gli indiscussi protagonisti dei principali sviluppi di questo settore. Il governo statunitense aveva finanziato generosamente la ricerca sulla fisica delle particelle per almeno due motivi: il primo era il riconoscimento del contributo fornito allo sforzo bellico dal Progetto Manhattan; il secondo era la comprensione che la ricerca pura può alimentare il progresso sociale e spingere la crescita economica. D'altra parte, nel periodo post bellico i singoli Paesi europei, nonostante le loro prestigiose università, non disponevano delle risorse per sostenere un vigoroso programma di ricerca di fisica delle particelle.

Nei difficili anni che seguirono la seconda guerra mondiale, Pierre Auger e Louis de Broglie in Francia, Edoardo Amaldi in Italia, Niels Bohr in Danimarca e parecchi altri fisici ebbero la grande ispirazione di proporre un progetto avveniristico per un laboratorio europeo comune dedicato alla ricerca fondamentale. Nel 1950, a una conferenza dell'UNESCO tenutasi a Firenze, l'americano Isidor Rabi propose una risoluzione che raccomandava la creazione di un laboratorio europeo. Numerosi fisici statunitensi, che si erano formati o avevano lavorato in Europa prima della guerra, furono determinanti nel promuovere l'idea di un laboratorio di fisica europeo. Le nazioni europee, dichiarò Robert Oppenheimer, "non saranno più in grado di mantenere un primato scientifico se non uniranno le proprie risorse finanziarie e i propri talenti" e "sarebbe profondamente malsano se i fisici europei fossero costretti ad andare negli Stati Uniti o in Unione Sovietica per svolgere le loro ricerche."[3]

Due anni dopo la risoluzione dell'UNESCO fu istituito un comitato provvisorio, il *Conseil Européen pour la Recherche Nucléaire* (CERN), col mandato di costituire la nuova organizzazione. Il 1 luglio 1953 una Convenzione sottoscritta a Parigi da dodici Paesi creava la *European Organization for Nuclear Research*. Con il loro abituale senso della logica e dell'ordine, i fisici continuarono a chiamare l'organizzazione CERN, sebbene l'originale Conseil (la "C" dell'acronimo) fosse rapidamente sparito al termine del suo mandato. Inoltre, attualmente solo una piccola frazione dell'attività dell'organizzazione si occupa di ricerca nucleare (la "N" dell'acronimo), mentre la maggior parte è dedicata alla fisica delle particelle. Al momento sono anche in corso negoziati per l'adesione all'organizzazione di paesi extra-europei. Va sottolineato però che almeno la "R" della sigla è perfettamente azzeccata.

I dodici Stati fondatori del CERN furono Belgio, Danimarca, Francia, Germania, Grecia, Italia, Norvegia, Olanda, Regno Unito, Svezia, Svizzera e Jugoslavia (che si ritirò nel 1961). Attualmente il numero degli Stati membri è salito a 20, dopo l'ammissione di Austria (1959), Spagna (1961, ma ritiratasi dal 1969 al 1983), Portogallo (1985), Finlandia (1991), Polonia (1991), Ungheria (1992), Repubblica Ceca (1993), Repubblica Slovacca (1993) e Bulgaria (1999).

Secondo la Convenzione, "l'Organizzazione assicura la collaborazione fra gli Stati europei nel campo delle ricerche nucleari di carattere puramente scientifico e di base [...] si astiene da qualsiasi attività di carattere militare e i risultati dei suoi lavori sperimentali e teorici sono pubblicati o resi altrimenti generalmente accessibili."[4]

L'obiettivo era stimolare la ricerca fondamentale e incoraggiare i giovani fisici a rimanere o a ritornare in Europa. Oggi non è facile rendersi conto delle difficoltà superate per istituire il CERN e per mettere insieme nazioni che erano state recentemente divise dalla guerra e persone che erano state educate all'odio da decenni di propaganda. Ma quell'utopistico progetto funzionò e la scoperta

[3] R. Oppenheimer, citato in F. de Rose, Meetings that changed the world. Paris 1951: The birth of CERN, *Nature* 455, 174-175 (2008).

[4] *Convenzione per l'istituzione di un'Organizzazione europea per la ricerca nucleare*, articolo II, comma 1. Parigi, 1 luglio 1953.

Figura 6.1 Una veduta della sede principale del CERN, al confine tra Svizzera e Francia. (*Fonte: CERN*)

della particella *W* rappresentò la tappa conclusiva di un lungo percorso che aveva portato la fisica europea a competere alla pari con quella americana.

Ma alcuni politici statunitensi videro in questo ritorno sulla scena della fisica delle particelle europea un segno del declino della scienza americana. Nel 1983, subito dopo la scoperta della particella *Z* (spesso indicata come *Z-zero*, per specificare che è priva di carica elettrica), il *New York Times* pubblicò un editoriale intitolato "Europa 3, USA nemmeno Z-zero"[5], che sottolineava la necessità per gli Stati Uniti di riconquistare la leadership nel campo. Abbandonata la realizzazione di un progetto già pianificato presso il Brookhaven National Laboratory, gli Stati Uniti indirizzarono la maggior parte delle risorse per la fisica delle particelle in un nuovo gigantesco acceleratore, l'SSC (Superconducting Super Collider). Il progetto prevedeva un anello sotterraneo lungo 87 chilometri che avrebbe accelerato e fatto scontrare fasci di protoni da 20 TeV, circa tre volte più potenti di quelli realizzati con l'LHC.

[5] Europe 3, U.S. Not even Z-Zero, *The New York Times*, June 6, 1983.

La competizione sembrava insostenibile. Una parte dei fisici europei espresse l'opinione che il progetto LHC dovesse essere fermato a favore di una collaborazione sull'SSC con gli americani. Ma vi erano anche validi argomenti contro questa posizione.

Il costo dell'LHC era molto inferiore a quello dell'SSC, per il quale nel 1986 si erano preventivati 5 miliardi di dollari. Un significativo contributo europeo all'SSC sarebbe stato all'incirca equivalente al costo totale di costruzione dell'LHC. L'LHC era molto più economico non solo perché aveva dimensione e potenza minori, ma anche perché poteva sfruttare molte delle infrastrutture già esistenti al CERN, come il tunnel del LEP e il sistema di iniezione che svolge le fasi preliminari di accelerazione dei protoni. Al contrario, gli Stati Uniti – per un insieme di ragioni che comprendevano, tra l'altro, fattori politici, economici e geologici – decisero di costruire l'SSC in un laboratorio nuovo di zecca, situato in una zona agricola, nei pressi di Waxahachie, in Texas.

Un altro argomento a favore della prosecuzione del progetto LHC era che gli esperimenti avrebbero potuto realizzare un valido programma di fisica delle particelle anche in presenza del più potente SSC. Ciò era particolarmente vero grazie all'elevata luminosità (cioè fasci di protoni estremamente intensi) prevista per l'LHC, che avrebbe compensato, seppure solo parzialmente, la sua minore energia. La versatilità rappresentava un ulteriore vantaggio, poiché l'LHC poteva essere realizzato per lavorare con fasci di protoni o di nuclei e anche per far scontrare i protoni con un fascio di elettroni del LEP (un'opzione poi abbandonata).

All'inizio del 1987 il presidente Reagan approvò il progetto SSC e l'anno successivo iniziò a Waxahachie la costruzione dei laboratori e del tunnel dell'acceleratore. Sull'altro lato dell'Atlantico, intanto, un comitato di pianificazione, presieduto da Carlo Rubbia, raccomandò lo sviluppo della tecnologia dei magneti destinati all'LHC. Rubbia, che divenne direttore generale del CERN nel 1989, aveva sempre sostenuto il progetto con entusiasmo e tenacia negli anni di pianificazione, ricerca e sviluppo.

L'SSC doveva ottenere ogni anno l'approvazione del Congresso degli Stati Uniti, mentre i suoi costi continuavano a salire. Nel 1990 tali costi avevano raggiunto circa 8 miliardi di dollari e il Congresso limitò il proprio stanziamento, chiedendo che parte dei finanziamenti fosse coperta dallo Stato del Texas e da partecipanti di altri

Paesi. Tuttavia, non era facile ottenere finanziamenti dall'estero dopo che l'SSC era stato presentato come un progetto nazionale e, soprattutto, dopo che le prime manifestazioni di interesse per una collaborazione da parte del Giappone erano state eluse. Nel frattempo le stime dei costi erano salite a 11 miliardi di dollari. Nonostante le forti motivazioni scientifiche del progetto, sostenute dai fisici coinvolti, e malgrado fossero già stati investiti 2 miliardi di dollari, nell'ottobre 1993, sotto la nuova amministrazione Clinton, il Congresso cancellò il progetto SSC.

Si è detto e scritto molto sull'annullamento del progetto SSC. Sicuramente in quel momento l'umanità ha perso una grande occasione di esplorare la natura e di estendere le proprie conoscenze scientifiche e tecnologiche. Sono state addotte varie cause per questa sconfitta: aumento dei costi, cattiva gestione del progetto, restrizioni di bilancio, mancanza di interesse per la fisica pura, cambiamento della presidenza e appoggio a progetti scientifici alternativi. Comunque sia andata, le conseguenze per la comunità della fisica delle particelle - a livello mondiale, ma soprattutto negli Stati Uniti - sono state devastanti e di lunga durata.

Anche in Europa, comunque, le cose non andavano proprio lisce. Sicuramente il CERN disponeva di un sistema di finanziamento più stabile con un budget definito, al quale gli Stati membri contribuiscono con una percentuale del proprio prodotto nazionale lordo. Gli Stati membri hanno sempre pienamente sostenuto la missione scientifica del CERN e hanno spesso sottolineato il loro forte impegno per l'LHC. Si stavano tuttavia profilando dei problemi. La Germania aveva già ottenuto una riduzione del proprio contributo a causa dei costi della riunificazione e sia la Germania sia il Regno Unito erano decisi a porre il veto a qualsiasi aumento del budget del CERN connesso alla costruzione dell'LHC. In tali condizioni, il progetto era in pericolo.

Sul versante scientifico, nel frattempo, le ricerche sull'impianto dell'acceleratore procedevano bene. Nel novembre 1993, un comitato esterno, presieduto da Robert Aymar, riesaminò il progetto giungendo alla conclusione che era tecnologicamente fattibile, che i costi erano stati ottimizzati e che la sicurezza era garantita.

Christopher Llewellyn Smith - il fisico teorico britannico succeduto a Rubbia alla direzione generale del CERN all'inizio del 1994 - iniziò intensi negoziati per ottenere l'approvazione della costruzione dell'LHC dal Consiglio del CERN, l'organo di indirizzo composto dai rappresentanti dei diversi Stati membri. Llewellyn Smith doveva affrontare il problema di far rientrare il progetto dell'LHC nel rigido budget del CERN che, tenendo conto dell'effetto dell'inflazione, si era di fatto ridotto. Iniziò un processo di revisione dei costi dell'LHC e, contemporaneamente, una riduzione all'osso di qualsiasi attività di ricerca non connessa all'LHC e al LEP. Fu quindi finalmente raggiunto un accordo, anche grazie a un sostegno finanziario supplementare da parte dei due paesi ospitanti, Svizzera e Francia, che si riteneva traessero dalla presenza del CERN benefici economici aggiuntivi. Il Consiglio del CERN avrebbe dato via libera al progetto LHC, a condizione che la costruzione avvenisse in due fasi. Nella prima fase sarebbero stati installati solo due terzi dei magneti dipolari; i rimanenti sarebbero arrivati in un secondo tempo. Ciò significava che durante la prima fase l'LHC avrebbe potuto operare, ma solamente a energie ridotte. Questa soluzione, che comportava un declassamento della macchina, non era ideale dal punto di vista dei fisici. L'operazione in due tempi avrebbe anche aumentato i costi totali, ma avrebbe consentito al CERN di dilazionare la spesa, rientrando così nel budget annuale previsto. Con l'inserimento di questa clausola, il 16 dicembre 1994 il Consiglio del CERN approvò all'unanimità il progetto LHC. Il più ambizioso e impegnativo progetto scientifico mai tentato dall'umanità era ufficialmente nato.

Llewellyn Smith aveva avuto l'accortezza di inserire nell'accordo la precisazione che qualsiasi ulteriore supporto finanziario proveniente da Paesi non appartenenti al CERN sarebbe stato utilizzato esclusivamente per accelerare il progetto e non per ridurre il contributo da parte degli Stati membri. Il CERN ricercò quindi aiuti presso Paesi terzi. Giappone, India, Russia, Canada e Stati Uniti risposero all'appello: grazie ai loro contributi sarebbe stato possibile fabbricare e installare tutti i magneti dipolari in una sola volta e far partire l'LHC in condizioni ottimali. Ma nel 1996, proprio quando la possibilità di una fase unica stava per realizzarsi, una nuova crisi fu innescata dalla decisione tedesca di tagliare i contributi alla cooperazione scientifica internazionale per far fronte ai costi della riunificazione. Iniziò allora un nuovo ciclo di negoziati tra il CERN e gli Stati membri. La crisi fu infine risolta con la decisione di consentire al CERN, per la prima volta nella sua storia, di contrarre prestiti. Alla fine del 1997, la costruzione dell'LHC in un'unica fase, con l'installazione contemporanea di tutti i magneti, fu definitivamente approvata.

Nel 2000 il progetto LEP ebbe termine e l'impianto fu smantellato per fare spazio nelle strutture sotteranee alle apparecchiature dell'LHC. Nel settembre 2001, tuttavia, la direzione del CERN, allora guidata da Luciano Maiani, annunciò improvvisamente un aumento delle stime dei costi. Il Consiglio del CERN non era disposto ad assorbire tale aumento e si rese necessario un programma di riduzione del personale di staff e il dirottamento di risorse verso il progetto LHC. Questo programma – messo in atto da Robert Aymar, successore di Maiani alla direzione generale – conseguì con successo il proprio obiettivo, la costruzione dell'LHC, ma a un prezzo assai pesante: drastici tagli ai servizi interni e all'assistenza tecnica, come pure riduzioni delle attività di ricerca non connesse all'LHC. E ciò costituì una grave perdita, poiché la diversificazione dei programmi scientifici è essenziale per la vitalità intellettuale di un laboratorio di ricerca e per assicurare lo sviluppo di nuove idee e tecnologie. La realizzazione dell'LHC fu infine completata con costi materiali intorno a 3 miliardi di euro, circa il 20 per cento superiori alle stime. Si trattò di un notevole successo, considerate le sfide tecnologiche e le ricerche di frontiera affrontate dal progetto. La fase di costruzione si è conclusa ufficialmente il 10 settembre 2008, quando i fasci di protoni hanno compiuto il primo viaggio lungo l'anello dell'LHC, segnando l'avvio della parte più entusiasmante del progetto: l'esplorazione dello zeptospazio.

Il viaggio dei protoni

> L'unico vero viaggio [...] non consiste nel vedere nuovi paesaggi, ma nell'avere nuovi occhi.
>
> Marcel Proust[6]

La collisione di protoni all'interno dell'anello dell'LHC è solo lo stadio finale di un viaggio più lungo. Questo viaggio inizia con l'accumulazione di protoni ottenuti privando atomi di idrogeno degli

[6] M. Proust, *À la recherche du temps perdu. La prisonnière* (1923).

elettroni orbitali. L'energia dei protoni viene quindi aumentata progressivamente da una serie di acceleratori diversi: Linac (Linear Accelerator), PSB (Proton Synchrotron Booster), PS (Proton Synchrotron), SPS (Super Proton Synchrotron). I protoni sono trasferiti da un acceleratore all'altro da magneti a pulsazione rapida (detti *kickers*), che ne deflettono le traiettorie. Alcuni degli acceleratori impiegati in questo processo sono delle vecchie glorie del CERN, che in gioventù erano le meraviglie dei loro tempi, e con i quali sono stati eseguiti celebri esperimenti. Il più vecchio è il PS, inaugurato nel 1959, e anche l'SPS, nel quale sono state scoperte le particelle *W* e *Z*, ha un ruolo nella preparazione dei protoni alle loro corse finali nell'LHC. Tutti questi vecchi acceleratori sono stati potenziati e ringiovaniti per l'occasione. Il processo di accelerazione preliminare, detto *fase di iniezione*, è molto delicato, poiché il comportamento del fascio finale dipende in modo cruciale da come sono stati trattati inizialmente i protoni (non diversamente da quel che avviene con gli esseri umani).

Al termine della fase d'iniezione, i protoni raggiungono un'energia di 0,45 TeV e, a quel punto, entrano nel tunnel principale dell'LHC. Questo tunnel, ereditato dal LEP, è lungo 26,7 chilometri e ha un diametro di 3,8 metri, dimensioni davvero adatte per una bella, sebbene un po' monotona, passeggiata di cinque ore. Per parte loro, i protoni compiono un giro completo in soli 89 milionesimi di secondo. Il tunnel non segue un tracciato perfettamente circolare: è infatti costituito da otto lunghi archi alternati a otto tratti rettilinei, di circa 700 metri, utilizzati per una serie di strumenti.

Il tunnel si trova sotto terra a una profondità media di circa 100 metri e l'anello è leggermente inclinato, con una pendenza dell'1,4 per cento. Profondità e pendenza sono state scelte essenzialmente per motivi di carattere geologico. Il tunnel è scavato soprattutto nella molassa, una roccia compatta composta di sedimenti derivati dall'erosione delle catene montuose, al termine dell'orogenesi alpina, e deposti in bacini interni o marini. Gli strati superiori sono invece costituiti da depositi morenici di ghiaia, sabbia e limo, contenenti falde acquifere e quindi inadatti alle costruzioni sotterranee. L'inclinazione del tunnel, oltre a consentire allo scavo di rimanere all'interno dello strato di molassa, offre anche un altro vantaggio. Su un lato il tunnel doveva essere connesso all'SPS per l'iniezione dei protoni, ma sull'altro lato poteva essere rialzato, poiché giace ai piedi delle montagne del Giura. Ciò ha consentito di ridurre la profondità, e quindi il costo, dei pozzi verticali d'accesso.

Ai tempi del LEP lo scavo del tunnel fu ritardato da un problema legale: poiché in Francia (ma non in Svizzera) la proprietà dei terreni si estende illimitatamente fino al centro della Terra, gli scavi avrebbero richiesto la preventiva autorizzazione di tutti i proprietari coinvolti e divennero possibili solo dopo che le autorità francesi ebbero emanato una "Déclaration d'utilité publique". La ragione principale per la quale i collider sono costruiti sotto terra è che in tal modo si dispone di uno schermo naturale contro le radiazioni. Inoltre, acquistare i terreni necessari per ospitare l'enorme anello dell'acceleratore sarebbe troppo costoso e i tunnel sotterranei riducono l'impatto sul paesaggio.

I due fasci di protoni che ruotano in senso opposto circolano nell'anello dell'LHC in due condotti distinti contenuti nei *magneti dipolari* (chiamati anche semplicemente *dipoli*). Chi visita il CERN per la prima volta spesso rimane sorpreso nell'apprendere che la parte più costosa e tecnologicamente avanzata dell'LHC non è quella responsabile dell'incremento di energia dei protoni, bensì

Figura 6.2 Saldatura dell'interconnessione tra due dipoli dell'LHC. (*Fonte: CERN*)

Figura 6.3 Dipoli installati all'interno del tunnel dell'LHC. (*Fonte: CERN*)

quella che ne guida le traiettorie. Infatti il compito dei dipoli è curvare il fascio di protoni e mantenerne l'orbita circolare. All'interno del tunnel vi sono 1232 dipoli, tutti allineati con la massima precisione. Ciascuno di essi è un tubo verniciato di un elegante azzurro cielo lungo 15 metri. Tale lunghezza è stata determinata da una ragione non proprio scientifica: è la massima consentita per il trasporto su strada in Europa. Ogni dipolo pesa 30 tonnellate e costa circa 700 000 euro. Per una curiosa coincidenza, se espresso in euro per chilogrammo, il prezzo dei dipoli dell'LHC è lo stesso del cioccolato svizzero: se l'LHC fosse stato costruito di cioccolato, avrebbe avuto pressappoco lo stesso costo.

Al proprio interno i dipoli producono un campo magnetico uniforme, che curva i due fasci di protoni obbligandoli a seguire le loro traiettorie circolari. Quanto maggiore è l'energia dei protoni, tanto più difficile è costringerli a curvare e tanto più intenso deve quindi essere il campo magnetico. Vi sono pertanto due alternative per raggiungere la massima energia possibile nei collider: aumentare il diametro dell'anello oppure aumentare l'intensità del campo magnetico. Nel caso dell'LHC la dimensione dell'anello è quella a suo tempo fissata dal progetto del LEP, e quindi la massima energia raggiungibile dai protoni è determinata dall'intensità del campo magnetico all'interno dei dipoli.

I dipoli dell'LHC sono progettati per produrre un campo magnetico di 8,33 tesla, circa 150 000 volte più forte del campo magnetico terrestre alle nostre latitudini. Per produrre un campo così intenso sono necessarie enormi correnti elettriche. Se tali correnti fluissero in comuni fili di rame dissiperebbero rapidamente, sotto forma di calore, più megawatt di quanti potrebbero essere prodotti da un gran numero di centrali elettriche. Quindi, come fanno i dipoli dell'LHC a generare un campo magnetico così intenso?

Il segreto risiede in uno straordinario fenomeno fisico: la *superconduttività*. Alcuni materiali - detti superconduttori - possiedono, al di sotto di una temperatura critica, la strana proprietà di trasportare corrente elettrica senza opporre resistenza: una volta che una corrente inizia a fluire in un superconduttore, essa continua a scorrere indefinitamente, senza bisogno di alcun alimentatore. La supercondutività - scoperta nel 1911 dal fisico olandese Kamerlingh Onnes (1853-1926, premio Nobel 1913) - è un fenomeno così insolito, che sembra sfidare le leggi dell'elettromagnetismo.

In condizioni normali, una corrente che fluisce attraverso un conduttore incontra una certa resistenza, dissipando energia sotto forma di calore. Tale fenomeno è sfruttato quotidianamente in tutti gli elettrodomestici che producono calore. Ma ciò non si verifica con i superconduttori, nei quali la corrente può fluire senza costo energetico: nessuna resistenza e nessuna dissipazione di calore. Un asciugacapelli funzionante a superconduzione non produrrebbe alcun calore, indipendentemente dall'intensità della corrente applicata. Gli asciugacapelli a superconduzione non sarebbero probabilmente un'invenzione redditizia, ma la superconduttività ha trovato numerose altre interessanti applicazioni: per esempio, è oggi utilizzata per generare intensi campi per la risonanza magnetica, una tecnica diagnostica per visualizzare la struttura interna del corpo. Cavi superconduttori sono in grado di trasportare elettricità senza dissipazione di energia e in futuro potranno trovare applicazione per l'accumulo di energia, le telecomunicazioni e le apparecchiature elettroniche.

Un'altra stupefacente proprietà dei superconduttori è che espellono i campi magnetici, un fenomeno noto come *effetto Meissner*.

Quando un superconduttore è posto in un campo magnetico, la sua superficie viene attraversata da alcune correnti elettriche, queste producono un campo magnetico tale da annullare il campo originale e schermare l'interno del materiale da qualsiasi campo magnetico applicato dall'esterno. Se ponete un pezzo di materiale superconduttore sopra un magnete lo vedrete levitare e fluttuare nell'aria. La spiegazione è che, a causa dell'effetto Meissner, il campo magnetico non può propagarsi all'interno del superconduttore, e quindi in pratica lo respinge. Questo effetto può essere così spettacolare che talvolta sembra più stregoneria che scienza. Eppure di vera scienza si tratta: nel 2003 un treno *maglev* (sigla di *magnetic levitation*) costruito in Giappone ha raggiunto la velocità record di 581 km/h, assai superiore a quella del famoso TGV francese. I treni a levitazione magnetica riescono a viaggiare più silenziosamente e senza scosse dei normali veicoli su ruote e potrebbero raggiungere velocità assolutamente fantastiche se fatti correre in tunnel nei quali sia stato praticato il vuoto. Pur senza raggiungere le velocità dei protoni nell'LHC, treni di questo genere potrebbero andare da Ginevra a Londra in meno di un'ora.

L'LHC ha ampliato le frontiere della tecnologia dei superconduttori, ma ha tratto anche grande vantaggio dall'esperienza acquisita dall'HERA (il collider elettroni-protoni del laboratorio tedesco DESY), dal Tevatron (il collider protoni-antiprotoni del Fermilab) e dallo sfortunato SSC. I dipoli dell'LHC contengono bobine di cavi superconduttori fatti di niobio-titanio, ciascuno dei quali è costituito di filamenti intrecciati spessi 6 micron, circa 10 volte più sottili di un capello. È stata una formidabile impresa industriale trasformare grosse barre di niobio-titanio in chilometri di tali filamenti, soddisfacendo le rigide specifiche e minimizzando il numero di rotture. L'LHC utilizza oltre un miliardo di chilometri di questi filamenti superconduttori – abbastanza per cingere l'intera orbita di Marte – per un totale di 1200 tonnellate di materiale.

Quando l'LHC è in piena attività, attraverso i cavi superconduttori fluiscono correnti pari a 12 800 ampere. Per un confronto, si pensi che la corrente che scorre nel filamento di una comune lampadina a incandescenza è inferiore a 0,3 ampere. Grazie a queste correnti estremamente elevate, le bobine superconduttrici avvolte all'interno dei dipoli possono generare campi magnetici superiori a 8 tesla, in grado di guidare i velocissimi protoni all'interno del circuito del tunnel dell'LHC. Il campo magnetico è così intenso che esercita una forza violenta sulle bobine superconduttrici. Parte di questa forza è sopportata dalla geometria della struttura delle bobine, proprio come in un arco romano, ma la forza magnetica residua tende a frantumare questa struttura. Tale forza equivale a un peso di 400 tonnellate per ogni metro di lunghezza: è come se mille elefanti africani fossero seduti sopra ciascun dipolo. Uno speciale collare, costituito da uno strato d'acciaio austenitico spesso 4 centimetri (figura 6.4), sopporta la maggior parte di questa forza tremenda, mentre il resto è retto dalla struttura esterna dei dipoli.

L'utilizzo tecnologico della superconduttività è ostacolato tuttavia da un piccolo intoppo. I materiali superconduttori perdono la loro magica proprietà a temperature superiori a quella critica, che è terribilmente bassa. I dipoli dell'LHC devono essere mantenuti a -271 °C (appena 1,9 gradi al di sopra dello zero assoluto), cioè a una temperatura più bassa di quella delle più vuote regioni inter-

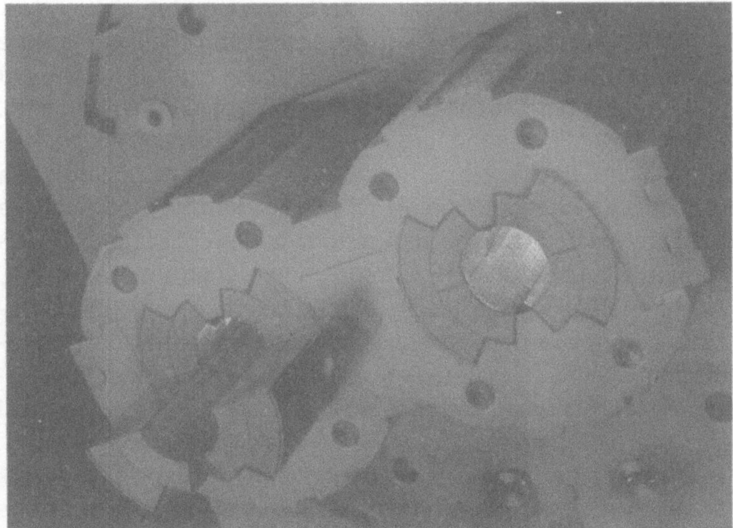

Figura 6.4 Le bobine superconduttrici di un dipolo inserite all'interno dei collari in acciaio austenitico che sostengono la struttura. I fasci di protoni circolano in sensi opposti dentro i due condotti al centro delle bobine. (*Fonte: CERN*)

stellari. Sebbene sia un'altra ottima ragione per non mettere in commercio asciugacapelli a superconduzione, questa difficoltà non ha fermato la costruzione dell'LHC.

Il compito tremendo non è solo raggiungere queste estreme temperature, ma, soprattutto, mantenere a –271 °C tutte le 37 000 tonnellate di materiale distribuite lungo 27 chilometri. Ancora una volta giunge in soccorso un'altro straordinario fenomeno fisico: la *superfluidità*. In determinate condizioni di temperatura e pressione l'elio liquido diventa superfluido, perdendo completamente la sua viscosità: può allora fluire liberamente conducendo il calore 3000 volte meglio del rame. Questa proprietà consente ai fisici di mantenere le parti interne dei dipoli a temperature estremamente basse, poiché l'elio superfluido è in grado di assorbire ogni minima quantità di calore generato e di rimuoverla dalle bobine con grande efficienza. L'interno dei dipoli è immerso nell'elio liquido e il materiale scelto per isolare le bobine è poroso, in modo che l'elio possa venire a contatto diretto con le spire superconduttrici. Contemporaneamente, elio liquido fluisce attraverso il dipolo nel tubo di uno scambiatore di calore utilizzato per mantenere il sistema al di sotto della temperatura critica per la superconduttività.

Il sistema di refrigerazione (o *criogenico*) impiegato per portare la temperatura all'interno dei dipoli al di sotto di –271 °C è il più grande del mondo e comprende diversi stadi di raffreddamento. Nel primo stadio si usano turbine refrigeranti e circa 10 000 tonnellate di azoto liquido per raffreddare 130 tonnellate di elio. A sua volta, l'elio raffreddato circola all'interno dei dipoli portando la temperatura delle bobine al di sotto di quella critica per la superconduttività. Il processo di raffreddamento di un settore dell'LHC alla temperatura prescritta di –271 °C richiede circa un mese. Durante questa fase le parti metalliche subiscono contrazioni e deformazioni di cui è stato necessario tener conto durante la progettazione e la costruzione dei dipoli, poiché il posizionamento esatto di ciascuna parte durante il funzionamento dell'acceleratore è essenziale. Al termine del processo di raffreddamento ogni dipolo diventa più corto di alcuni centimetri, ma la precisione della posizione delle bobine deve essere ugualmente assicurata, con una tolleranza non superiore a un decimo di millimetro. Questa precisione da orologiai nel posizionamento di migliaia di chilometri di cavi superconduttori è indispensabile per ottenere le necessarie proprietà del campo magnetico. Per guidare correttamente il fascio di protoni, infatti, il campo magnetico all'interno dei dipoli non deve essere solo estremamente intenso, ma anche preciso e uniforme.

L'LHC funziona in condizioni prossime al limite dello stato di superconduzione. Ciò significa che qualsiasi piccolo incremento di temperatura può portare il sistema a uno stato nel quale la superconduttività è persa. Qualsiasi minuscola impurità presente nelle bobine o anche movimenti dell'ordine dei micron possono produrre una piccola quantità di calore sufficiente per far salire la temperatura del materiale superconduttore al di sopra del valore critico. Allora, come in un incantesimo che svanisce, il miracolo della superconduttività improvvisamente cessa e il cavo diventa resistivo alla corrente elettrica. Quando ciò accade si dice che il magnete ha subito un *quench* (spegnimento).

Come in un temporale l'energia statica si scarica attraverso un fulmine, così dopo un quench l'energia accumulata nel magnete è rilasciata improvvisamente. L'LHC è dotato di un sistema di protezione contro i quench: non appena tra due estremità di un dipolo è rilevata una tensione superiore a 100 millivolt per oltre 10 millisecondi, il sistema entra in stato di allarme. Questo segnale, infatti, indica che qualcosa non sta funzionando, poiché i superconduttori non possono avere resistenza e quindi tra due punti qualsiasi non può essere registrata alcuna tensione. La presenza di una tensione è segno che il materiale non si trova più nello stato di superconduzione e che è iniziato un quench. In questo caso la priorità è estrarre e dissipare al più presto l'energia in modo controllato: speciali elementi riscaldanti portano l'intero dipolo fuori dalla fase superconduttiva, facendo entrare in quench tutto il volume e distribuendo il rilascio di energia; allo stesso tempo viene immediatamente interrotta la corrente. Il processo richiede meno di 200 millisecondi.

All'interno dei dipoli dell'LHC tutto si trova in condizioni estreme. In aggiunta alla corrente elettrica, al campo magnetico e alla temperatura, che raggiungono tutti valori eccezionali, un altro parametro è in condizioni estreme: il vuoto. Per assicurare il necessario isolamento termico dei magneti e della linea di distribuzione dell'elio, è necessario un vuoto spinto, secondo lo stesso principio dei thermos che mantengono caldo il caffè. Ma soprattutto il percorso del fascio di protoni deve essere evacuato con la massima efficienza da ogni tipo di gas. La presenza di molecole residue di gas all'interno del condotto del fascio rappresenta una minaccia, poiché queste possono entrare in collisione coi protoni, compromettendo la stabilità del fascio. È quindi necessario pompare fuori l'aria e ridurre la pressione all'interno del condotto a 10^{-13} atmosfere: per trovare un'atmosfera altrettanto rarefatta, bisognerebbe viaggiare su un satellite metereologico in orbita intorno alla Terra a 1000 chilometri di altezza. Il volume complessivo nel quale deve essere fatto il vuoto è sbalorditivo: circa 9000 metri cubi, il volume della sala di un teatro.

I dipoli sono davvero il gioiello del progetto LHC. I loro preziosi componenti sono tutti contenuti all'interno dei cilindri azzurri, come schematizzato nella figura 6.5: i due condotti nei quali circolano i fasci rotanti in senso opposto; le bobine superconduttrici sostenute dai collari d'acciaio; gli scambiatori di calore dell'elio; le camere per l'isolamento mediante il vuoto necessarie per mantenere la bassa temperatura interna. Tutti questi elementi sono assemblati mediante posizionamenti eccezionalmente accurati, che devono

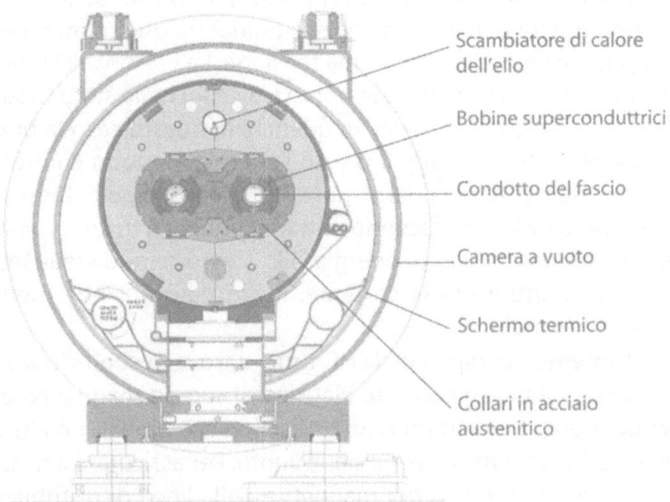

Figura 6.5 Rappresentazione schematica della sezione trasversale di un dipolo dell'LHC. (*Fonte: CERN*)

essere mantenuti anche in presenza dei violenti stress provocati sui materiali dall'intenso campo magnetico e dalle bassissime temperature. La costruzione dei dipoli ha richiesto il contemporaneo sviluppo di tecnologie di frontiera in numerosi campi differenti. Ma la produzione dei 1232 dipoli ha comportato anche un significativo impegno industriale: sebbene progettati al CERN, non potevano essere realizzati all'interno del laboratorio e ciò ha reso necessaria una stretta collaborazione con l'industria.

Dopo una prima fase, che ha visto la realizzazione dei prototipi all'interno del laboratorio, il CERN ha selezionato tre aziende per la produzione, in Francia, Germania e Italia. Squadre di fisici, ingegneri e tecnici del CERN hanno lavorato con queste aziende per un periodo di addestramento. Nel 2000 sono stati commissionati 30 dipoli a ciascuna delle tre aziende, che hanno potuto così acquisire esperienza, migliorare l'efficienza della produzione e guadagnare fiducia nel loro processo produttivo. In questo modo l'ordine finale, effettuato nel 2002, ha spuntato un prezzo molto inferiore, da un terzo a un quarto del costo del prototipo, seppure dopo lunghi negoziati.

Un aspetto apparentemente semplice, ma assai impegnativo dal punto di vista industriale, è che i dipoli non sono perfettamente diritti, ma per seguire l'arco dell'anello sotterraneo devono avere una curvatura quasi impercettibile: appena 9 millimetri su una lunghezza complessiva di 15 metri. Le industrie coinvolte hanno trovato il modo per saldare i dipoli sotto una grande pressa in grado di piegarli. La precisione di questo processo automatico era tuttavia insufficiente per le rigide specifiche dell'LHC e durante la fase di installazione è stato necessario calibrare i supporti centrali dei dipoli per conseguire l'esatta curvatura.

Per la costruzione dei dipoli, il CERN ha deciso di assumersi la responsabilità diretta di fornire alle tre aziende i componenti principali da assemblare e persino le materie prime. Ciò ha consentito di mantenere uno stretto controllo sulla qualità, sull'uniformità e sui costi, ma ha comportato un considerevole onere per la pianificazione e l'organizzazione di trasporto, stoccaggio e logistica. Il CERN ha movimentato attraverso l'Europa 120 000 tonnellate di carichi e per oltre quattro anni le strade europee sono state percorse ogni giorno mediamente da 10 automezzi pesanti che trasportavano materiali per i dipoli. Lo stretto monitoraggio delle operazioni industria-

Figura 6.6 Discesa dell'ultimo dei 1232 dipoli dell'LHC dalla superficie al tunnel sotterraneo attraverso il pozzo verticale. (*Fonte: CERN*)

li e il coinvolgimento diretto del CERN ha garantito che ciascuno dei 1232 dipoli fosse virtualmente identico agli altri e potesse essere installato in qualsiasi punto dell'anello, indipendentemente da chi lo aveva fabbricato o ne aveva fornito i componenti.

La condivisione delle competenze del CERN con l'industria privata è stata essenziale per soddisfare le precise specifiche dei diversi componenti. Nel considerare le ricadute dei grandi progetti orientati alla ricerca pura, non si dovrebbero dimenticare i benefici ottenuti dalle industrie in relazione allo sviluppo di nuove tecnologie produttive. Molte aziende che hanno lavorato per il progetto LHC utilizzano oggi le nuove tecniche acquisite grazie a quell'esperienza: per esempio, una sta producendo materiali superconduttori per apparecchiature mediche di risonanza magnetica e un'altra ha applicato alla produzione di componenti di automobili uno speciale processo industriale messo a punto per l'LHC.

Una volta consegnato al CERN e sottoposto ad accurati controlli di laboratorio, ogni dipolo è stato calato attraverso un pozzo verticale all'interno del tunnel e quindi trasportato alla sua giusta collocazione da un veicolo speciale. Tale veicolo era guidato automaticamente mediante un sistema ottico che seguiva una linea tracciata sulla pavimentazione e doveva viaggiare a soli pochi centimetri di distanza dalla parete del tunnel, su un lato, e dall'impianto dell'LHC, sull'altro. Per limitare le vibrazioni il veicolo procedeva a 2 chilometri all'ora, più lentamente di una persona che cammini con passo normale. Questo significa che il trasporto di un dipolo fino a un punto dell'anello opposto al pozzo richiedeva circa sette ore. Il progetto dei dipoli dell'LHC non è stato affatto un lavoro rapido. Una volta Lucio Rossi – responsabile del gruppo del CERN per i magneti, i criostati e i superconduttori – mi ha detto che i dipoli seguivano la "legge del settimo anno", resa famosa da Marilyn Monroe in *Quando la moglie è in vacanza.* L'impresa ha richiesto sette anni per la ricerca e la predisposizione del modello (1988-1994), sette anni per la realizzazione del prototipo e l'industrializzazione (1995-2001) e sette anni per la costruzione e l'installazione (2002-2008). L'ultimo dipolo è stato calato nel tunnel il 26 aprile 2007, con un cartello sul quale era scritto "Magned olaf yr LHC". Mentre tutti i presenti alla cerimonia applaudivano, solo il direttore del progetto, il gallese Lyn Evans, ne capiva il significato: "Ultimo magnete per l'LHC".

Verso lo scontro finale

La bufera infernal, che mai non resta,
mena li spiriti con la sua rapina

Dante Alighieri[7]

Quando i protoni entrano nell'anello dell'LHC, la loro energia è "solo" di 0,45 TeV. Come fanno ad accelerare e a raggiungere l'energia finale di 7 TeV? Lungo una delle sezioni rettilinee del tunnel ogni fascio di protoni incontra otto *cavità a radiofrequenza* (o *cavità RF*), dall'aspetto di lucidi serbatoi cilindrici, simili a enormi scaldabagni (figura 6.7). All'interno delle cavità RF un campo elettrico oscilla alla frequenza di 400 Mhz, la stessa alla quale operano i telecomandi delle serrature delle automobili. Quando i protoni entrano nella cavità, un impulso del campo elettrico oscillante assesta loro una "spintina", cosicché la loro energia aumenta di 485 miliardesimi di TeV a ogni giro dell'anello dell'LHC. Potrebbe sembrare molto poco, ma in un secondo i protoni compiono 11 000 giri dell'anello e a ogni giro ricevono una nuova spintina. È proprio come quando si spinge un bimbo seduto su una giostra ai giardini: una lieve spinta, purché ripetuta a ogni giro, è sufficiente a far ruotare la giostra così velocemente che ben presto al piccolo viene il capogiro. Analogamente, i protoni acquistano una piccolissima quantità di energia a ogni giro dell'anello, mentre i dipoli correggono il proprio campo magnetico per mantenere il fascio entro la sua traiettoria. Occorrono circa 20 minuti affinché il fascio di protoni raggiunga l'energia finale di 7 TeV.

Quando vengono iniettati nell'anello dell'LHC con energia di 0,45 TeV, i protoni viaggiano già quasi alla velocità della luce, per l'esattezza al 99,9998 per cento di tale velocità. Ma in conformità con la relatività speciale, nessuna particella può viaggiare più velocemente della luce, pertanto un grande aumento di energia dà luogo solo a un incremento marginale della velocità: alla fine del processo di accelerazione, infatti, i protoni sono divenuti 15 volte più energetici, ma la loro velocità è aumentata solo dello 0,0002 per cento. A questo punto viaggiano solo 10 km/h più lentamente della luce. Man mano che il fascio viene accelerato, la frequenza

[7] D. Alighieri, *Divina Commedia*, Inferno, Canto V, 31–32.

Figura 6.7 Le cavità a radiofrequenza nel tunnel dell'LHC. (*Fonte: CERN*)

nelle cavità RF è leggermente modificata per tener conto di questo piccolo cambiamento di velocità dei protoni e garantire che gli impulsi nelle cavità si verifichino al momento giusto per applicare la spinta. Durante tutta la fase di accelerazione, la frequenza di 400 MHz cambia meno di 1 kHz.

Il fascio di protoni non è uniforme come un flusso di acqua corrente; i protoni sono invece raggruppati in pacchetti simili a gocce d'acqua che cadono da un rubinetto che perde. Ogni pacchetto contiene circa 100 miliardi di protoni, l'equivalente di 10^{-13} grammi di materia. Quando l'LHC funziona a pieno regime, ci sono 2808 pacchetti in ciascun fascio in rotazione lungo l'anello. Al primo ingresso nel tunnel ciascun pacchetto è lungo circa 10 centimetri e largo 1 millimetro – come la mina di una matita – ed è separato dal pacchetto successivo da una distanza di circa 10 metri. Con l'aumentare dell'energia la struttura del pacchetto cambia e a 7 TeV la sua lunghezza si è ridotta a 7 centimetri.

Anche i protoni risultano assai diversi dopo essere stati accelerati. Quando viaggiano molto velocemente appaiono terribilmente schiacciati nella direzione del moto, mentre nella direzione ortogonale la loro dimensione resta del tutto invariata. Perciò i protoni che sfrecciano dentro l'LHC sono come dischi appiattiti, il cui spessore è circa 7000 volte inferiore al diametro; hanno cioè le stesse proporzioni di una crêpe spessa meno di un millimetro, così sottile da far morire d'invidia anche i migliori chef francesi. Che cosa è successo, dunque, ai protoni nell'LHC?

La risposta è fornita dalla teoria della relatività speciale di Einstein. Per quanto strano possa sembrare, se misurate la lunghezza di un corpo in moto rispetto a voi, lo troverete contratto lungo la direzione del moto: quanto più è veloce, tanto più si accorcia. Questo effetto è noto come *contrazione di Lorentz*, dal nome del fisico olandese Hendrik Lorentz (1853-1928, premio Nobel 1902). Tale fenomeno spiega perché i protoni, una volta acquistata velocità, diventano schiacciati. Se un uomo potesse viaggiare nell'LHC a cavalcioni di un protone non osserverebbe alcun cambiamento della forma della particella all'aumentare della velocità. Tuttavia, vedrebbe le pareti intorno a sé (e qualsiasi fisico che oziasse distrattamente nel tunnel) contratto nella direzione del moto, come attraverso uno specchio deformante. Per di più, il nostro immaginario viaggiatore seduto sul protone vedrebbe scorrere il tempo in modo diverso dal nostro: per un protone il tempo necessario per completare un giro dell'anello dell'LHC è 7000 volte inferiore a quello misurato dai fisici in laboratorio. Sono le stranezze della relatività.

Il fascio di protoni percorre i 27 chilometri del tunnel all'interno di un condotto nel quale è stato praticato il vuoto che, tuttavia, non può essere perfetto, ma corrisponde, come abbiamo visto in precedenza, alla pressione di 10^{-13} atmosfere. In queste condizioni vi sono circa 3 milioni di molecole di gas residuo per centimetro cubo. I protoni che occasionalmente colpiscono queste molecole di gas vengono deflessi e possono sfuggire dal loro pacchetto. Ciò rappresenta un potenziale pericolo perché, se troppi protoni raggiungono le bobine dei magneti superconduttori, l'energia da essi rilasciata può riscaldare il materiale al di sopra della temperatura critica, innescando un quench del magnete.

È dunque assolutamente necessario intercettare i protoni che deragliano dal binario prestabilito. Ma acchiappare al volo un protone da 7 TeV non è cosa da nulla. Nell'LHC è presente, lungo tutto il fascio, un sistema di collimatori, a base di carbonio, capaci di reg-

Figura 6.8 Lo scavo del tunnel destinato ad accogliere il dump block. (*Fonte: CERN*)

gere l'impatto di protoni energetici. Questi collimatori sono come i denti delle fauci di un alligatore, lasciate leggermente aperte per consentire il passaggio del fascio, ma pronte a catturare qualunque protone sbandato. La loro funzione è "pulire" il fascio eliminando le particelle che non marciano disciplinatamente entro la schiera del pacchetto. Il sistema di collimatori è regolabile e le sue fauci possono aprirsi o chiudersi intorno al fascio: in normali condizioni di funzionamento, l'apertura dei collimatori, attraverso la quale viaggia il fascio, è larga circa 3 millimetri.

L'intensità e la stabilità del fascio di protoni degradano col tempo, a causa delle collisioni, delle perdite di particelle e del movimento dei protoni all'interno del pacchetto. Il degrado avviene mediamente dopo circa 10 ore, quando il fascio ha compiuto all'interno dell'anello alcune centinaia di milioni di giri, coprendo una distanza pari al diametro del sistema solare. Quando il fascio mostra segni di invecchiamento – o in caso di emergenza – un magnete kicker a pulsazione rapida deflette i protoni, indirizzandoli nel *dump block*, un blocco costituito da un cilindro di grafite e metalli pesanti, lungo 8 metri e largo 1, incassato nel cemento. Questo blocco è l'unico elemento dell'LHC in grado di sostenere l'impatto del fascio ad alta energia.

Per guidare il fascio lungo il tunnel, l'LHC contiene, oltre ai dipoli, migliaia di altri magneti (come i *magneti quadripolari*), necessari per correggere l'instabilità, ottimizzare la traiettoria e focalizzare il fascio. Sostanzialmente, il loro funzionamento è analogo a quello delle lenti ottiche che concentrano i raggi di luce, ma la focalizzazione magnetica, a differenza di quella ottica, agisce solo in una direzione: se viene fatto convergere sul piano orizzontale, il fascio tende a divergere lungo quello verticale, e viceversa. Per ottenere la necessaria compattezza del fascio, occorre quindi una successione di magneti con azione alternativamente convergente e divergente.

Per la maggior parte del suo viaggio all'interno del tunnel, il fascio di protoni ha un diametro di circa 1 millimetro. Ma i due fasci rotanti in direzioni opposte si incrociano in quattro punti dell'anello, dove avvengono le collisioni frontali tra i protoni. Quando il fascio si avvicina ai punti di collisione, il suo diametro viene compresso mediante focalizzazione magnetica, riducendosi a soli 16 micron, meno dello spessore di un capello. Questa compressione è fondamentale per rendere il fascio più intenso e aumentare la probabilità delle collisioni. A questo punto i protoni sono pronti per il grande scontro finale.

L'impatto tra i due fasci non è esattamente frontale, ma avviene con un leggero angolo al fine di evitare indesiderate collisioni simultanee tra più pacchetti, che comprometterebbero sia le caratteristiche dei fasci sia la qualità dei dati ottenuti dagli esperimenti. Al momento della collisione, i due fasci si incrociano con un angolo di 280 microradianti; si tratta di angolo piccolissimo, pari a quello sotteso da un oggetto alto un metro visto da una distanza di 3,6 chilometri.

Il momento fatale è finalmente arrivato. Un centinaio di miliardi di protoni, su un fronte di soli 16 micron di diametro, giunge da un lato a velocità fulminea pronto a scontrarsi con un battaglione altrettanto numeroso e agguerrito di protoni che arriva a precipizio dalla direzione opposta. Che cosa accade allora? Di fatto non molto, perché quasi tutti i protoni si mancano a vicenda e passano attraverso il fascio opposto perfettamente indenni!

Questo esito, che può forse apparire deludente, è semplicemente la conseguenza della piccolezza dei protoni. Ciascuno di essi misura circa un milionesimo di nanometro e la probabilità di scontrarsi con un altro protone in arrivo dalla parte opposta è piccolissima, anche se le particelle nei pacchetti sono così numerose. Ciò nonostante, qualche scontro tra protoni si verifica, dando luogo al tipo di collisioni che i fisici sono impazienti di esaminare. In realtà, l'intensità del fascio di protoni dell'LHC è proprio quella giusta per produrre un numero adeguato di collisioni. Se ognuno dei cento miliardi di protoni in un pacchetto producesse simultaneamente uno scontro, dando luogo a centinaia di nuove particelle in ciascuna collisione, il risultato sarebbe una confusione inestricabile e qualsiasi strumento di misura verrebbe immediatamente intasato da un eccesso di dati. I fisici desiderano avere abbastanza collisioni per osservare i rari eventi a cui sono interessati, ma non tante da essere sommersi da un guazzabuglio di informazioni.

Sull'energia, la sicurezza e l'imprevedibile

L'energia è eterna delizia.

William Blake[8]

Quanta energia viene sprigionata nella collisione tra due protoni nell'LHC? Se vi aspettate un numero colossale, preparatevi a una delusione. L'energia trasportata da due protoni da 7 TeV che collidono nell'LHC è equivalente all'energia cinetica di due zanzare che si scontrano in volo; e l'energia rilasciata nella collisione tra protoni è uguale a quella del suono prodotto da un colpetto dato bussando a una porta. E allora cosa c'è di tanto spettacolare nell'LHC? Il suo punto di forza risiede nella concentrazione di questa energia in uno spazio estremamente piccolo. Invece di essere trasportata da una zanzara in volo o propagata da un'onda sonora in una stanza, tutta l'energia è concentrata in un angolino di zeptospazio. È questo che rende l'LHC così potente.

Sebbene l'energia rilasciata in una singola collisione di protoni sia piccola per gli standard normali, l'energia totale accumulata nel tunnel sotterraneo durante il funzionamento dell'LHC è davvero considerevole. Dopo tutto, l'LHC assorbe circa 120 megawatt di

[8] W. Blake, *The Marriage of Heaven and Hell* (1790).

energia elettrica (per l'acceleratore e per tutti i rivelatori), con un consumo paragonabile a quello delle utenze domestiche di una città come Ginevra. L'energia trasportata da un singolo protone è quasi insignificante, ma vi sono circa cento miliardi di protoni in ciascuno dei 2808 pacchetti di ogni fascio che circola nell'LHC. L'energia totale del fascio di protoni è dunque 0,36 gigajoule, equivalente all'energia cinetica di un treno TGV da 400 tonnellate che viaggi a 150 km/h. Il fascio deve essere sempre guidato con grande attenzione, poiché perderne il controllo sarebbe come lasciar deragliare un TGV lanciato a tutta velocità. Se diretto in modo errato, il fascio avrebbe un potere distruttivo sufficiente per fondere un blocco di rame di mezza tonnellata. È per questo motivo che solo una struttura appositamente costruita, come il dump block, è in grado di reggere l'impatto diretto del fascio.

Una quantità ancora maggiore di energia è accumulata nei magneti dipolari, per un totale di 10 gigajoule, equivalenti a 2,4 tonnellate di tritolo. Questa straordinaria quantità di energia immagazzinata nei dipoli rende il sistema di protezione in caso di quench del magnete un componente essenziale per la sicurezza. Ma in caso di emergenza ciò che conta non è la quantità di energia, bensì il modo in cui questa viene rilasciata. Per esempio, invece di confrontare 10 gigajoule a 2,4 tonnellate di tritolo, avremmo potuto dire che l'energia accumulata nei dipoli è equivalente alle calorie contenute in 460 kg di cioccolato: il confronto risulta decisamente meno allarmante. Disponendo di un numero sufficiente di bambini affamati, potremmo sbarazzarci di tutto quel cioccolato, rilasciandone l'energia in modo (relativamente) sicuro. Il sistema di protezione contro il quench dell'LHC funziona secondo la stessa logica: dissipa l'energia in modo distribuito e controllato.

In un progetto delle dimensioni dell'LHC un fattore essenziale è poter prevedere qualsiasi eventualità, per quanto improbabile e inaspettata, e adottare tutte le possibili precauzioni per evitare pericolosi incidenti e garantire una sicurezza assoluta durante il funzionamento. Il CERN ha destinato notevoli risorse a questo aspetto, e infatti la sicurezza è sempre stata garantita. Sarebbe tuttavia irrealistico attendersi che tutto vada liscio quando si lavora con prototipi e con nuove tecnologie. In un'impresa della complessità dell'LHC, una serie di ritardi e incidenti imprevisti è purtroppo inevitabile.

Nell'estate del 2004 si scoprì che la linea di distribuzione criogenica – il sistema che trasporta elio liquido nei magneti per mantenerli a bassa temperatura – era difettosa. I componenti, forniti da un'azienda esterna, non rispondevano alle specifiche richieste: alcuni di essi erano difettosi e le saldature erano di qualità scadente. La produzione fu immediatamente bloccata e il CERN lavorò in stretta collaborazione con l'azienda coinvolta per ridefinire completamente sia il processo produttivo sia le procedure del controllo di qualità durante la produzione. Tutti i componenti difettosi già installati nell'LHC dovettero essere sostituiti, con un ritardo nel programma di circa un anno.

Il 27 marzo 2007, nel corso di un collaudo ad alta pressione nel tunnel dell'LHC, uno degli "inner triplets" – sistemi di tre magneti focalizzanti destinati a concentrare il fascio di protoni prima del punto di collisione – esplose, danneggiando i circuiti elettrici circostanti. Gli inner triplets, progettati e costruiti al di fuori del CERN, non erano stati disegnati per reggere la forza asimmetrica applicata durante il test, che era stato realizzato per riprodurre le condizioni che si potrebbero verificare in alcuni tipi di incidente. Le strutture di supporto dovettero essere riprogettate, ma fu possibile installarle senza rimuovere dal tunnel gli inner triplets non danneggiati, un'operazione che avrebbe comportato un ritardo molto maggiore sul programma.

L'incidente più recente si verificò il 19 settembre 2008 e fu ampiamente riportato dai media, soprattutto perché avvenne pochi giorni dopo l'inaugurazione del 10 settembre, quando i fasci di protoni avevano trionfalmente completato i loro primi giri lungo il tunnel dell'LHC. Quasi tutti i dipoli dell'LHC erano allora già stati sottoposti a test, facendo passare nelle bobine superconduttrici una corrente elettrica fino a 9300 ampere, che consente l'accelerazione del fascio di protoni fino a un'energia di 5,5 TeV. Tuttavia, in un settore la corrente era stata testata solo fino a 7000 ampere. Nella mattina fatale del 19 settembre si decise di completare il test di quel settore, aumentando la corrente.

Alle 11.18 gli schermi dei monitor del centro di controllo dell'LHC si riempirono di segnali rossi d'allarme: un guasto meccanico in uno dei dipoli aveva determinato una perdita di elio liquido. L'elio, che inizialmente si trovava a una temperatura di –271 °C, vaporizzò immediatamente appena fuoriuscito dalla conduttura. In meno di due minuti furono rilasciate 2 tonnellate di elio, che si propagarono a una velocità iniziale di circa 70 km/h; poi la perdita continuò meno violentemente, per un totale di 6 tonnellate di gas. Al momento dell'incidente, i sensori per la mancanza di ossigeno e gli allarmi antincendio collocati lungo il tunnel si attivarono in rapida successione e ciò consentì di calcolare la velocità di avanzamento del fronte di elio. Non c'era fuoco, ma gli allarmi antincendio sono basati su rivelatori di fumo sensibili alle variazioni di trasparenza ottica e la violenta fuoriuscita dell'elio aveva sollevato una nuvola di polvere. È inutile dire che nel tunnel non c'era nessuno, poiché l'accesso è tassativamente proibito durante operazioni di questo tipo. L'onda d'urto prodotta dal rilascio dell'elio nella camera a vuoto del dipolo spostò dalle loro posizioni accuratamente allineate 39 dipoli da 30 tonnellate e numerosi altri magneti, distruggendo parte delle loro interconnessioni.

La rottura della conduttura dell'elio era stata provocata molto probabilmente da un guasto elettrico dovuto a un difetto di un giunto di connessione tra due dipoli, sebbene sia impossibile stabilire con assoluta certezza la catena degli eventi, poiché il giunto in questione è stato completamente vaporizzato durante l'incidente. Nonostante l'amaro disappunto, il CERN ha reagito all'incidente con coscienziosa professionalità e forte impegno. Un aiuto è giunto anche dal Fermilab, che ha inviato una squadra di esperti per accelerare le riparazioni. All'interno dei dipoli e nelle connessioni tra dipoli adiacenti vi sono circa 24 000 giunti simili a quello che ha presumibilmente provocato l'incidente. Fisici e ingegneri hanno rapidamente messo a punto procedure efficaci per individuare eventuali altri giunti difettosi, ma il lavoro di riparazione e di consolidamento necessario per prevenire il verificarsi di incidenti analoghi ha provocato un ritardo sul programma di oltre un anno, consentendo la ripresa del funzionamento dell'LHC solo alla fine del 2009.

7

Telescopi per lo zeptospazio

Siamo tutti nel fango, ma alcuni di noi guardano le stelle.

Oscar Wilde[1]

Se non avessimo telescopi, non potremmo osservare le esplosioni di lontanissime supernove. Allo stesso modo abbiamo bisogno di speciali strumenti per osservare e studiare le minuscole esplosioni di particelle prodotte dalle collisioni tra protoni nell'LHC. I fisici chiamano queste esplosioni di particelle *eventi* e gli strumenti per osservarle *rivelatori*. Costruiti per raccogliere gli echi provenienti dallo zeptospazio, i rivelatori registrano gli eventi, ricostruendo le traiettorie di tutte le particelle prodotte al momento della collisione, delle quali misurano proprietà come carica elettrica, energia e quantità di moto.

Nell'LHC i rivelatori sono sistemati in caverne sotterranee situate nei quattro punti dell'anello nei quali i due fasci di protoni che ruotano in direzioni opposte si intersecano. I due rivelatori principali sono ATLAS (A Toroidal Lhc ApparatuS, acronimo un po' forzato ma accattivante) e CMS (Compact Muon Solenoid, acronimo accurato ma un po' scialbo), ciascuno dei quali è costato 350 milioni di euro in materiali. Sono collocati in due caverne in punti opposti dell'anello: ATLAS in Svizzera e CMS in Francia. Le preesistenti caverne utilizzate per gli esperimenti del LEP erano troppo piccole per ospitare i giganteschi strumenti di questi due rivelatori ed è stato necessario scavarne di nuove. Nel 2003, subito dopo il termine dei lavori di scavo, la visita della caverna di ATLAS, la più grande

[1] O. Wilde, *Lady Windermere's Fan* (1892).

delle due, era un'esperienza davvero impressionante: un enorme spazio vuoto delle dimensioni di una cattedrale situato 100 metri sotto terra e collegato alla superficie da pozzi verticali mozzafiato. Ora la caverna è completamente occupata dal massiccio rivelatore.

Gli scavi hanno riservato un'interessante sorpresa. Nell'area di CMS sono stati rinvenuti i resti di una villa gallo-romana del IV secolo d.C. Questo rivelatore – destinato a esplorare la fisica dell'universo primordiale – era partito col piede giusto facendo una scoperta relativa al passato, sebbene non così remoto come il Big Bang. Gli scavi hanno portato alla luce monete coniate a Ostia, Lugdunum (Lione) e Londinium (Londra). I colleghi britannici non poterono trattenersi dall'osservare che, quando arrivano al CERN con in tasca solo sterline, e non franchi svizzeri o euro, è impossibile per loro comprare qualcosa da mangiare nei supermercati svizzeri e francesi. Apparentemente i loro antenati non avevano simili difficoltà: la globalizzazione ha davvero fatto passi da gigante.

Gli scavi per CMS dovettero rallentare quando la trivella raggiunse la falda acquifera: la caverna cominciò ad allagarsi e il pompaggio dell'acqua all'esterno sarebbe stato troppo lento e inefficiente. Gli ingegneri decisero dunque di installare un sistema di tubi verticali infissi nel terreno con un doppio circuito di raffreddamento riempito di ammoniaca e acqua salata a –23 °C. In una fase successiva, per completare il congelamento della falda, nel sistema di tubi fu fatto circolare azoto liquido. Perforare il ghiaccio non è più difficile che perforare la roccia e, in tal modo, il lavoro potè essere completato. Durante gli scavi un altro problema fu che le rocce intorno alla caverna di CMS non erano sufficientemente dure e dovettero, quindi, essere costruite strutture di rinforzo. Benché eseguiti con successo, questi lavori determinarono un considerevole ritardo delle opere di ingegneria civile.

Dopo il completamento della caverna di ATLAS, con la rimozione di 300 000 tonnellate di roccia, il pavimento della caverna iniziò a sollevarsi lentamente, di circa 1 millimetro l'anno. Tale movimento ha dovuto essere monitorato costantemente mediante un sensibile sistema di misurazione per garantire il preciso allineamento dei componenti del rivelatore. Gli strumenti di misurazione della caverna sono così sensibili che hanno rilevato il terremoto indonesiano del dicembre 2004 e la successiva onda di maremoto. ATLAS e CMS sono definiti rivelatori "general-purpose" (multiuso), poiché sono

Figura 7.1 Il rivelatore ATLAS prima dell'installazione dell'end-cap. (*Fonte: CERN/ATLAS Collaboration*)

Figura 7.2 Il rivelatore CMS nel laboratorio di superficie. (*Fonte: CERN/CMS Collaboration*)

adatti per qualsiasi tipo di risultato provenga dalle collisioni tra protoni. Possono, infatti, registrare informazioni complete sugli eventi di collisione, identificando tutte le particelle prodotte e ricostruendone le traiettorie (fatta eccezione per uno stretto cono lungo la direzione del fascio): in pratica, catturano un'istantanea di ogni evento. Poiché l'identificazione di diversi tipi di particelle richiede tecniche diverse, ATLAS e CMS sono in realtà un insieme di molti strumenti differenti, ciascuno dei quali svolge una funzione specifica. Tutti questi strumenti sono riuniti in un'unica gigantesca struttura. In particolare, ATLAS è lungo 46 metri e alto 26, più grande del Tempio di re Salomone (almeno stando alla tradizione rabbinica).

I rivelatori dell'LHC devono soddisfare rigide specifiche, che hanno imposto difficili sfide tecnologiche. Innanzitutto, la risposta dei componenti elettronici deve essere velocissima, poiché l'intervallo di tempo tra le collisioni di due pacchetti successivi di protoni è di appena 25 nanosecondi. In secondo luogo, tutte le attrezza-

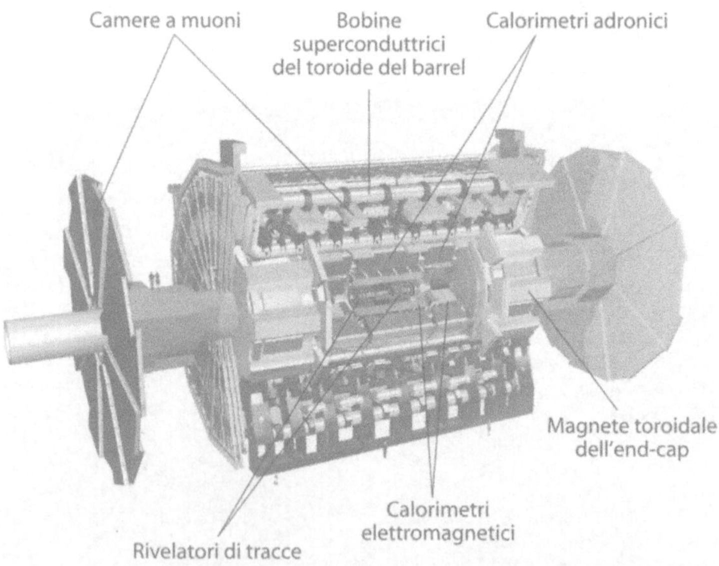

Figura 7.3 Rappresentazione schematica del rivelatore ATLAS. Le figure umane sopra la porzione a sinistra danno un'indicazione delle dimensioni. (*Fonte: CERN/ATLAS Collaboration*)

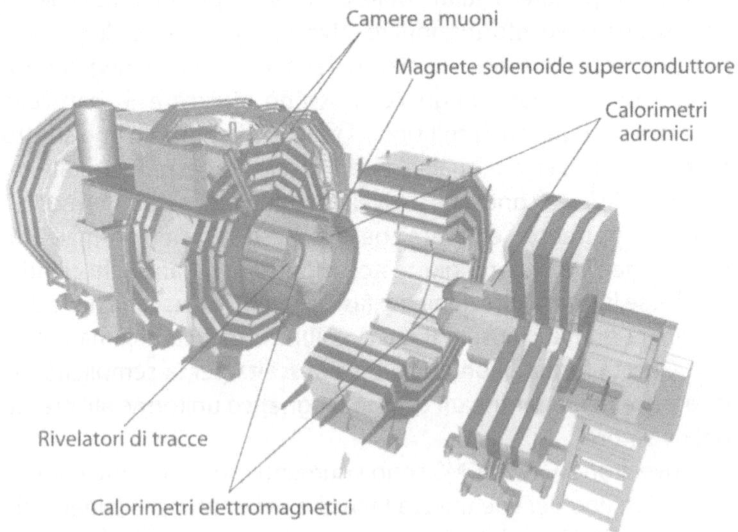

Figura 7.4 Rappresentazione schematica del rivelatore CMS. La figura umana in primo piano fornisce un'indicazione delle dimensioni. (*Fonte: CERN/CMS Collaboration*)

ture devono poter resistere ad alte dosi di radiazioni, poiché sono costantemente esposte a grandi flussi di particelle energetiche, in particolare nelle parti interne del rivelatore, prossime al punto di collisione. Infine, gli strumenti devono essere accuratamente controllati e risultare altamente affidabili, in quanto nessun intervento di riparazione o manutenzione è consentito durante il funzionamento, quando l'accesso alle aree sotterranee è proibito. Inoltre, anche durante i periodi di inattività, la sostituzione di qualsiasi apparecchiatura all'interno del rivelatore è estremamente laboriosa e richiede parecchio tempo. Per tale ragione, ogni cosa è stata progettata per durare almeno dieci anni senza intervento umano. Sotto questo aspetto, gli esperimenti dell'LHC non sono diversi dalle missioni spaziali. Tenuto conto di tutte queste esigenze, non sorprende che la progettazione e la realizzazione dei rivelatori abbiano richiesto molti anni di ricerca e sviluppo – con un lungo processo di selezione e produzione di materiali speciali – e l'istituzione di severi controlli di qualità.

Per interpretare i risultati delle collisioni di protoni, i fisici devono disporre delle informazioni relative a tutte le particelle prodotte nell'evento. Pertanto, i rivelatori devono coprire al meglio tutte le possibili direzioni lungo cui possono viaggiare le particelle emergenti dal punto di collisione, lasciando libero solo uno stretto corridoio attraverso il quale passa il fascio. Per esprimere tale requisito, i fisici dicono che i rivelatori devono essere "ermetici". Anche se potrebbe sembrare che la sfera sia la forma ottimale, i rivelatori dell'LHC hanno piuttosto l'aspetto di giganteschi cilindri, con l'asse lungo la direzione del fascio, muniti a ciascuna delle due estremità di una chiusura il più possibile ermetica, chiamata *endcap*. Questa forma geometrica è stata scelta per la semplicità del disegno e per garantire un campo magnetico uniforme all'interno del rivelatore.

I rivelatori ATLAS e CMS sono strumenti estremamente complicati e ciascuno dei due utilizza tecniche differenti per svolgere i diversi compiti. Vi sono, tuttavia, quattro strutture principali, comuni a entrambi i rivelatori, che ne costituiscono l'ossatura. Le esamineremo seguendo idealmente il percorso delle particelle prodotte nella collisione tra protoni, partendo dal punto di collisione, nel cuore del rivelatore, e muovendoci verso l'esterno.

1. *Rivelatori di tracce* (o *trackers*). Sono composti da numerosi strumenti diversi contenuti nella parte più interna dei rivelatori e rappresentano il primo gruppo di dispositivi incontrati dalle particelle che erompono dalle collisioni tra protoni. Si tratta della parte più complicata del rivelatore, con un incredibile numero di sensori, migliaia di collegamenti per centimetro quadrato e milioni di canali elettronici. I rivelatori di tracce sono costituiti principalmente di sottili strati di silicio connessi a strati di circuiti elettronici. Quando una particella carica attraversa uno degli strati di silicio, libera elettroni che vengono rivelati dai circuiti elettronici come corrente elettrica e quindi convertiti in un segnale digitale. Ciò fornisce precise informazioni sulla posizione in cui la particella carica ha attraversato lo strato di silicio; e così, associando le informazioni provenienti da strati diversi, si ricostruisce la traiettoria della particella. Gli strati di silicio del rivelatore devono essere sottilissimi, per non deviare le particelle dal loro percorso naturale. Questo sistema di rivelazione è basato su interazioni elettromagnetiche ed è sensibi-

le solo alle particelle cariche: le particelle neutre – come neutroni o fotoni – sono invisibili per i rivelatori di tracce.

La traiettoria individuata dai rivelatori di tracce fornisce alcune informazioni preliminari sulla natura della particella, ma è insufficiente per determinarne completamente l'identità. I rivelatori di tracce sono come un padrone di casa che saluta degli invitati stranieri a una festa: all'ingresso pone cortesi domande sulla nazionalità o la professione, ricevendo solo brevi informazioni preliminari, prima che gli invitati passino nella stanza successiva per lasciare posto a nuovi ospiti.

2. *Calorimetri elettromagnetici.* Rappresentano il passo successivo nel viaggio delle particelle prodotte dalle collisioni. Qui elettroni e fotoni si arrestano, rilasciando la propria energia nel materiale; il calorimetro misura immediatamente l'entità dell'energia ceduta e registra l'informazione. In questa fase gli elettroni sono facilmente distinguibili dai fotoni: infatti, entrambi i tipi di particelle vengono arrestati nei calorimetri elettromagnetici, ma i fotoni, a differenza degli elettroni, non hanno lasciato alcun segnale nei rivelatori di

Figura 7.5 Parte interna del rivelatore CMS durante l'assemblaggio. (*Fonte: CERN/CMS Collaboration*)

Figura 7.6 Parte interna dell'end-cap del rivelatore ATLAS. (*Fonte: CERN/ ATLAS Collaboration*)

tracce. Pertanto, in questa fase elettroni e fotoni vengono completamente identificati. Se le particelle nel rivelatore fossero invitate a un ballo in maschera, le maschere sui volti di fotoni ed elettroni a questo punto cadrebbero, rivelando le loro vere identità.

Per i propri calorimetri elettromagnetici, ATLAS e CMS hanno adottato tecniche diverse.

Il calorimetro elettromagnetico di ATLAS utilizza strati di piombo disposti a formare una fisarmonica piena di argon liquido a –186 °C. Quando un elettrone o un fotone prodotto dalla collisione tra protoni colpisce gli strati di metallo, provoca una pioggia di particelle a energia inferiore, che liberano elettroni dagli atomi di argon liquido. La carica elettrica totale rilasciata in questo processo fornisce informazioni sull'energia della particella originaria. L'argon è un gas nobile molto adatto per i rivelatori di particelle, poiché non reagisce chimicamente con altri elementi. Era stato preso in considerazione anche un altro gas nobile, il kripton, che consentirebbe una migliore accuratezza nella misura dell'energia. Alla fine, tuttavia, l'impiego di questo gas è stato scartato, non tanto perché la kriptonite può essere letale per Superman, quanto perché il kripton è molto costoso e il processo per purificarlo non è privo di difficoltà tecniche.

Il calorimetro elettromagnetico di CMS è invece basato su uno speciale materiale: cristalli di scintillazione di tungstato di piombo. Questi cristalli hanno l'aspetto di eleganti mattoncini, perfettamente trasparenti come vetro (figura 7.7). Sollevando uno di questi mattoni, tuttavia, si comprende immediatamente che non è fatto di normale vetro, poiché pesa più del ferro. Oltre a essere molto resistenti alle radiazioni, questi cristalli consentono di determinare con estrema precisione l'energia di fotoni ed elettroni, una proprietà assai importante per realizzare misurazioni accurate, fondamentali per la ricerca del bosone di Higgs.

Le ricerche su questo speciale materiale sono state condotte al CERN, ma la produzione dei 78 000 mattoni di cristallo contenuti nel rivelatore CMS è stata realizzata in due industrie chimiche, una in Russia, in uno stabilimento quasi in disuso, che era stato un fornitore dell'esercito sovietico, e l'altra in Cina. La procedura per la produzione dei cristalli comincia con la fusione dei sali, contenenti

Figura 7.7 Incollaggio dei fotorivelatori elettronici sui cristalli di tungstato di piombo utilizzati per il calorimetro elettromagnetico di CMS. (*Fonte: CERN/CMS Collaboration*)

piombo e tungsteno, in crogioli di platino. Parte del platino utilizzato per questi forni è stata prestata da banche russe e svizzere e poi restituita al termine della produzione, dopo un processo di purificazione. Una volta che i sali di piombo e tungsteno sono stati liquefatti, un microscopico cristallo fissato su una barra viene quindi inserito nel crogiolo e fatto muovere molto lentamente; viene così catalizzato il processo di cristallizzazione, innescando la crescita dei cristalli di tungstato di piombo. Nello stabilimento russo la crescita artificiale di ciascun cristallo durava circa due giorni. Lo stabilimento cinese seguiva una procedura diversa, in cui la crescita del singolo cristallo richiedeva circa venti giorni, ma era possibile produrre simultaneamente molti cristalli. Quando il cristallo aveva raggiunto la lunghezza di circa 20 centimetri veniva tagliato e lucidato impiegando dischi rivestiti di diamante, il più duro tra i materiali naturali.

Durante il periodo, di circa dieci anni, nel quale sono stati prodotti i cristalli, il CERN ha vissuto direttamente la transizione dell'economia russa. L'azienda, all'inizio largamente sovvenzionata dallo Stato, dovette passare a un'economia di libero mercato, mentre i costi energetici crescevano enormemente, determinando momenti di crisi e comportando una continua rinegoziazione dei contratti. Alla fine, però, le ultime commesse al produttore russo dovettero essere quotate in rubli e non in dollari, poiché l'azienda considerava la valuta russa più stabile e forte di quella statunitense.

3. *Calorimetri adronici*. La maggior parte degli adroni – le particelle formate di quark e gluoni, quali protoni, neutroni e pioni – penetrano attraverso i calorimetri elettromagnetici, raggiungendo quindi lo stadio successivo del rivelatore, il calorimetro adronico, dove finalmente si arrestano. Qui gli adroni vengono fermati da assorbitori metallici e le loro energie sono rivelate da piastrelle di scintillatori costituiti di un materiale plastico che emette luce quando esposto a particelle cariche. In base all'intensità della luce emessa, è possibile misurare l'energia dell'adrone.

Gli adroni prodotti nelle collisioni tra protoni hanno la peculiarità di viaggiare in gruppi serrati, in cui molte particelle si muovono nella stessa direzione rimanendo vicinissime, un po' come tante gocce d'acqua dello stesso getto di un idrante. Tale comportamento è spiegato dalla natura dell'interazione forte che agisce tra i componenti degli adroni.

Nella violenta esplosione che segue una collisione nell'LHC singoli quark e gluoni vengono eiettati dall'interno dei protoni. Ma la propagazione di quark e gluoni liberi non è consentita dalla QCD, la teoria dell'interazione forte. Che cosa accade allora? La metafora introdotta nel capitolo 4, per spiegare come la QCD confini i quark all'interno del protone, può essere ancora utile per illustrare la situazione. Quando un quark è eiettato in seguito a una collisione, l'elastico che lo tiene unito agli altri componenti del protone viene tirato, e quanto più si allunga tanto maggiore è l'energia che vi si accumula. Quando supera la massa di un adrone, tale energia può materializzarsi sotto forma di una particella, secondo l'equazione di Einstein $E = mc^2$. A questo punto, l'elastico è così teso che si rompe e vengono creati due nuovi adroni, uno per ciascuno dei due spezzoni di elastico. Così dopo una collisione tra due protoni nell'LHC gli elastici che tengono uniti i quark si spezzano, dando luogo a un flusso di adroni che scorre nella direzione del quark originariamente eiettato. Per quanto grande sia la loro energia, le collisioni tra protoni non possono liberare singoli quark o gluoni, poiché la QCD li condanna alla reclusione perpetua nelle prigioni degli adroni.

Questo processo in cui quark e gluoni formano nuovi adroni è assai complesso e coinvolge effetti quantomeccanici nei quali coppie quark-antiquark si materializzano dal nulla e si ricombinano con i quark e i gluoni originari per creare nuovi adroni. Se non avete capito cosa succede ai quark durante la formazione degli adroni, non scoraggiatevi: neppure i fisici teorici sono in grado di fornire una spiegazione completa di tali processi. Il problema è che, a causa della speciale proprietà della forza forte, di divenire più intensa al crescere della distanza, le equazioni della QCD possono essere risolte, seppure in modo approssimato, solo fintanto che i quark sono molto vicini tra loro, ma diventano troppo complicate quando la loro distanza raggiunge la dimensione del protone. Finora nessuno è riuscito a risolvere queste equazioni e il confinamento dei quark all'interno del protone non è stato matematicamente dimostrato, ma solo riprodotto attraverso simulazioni numeriche. Per inciso, risolvere esattamente le equazioni della QCD sarebbe un buon sistema per fare un po' di soldi: il Clay Mathematics Institute di Cambridge, Massachusetts, ha inserito il problema nella lista dei "sette problemi del millennio", offrendo un milione di dollari a chiunque riesca a risolverlo. Il premio non è stato ancora aggiudicato.

Nell'esplorazione delle proprietà dello zeptospazio, tuttavia, siamo interessati alle interazioni dei quark e dei gluoni a brevissime distanze, più che a conoscere il comportamento di ogni singolo adrone. Pertanto nelle analisi dei dati dell'LHC tutte le informazioni relative a un flusso di adroni molto vicini tra loro sono combinate in un'unica quantità, il *jet*. Per i fisici il jet non è un potente aeroplano ma un getto di particelle adroniche, che volano serrate come un fitto stormo di uccelli. Un jet segnala la produzione di un quark o di un gluone, ma purtroppo non è facile distinguere tra le due eventualità. Sono in corso ricerche per scoprire come estrarre quest'informazione dalle caratteristiche delle particelle che compongono il jet.

4. *Camere a muoni*. Come quegli ospiti che continuano a ballare e non lasciano la festa anche quando la maggior parte degli invitati se ne è andata a casa, i muoni continuano il loro percorso sfrecciando attraverso il calorimetro adronico. I muoni sono le particelle più penetranti rivelate da ATLAS e CMS. Solo i neutrini sono più penetranti, tanto che risultano totalmente invisibili ai rivelatori e li attraversano senza lasciare la minima traccia. L'esatta determinazione delle traiettorie dei muoni avviene nelle camere a muoni, situate nella parte più esterna dei rivelatori. ATLAS e CMS impiegano tecniche diverse per la rivelazione, ma la struttura più utilizzata per le camere a muoni è costituita da piccoli tubi riempiti di gas. Quando li attraversa, il muone lascia una scia di particelle elettricamente cariche, che si dirigono o verso un filamento posto al centro del tubo o verso le pareti di questo. In base al tempo impiegato dalle cariche per tale spostamento, si può stabilire con grande precisione la posizione del muone al momento dell'attraversamento. Le camere a muoni di ATLAS hanno una superficie maggiore di quella di tre campi di calcio, ma la precisione con la quale determinano le traiettorie dei muoni è dell'ordine dei centesimi di millimetro.

Sia ATLAS sia CMS sono costruiti intorno a potenti magneti, che creano al loro interno intensi campi magnetici, necessari per far curvare le traiettorie delle particelle cariche prodotte nelle collisioni. Dal modo in cui una particella curva il suo percorso nel campo magnetico, è possibile ottenere informazioni molto importanti. Per esempio, se la sua carica elettrica è positiva, la particella devia in una direzione, se la carica è negativa, devia nella direzione opposta. Inoltre le particelle più veloci hanno deviazioni minori di quelle più lente e ciò consente di misurare la quantità di moto della particella sulla base della curvatura della sua traiettoria. I campi magnetici all'interno dei rivelatori devono essere estremamente intensi, sia perché le particelle energetiche sono difficili da deflettere sia perché quanto più intenso è il campo magnetico, tanto più accurata è la misura della quantità di moto della particella. Inoltre i magneti costringono le traiettorie delle particelle a bassa energia ad avvitarsi su se stesse, e fungono così da filtro lasciando passare solo le particelle energetiche, in genere le più interessanti da analizzare.

ATLAS e CMS hanno scelto schemi differenti per generare il campo magnetico al proprio interno. Il campo magnetico di ATLAS è generato da un solenoide centrale e da un colossale sistema formato da un *toroide del barrel* (cioè del corpo centrale) e da due *toroidi degli end-cap* alle estremità. Il magnete del toroide del barrel è costituito da otto gigantesche *bobine superconduttrici*, a forma di

Figura 7.8 Le otto bobine superconduttrici del toroide del barrel di ATLAS prima dell'installazione dei calorimetri e del rivelatore interno. La persona in primo piano dà un'idea delle proporzioni. (*Fonte: CERN/ ATLAS Collaboration*)

ciambelle allungate, collocate radialmente intorno al percorso del fascio. Essendo così grande e visibile, il sistema magnetico toroidale è divenuto un elemento distintivo di ATLAS ed è responsabile della "T" (toroidale) dell'acronimo. Visto in sezione dalla direzione del fascio, come mostrato nella figura 7.8, ATLAS ricorda una gigantesca arancia tagliata a metà, della quale le bobine superconduttrici delineano gli spicchi.

La discesa delle bobine – lunghe 25 metri e larghe 5 – nella caverna, attraverso i 100 metri del pozzo verticale, è stata uno spettacolo impressionante. Sorrette da cavi, le bobine sono state prima calate (figura 7.9), e poi accuratamente ruotate e posizionate all'interno del rivelatore. È stato necessario far passare questi giganti tra le pareti di cemento del pozzo e della caverna con un margine di manovra di soli pochi centimetri. Se avete difficoltà a parcheggiare nel vostro garage senza graffiare la carrozzeria dell'automobile, sareste rimasti ancora più impressionati da queste operazioni.

Il magnete di CMS è un grande *solenoide superconduttore* inserito in una massiccia struttura di ferro, che racchiude il campo magnetico. Oltre a essere all'origine della "S" (solenoide) dell'acronimo CMS, è responsabile della generazione all'interno del rivelatore di un campo magnetico estremamente potente, dell'intensità di 4 tesla. Grazie a questo sistema, il rivelatore ha dimensioni molto inferiori a quelle di ATLAS, giustificando la "C" (compatto) del suo acronimo. Tuttavia, il termine "compatto" non è quello che viene più spontaneo quando ci si trova davanti a CMS. Pesa infatti 14 000 tonnellate – quasi come una flotta di otto Boeing 747-400 – e contiene più ferro di una Torre Eiffel e mezzo, anche se è effettivamente molto più compatto sia della flotta di aeroplani sia della Torre Eiffel, poiché ha un diametro di 15 metri e una lunghezza di 21.

Il potente magnete solenoide superconduttore di CMS funziona a –268 °C e l'energia in esso accumulata sarebbe in grado di fondere 18 tonnellate d'oro. Quando fu collaudato per la prima volta cancellò l'hard disk di un computer portatile e rese inutilizzabili un paio di carte di credito di alcuni fisici imprudenti che gli si erano avvicinati troppo. Riuscì anche a bloccare l'ascensore che collega la caverna di CMS alla superficie, poiché il suo campo magnetico interferiva con il sistema di controllo elettronico.

Una visita alle caverne sotterranee di ATLAS o di CMS è un'esperienza che suscita profonda meraviglia. L'aspetto più impressionan-

Figura 7.9 Discesa della prima bobina superconduttrice all'interno della caverna di ATLAS il 26 ottobre 2004. (*Fonte: CERN/ATLAS Collaboration*)

Figura 7.10 Inserimento dei rivelatori di tracce all'interno del rivelatore CMS. (*Fonte: CERN/CMS Collaboration*)

te è naturalmente l'imponenza dei rivelatori, specie considerando che questi enormi impianti contengono apparecchiature allineate con un'accuratezza dell'ordine dei micron e sincronizzate con una precisione dell'ordine dei nanosecondi. È sufficiente un'occhiata all'indescrivibile intreccio di cavi, all'interno di ATLAS o di CMS, per avere un'impressione visiva dell'incredibile complessità di questi strumenti. Migliaia di chilometri di cavi e fibre ottiche alimentano le varie parti dei rivelatori ed estraggono informazioni digitali e analogiche dai diversi apparecchi e dalle miriadi di sensori che monitorano costantemente l'impianto. Questo intrico di cavi evoca il sistema circolatorio di un mostro mitologico. Trovarsi di fronte a questi maestosi giganti – che uniscono complesse microtecnologie a dimensioni titaniche – produce una sensazione di stupore ed entusiasmo difficile da descrivere. Dinanzi a questi potenti rivelatori, anche persone non particolarmente interessate alla scienza non possono che ammirare l'enormità delle dimensioni e la grandezza degli scopi del progetto LHC. Per quanto mi riguarda, l'emozione supera quella che si prova contemplando le piramidi egizie o qualsiasi altro spettacolare monumento delle antiche civiltà. Come cattedrali del XXI secolo, questi rivelatori rappresentano i massimi capolavori dell'ingegno umano e del desiderio di conoscenza.

Logistica e trasporto

> La musica è un mezzo di trasporto rapido.
>
> John Cage[2]

ATLAS è stato costruito con la tecnica della "nave in bottiglia", cioè ogni componente è stato calato separatamente e, quindi, assemblato all'interno della caverna. CMS, invece, è stato quasi completamente costruito e testato nel laboratorio in superficie. Questa strategia, piuttosto infrequente negli esperimenti di fisica delle particelle, è stata scelta per consentire di iniziare l'assemblaggio molto prima del completamento dei lavori di ingegneria civile nella caverna. Ciò ha comportato anche diversi altri vantaggi: la manutenzione e l'installazione sono stati molto più semplici e, grazie al maggiore spazio a disposizione, è stato possibile lavorare parallelamente su più elementi. Il rivelatore CMS è stato realizzato in soli 15 grossi pezzi, che sono stati calati separatamente tra novembre 2006 e gennaio 2008. Il più pesante - 1920 tonnellate, pari al peso di un branco di 400 elefanti africani - è sceso nella caverna il 28 febbraio 2007. Questo pezzo, delle dimensioni di 17×16×13 metri, è stato fatto scendere a una velocità media di 10 metri all'ora, letteralmente più lento di una lumaca, mediante una speciale gru a cavalletto costruita appositamente (figura 7.11). Poiché tra il componente di CMS e le pareti del pozzo vi erano solo 10 centimetri di spazio su ogni lato, uno speciale sistema ha monitorato e controllato ogni minima oscillazione dei cavi durante i 100 metri della discesa. I martinetti idraulici e la gru utilizzati per questa delicata operazione hanno poi trovato un nuovo impiego, alquanto diverso, in Sudafrica: hanno sollevato la copertura dello stadio di Durban, realizzato per la Coppa del Mondo 2010 di calcio.

[2] J. Cage, *A Year from Monday: New Lectures and Writings*, Wesleyan University Press, Middletown 1967.

Figura 7.11 Discesa del pezzo più pesante del rivelatore CMS il 28 febbraio 2007. (*Fonte: CERN/CMS Collaboration*)

La maggior parte dei componenti di ATLAS e di CMS non sono stati costruiti al CERN, ma in laboratori e industrie sparsi in tutto il mondo. Il trasporto di queste parti colossali è stato talvolta un'avventura epica e la storia dei due magneti toroidali degli end-cap di ATLAS ne è un buon esempio. Ogni toroide pesa 240 tonnellate e ha un diametro di 12 metri. Il suo principale componente è una camera a vuoto del peso di 80 tonnellate, costruita da un'azienda olandese sotto la supervisione dei fisici del laboratorio NIKHEF, presso Amsterdam, e del Rutherford Appleton Laboratory, presso Cambridge. Diviso in due metà, fu trasportato prima sul Reno, dall'Olanda a Strasburgo, e poi con uno speciale convoglio che viaggiava a 10-15 km/h, scortato dalla polizia. Date le eccezionali dimensioni del trasporto, fu accuratamente studiato un itinerario che evitasse tunnel, sottopassi e ostacoli analoghi; a un certo punto, però, si rese necessario smontare una linea ad alta tensione per attraversare una ferrovia. Il viaggio da Strasburgo a Ginevra richiese quattro giorni, ma andò a buon fine.

La sorpresa si presentò durante la spedizione del toroide del secondo end-cap. Quando il convoglio raggiunse le montagne del

Giura, si scoprì che la strada passava sotto un ponte che non esisteva all'epoca del primo viaggio ed era stato appena costruito per collegare alcuni hotel alle piste da sci. Il CERN dovette inviare delle gru per sollevare il magnete e farlo passare al di sopra del ponte, per poi caricarlo nuovamente sul convoglio, che nel frattempo era transitato sotto. Nello stesso periodo in cui veniva completato questo trasporto, giungevano al CERN uno schermo per la radiazione termica da Israele, materiale per l'isolamento termico dall'Austria e conduttori dalla Germania, dall'Italia e dalla Svizzera. L'apparecchiatura fu quindi assemblata nell'edificio dotato della porta più ampia di tutto il laboratorio. L'intero magnete toroidale dell'end-cap fece il suo ultimo viaggio su uno speciale rimorchio, munito di 128 ruote (figura 7.12), fino all'accesso del pozzo, attraverso il quale è stato calato nella caverna di ATLAS.

Davanti a un bicchiere di vino alla mensa del CERN, i fisici di ATLAS e di CMS raccontano molte storie curiose sul trasporto dei componenti dei rivelatori. Un camionista straniero, che doveva effettuare una consegna a "le CERN" (che in francese suona *lesern*), si

Figura 7.12 Trasporto, con un mezzo speciale dotato di 128 ruote, del magnete toroidale dell'end-cap di ATLAS, pesante 240 tonnellate, il 6 febbraio 2007. (*Fonte: CERN/ATLAS Collaboration*)

è ritrovato invece nella città di Lucerna (che in francese si pronuncia *lüsern*). Un automobilista svizzero, distratto dalla vista impressionante del trasporto di un colossale componente dell'LHC, ha tamponato la vettura che lo precedeva, dando luogo alla prima collisione provocata dall'LHC. Il rivelatore a pixel di ATLAS, un prezioso strumento elettronico con 80 milioni di canali, è volato da Berkeley a Ginevra su un sedile di prima classe. Imballato nella sua confezione di plastica antiurto, era troppo grosso per un sedile di classe economica, ma stava perfettamente in quello di prima classe. Non si sa se abbia bevuto lo champagne offerto ai passeggeri con biglietto di prima classe.

Il trattamento dei dati

> Se il vostro esperimento ha bisogno di raccogliere grandi quantità di dati, avreste dovuto fare un esperimento migliore.
>
> Ernest Rutherford[3]

In un gran premio di Formula Uno due vetture che sulla pista sembrano molto distanti – diciamo 100 metri – possono essere di fatto separate dal breve intervallo di tempo di appena un secondo. Qualcosa di simile accade ai pacchetti di protoni che circolano nell'anello dell'LHC. Essi distano l'uno dall'altro circa 7 metri, una lunghezza che può apparire notevole se confrontata con quella del protone; tuttavia, l'intervallo di tempo tra l'arrivo al punto di collisione di due pacchetti successivi è di appena 25 nanosecondi. I protoni vanno molto più veloci di una Ferrari da Formula Uno.

Mediamente, al passaggio di ogni pacchetto entrano in collisione da 20 a 40 protoni. Ciò significa che nell'LHC il tasso di collisioni (o di eventi) è assolutamente astronomico: circa un miliardo di eventi al secondo. Per ogni evento centinaia di tracce di particelle vengono determinate dai rivelatori e convertite in informazioni digitali. In totale, i dati prodotti dall'LHC ammontano a circa un milione di gigabyte al secondo, quanto basta per saturare tutti gli hard disk del pianeta in meno di un giorno. Ma l'LHC non è destinato a

[3] E. Rutherford, citato in N.T.J. Bailey, *The Mathematical Approach to Biology and Medicine*, Wiley, New York 1967.

funzionare un solo giorno, bensì molti anni. Perché i fisici dell'LHC vogliono raccogliere un numero così grande di eventi? E come fanno ad archiviare una quantità così mostruosa di informazioni?

La prima ragione che impone di produrre un numero gigantesco di eventi dell'LHC è che la grande maggioranza di essi non è molto utile per l'esplorazione dello zeptospazio. Nella maggior parte dei casi, quando due protoni collidono, i quark e i gluoni all'interno di un protone non vengono a diretto contatto con quelli all'interno dell'altro. Quark e gluoni sono, in effetti, molto più piccoli rispetto alle dimensioni del protone. Potremmo raffigurarli come semi microscopici all'interno di un grande pomodoro. Quando due pomodori molto maturi sbattono uno contro l'altro, pezzi di polpa schizzano tutt'intorno, ma i semi rimangono nella polpa senza partecipare direttamente all'impatto. In gergo scientifico, le collisioni di questo tipo sono chiamate *eventi soffici*. In questi eventi l'energia delle collisioni è distribuita sul protone e non è concentrata in una regione molto ristretta. Proprio come le collisioni tra due pomodori, gli eventi soffici non sono utili per sondare in profondità lo zeptospazio.

Occasionalmente quark o gluoni sono coinvolti in scontri frontali diretti. Le collisioni di questo tipo sono dette *eventi duri*. In tali eventi un'elevata frazione dell'energia disponibile è concentrata in una zona molto ristretta, e può quindi essere convertita nella creazione di qualche particella pesante sconosciuta. Sono questi gli eventi che servono ai fisici per studiare l'estremamente piccolo.

Sfortunatamente, per indagare la natura dello zeptospazio, non è sufficiente raccogliere solo pochi eventi duri, e la ragione di ciò va ricercata nella meccanica quantistica. Ci è familiare il concetto che un esperimento fisico eseguito molte volte in condizioni identiche dovrebbe dare sempre, entro i limiti dell'errore sperimentale, lo stesso risultato. In un laboratorio didattico gli studenti non ottengono mai lo stesso risultato nei limiti dell'errore sperimentale, ma ciò è dovuto all'inadeguatezza degli studenti e non delle leggi fisiche. Nella meccanica quantistica, tuttavia – per la rivincita di tanti studenti frustrati – il familiare concetto che esperimenti identici danno risultati identici è semplicemente falso. Il mondo della meccanica quantistica non è deterministico, bensì retto da leggi probabilistiche. Come spiegò una volta il fisico Max Born: "Se il governatore Gessler avesse ordinato a Guglielmo Tell di colpire con una particella alfa un atomo di idrogeno posto sopra il capo di suo figlio, e gli avesse messo a disposizione, invece di una balestra, i migliori strumenti di laboratorio del mondo, l'abilità di Guglielmo Tell non gli sarebbe valsa a nulla. Centrare o mancare il bersaglio sarebbe stata solo una questione di probabilità."[4]

Il risultato di un esperimento quantistico è come un lancio di dadi, che non può essere predetto con certezza. Ciò non significa che il mondo della meccanica quantistica sia indecifrabile. Sebbene sia impossibile predire il risultato di un singolo esperimento, la meccanica quantistica ci consente di calcolare la probabilità di ogni possibile esito, che può essere confrontata con i risultati di un esperimento ripetuto numerose volte. Allo stesso modo, sebbene non possiamo prevedere l'esito di un singolo lancio di un dado, siamo sicuri che ogni numero ha una probabilità di 1/6 di uscire.

Poiché il mondo delle particelle è governato dalle leggi della meccanica quantistica, i fisici devono raccogliere un gran numero di eventi duri prima di riuscire a orientarsi nei territori inesplorati dello zeptospazio. Questo è vero soprattutto perché molti degli interessanti fenomeni che i fisici sospettano celarsi nello zeptospazio hanno probabilità molto basse di verificarsi. È quindi necessario analizzare un numero esorbitante di eventi prima di poter confermare o smentire l'esistenza di tali fenomeni e la validità di nuove ipotesi teoriche.

Ecco il rompicapo: per esplorare lo zeptospazio dobbiamo registrare un enorme numero di eventi, eppure è semplicemente impossibile archiviare la corrispondente quantità di dati in qualsiasi sistema concepibile di memorizzazione digitale. Il problema affrontato dai fisici è molto simile a quello di un bambino ossessionato dal desiderio di entrare in possesso della statuetta di Einstein della serie "Fisici famosi", contenuta come regalo solo in alcune scatole di una nota marca di cereali. La statuetta di Einstein è assai rara – mediamente si trova solo in una scatola su più di un miliardo – ma il nostro maniaco collezionista vuole assolutamente trovarla. Potrebbe comprare un centinaio di scatole di cereali, portarle a casa e vedere se è stato fortunato, ma la probabilità di trovare Einstein sarebbe circa di 1 su 10 milioni, troppo bassa per una ragio-

[4] M. Born, citato in A. Eddington, *New Pathways in Science*, Cambridge University Press, Cambridge 1935.

nevole speranza. L'alternativa è comprare molti miliardi di scatole di cereali, così il bambino potrebbe essere abbastanza sicuro di trovare la preziosa statuetta. Ma in questo caso si trova di fronte al problema che, anche svuotata di tutti i mobili, la sua casa non sarebbe abbastanza grande per contenere i miliardi di scatole e consentire un'attenta ricerca di Einstein nella montagna di cereali.

Il nostro ingegnoso collezionista ha trovato una soluzione. Compra miliardi di scatole di cereali e, man mano che vengono trasportate verso casa sua, si apposta all'angolo della strada, vicino a una discarica. Poiché, nella maggioranza dei casi, i regali all'interno delle confezioni sono solo soffici pupazzetti, egli schiaccia rapidamente ogni scatola e, se non sente niente di duro all'interno, la butta tra le immondizie. Solo un numero relativamente piccolo di scatole di cereali supera questa selezione preliminare e viene portato in casa. Più tardi il bambino avrà tutto il tempo per esaminare con calma le scatole depositate nella sua camera, per cercare l'ambita statuetta di Einstein.

I fisici chiamano questa procedura *trigger* e la applicano come un setaccio a tutti gli eventi di collisione, selezionando solo quelli che hanno le caratteristiche giuste per essere potenzialmente interessanti. Gli eventi duri, che mostrano tracce di particelle molto energetiche provenienti dal punto di collisione, sono catturati dal trigger e archiviati per analisi più accurate in una fase successiva. Gli eventi soffici, in cui la maggior parte della radiazione è emessa lungo la direzione del fascio, sono scartati. Per non saturare le capacità di memoria del processo di analisi, il trigger deve essere estremamente selettivo; ma a causa del ritmo intensissimo delle collisioni nell'LHC, le sue decisioni devono essere rapidissime. Se una decisione non è stata presa entro 25 nanosecondi, è troppo tardi e un altro pacchetto di protoni è già giunto nel punto di collisione, producendo nuovi eventi. Tuttavia, in 25 nanosecondi la luce percorre circa 7 metri, cioè una distanza molto inferiore alle dimensioni del rivelatore. Ciò significa che in 25 nanosecondi il trigger non ha neanche il tempo di raccogliere le informazioni dalle diverse parti del rivelatore che sarebbero necessarie per prendere una decisione sulla base di tali informazioni.

La situazione sembra davvero senza vie d'uscita: è come se il vostro capo vi chiedesse di prendere decisioni su documenti che vi sta mandando a una velocità superiore a quella a cui voi potete leggerli. La pila di documenti sulla vostra scrivania continuerebbe a crescere senza fine. Un'altra analogia può aiutare a comprendere meglio come l'LHC aggiri questo problema.

Un lontano paese ha appena introdotto una nuova disposizione secondo la quale i veicoli che trasportano più di un passeggero devono viaggiare in una particolare corsia. A un funzionario è stato assegnato il compito di piazzarsi al confine del paese e indirizzare le vetture straniere nelle rispettive corsie. Il fatto è che i responsabili della viabilità hanno trascurato di stabilire i limiti di velocità e tutte le vetture straniere entrano nel paese a velocità fulminea. L'incaricato non sa più che pesci pigliare: non ha assolutamente nessuna possibilità di guardare all'interno delle vetture, di contare il numero dei passeggeri e di indirizzarle di conseguenza, perché le auto sfrecciano via senza dargli il tempo di reagire. Improvvisamente gli viene un'idea brillante: decide di costruire un tunnel lungo un chilometro, attraverso il quale tutte le automobili sono costrette a transitare non appena entrano nel paese. Lungo tutto il tunnel sono sistemate, a breve distanza una dall'altra, numerose videocamere e le immagini trasmesse vengono controllate costantemente dagli agenti della sua squadra. Sebbene le vetture procedano nel tunnel ad alta velocità, gli agenti hanno il tempo sufficiente per stabilire il numero dei passeggeri e inviare le informazioni al loro capo che si trova all'uscita del tunnel. Appena un'automobile emerge dall'uscita del tunnel, viene immediatamente indirizzata alla corsia appropriata e il ligio funzionario ha raggiunto il suo obiettivo.

I trigger utilizzati negli esperimenti dell'LHC funzionano in modo analogo. I dati provenienti da tutti gli eventi prodotti nell'LHC sono inseriti in una *pipeline*, una sorta di "condotto informatico" nel quale vengono selezionati da una rete di processori che operano in parallelo. Benché i dati generati dall'incrociarsi dei pacchetti di protoni si susseguano ogni 25 nanosecondi, gli eventi vengono analizzati nella pipeline per alcune migliaia di nanosecondi e solo alla fine viene presa la decisione sul loro destino. Questa procedura richiede una perfetta sincronizzazione, a livello di nanosecondi, tra tutte le parti del gigantesco rivelatore, altrimenti informazioni provenienti da eventi diversi si sovrapporrebbero, confondendosi irrimediabilmente. In realtà il trigger si basa su una complessa ed elaborata architettura, che prevede molti livelli di selezione degli eventi, con procedure diverse per ATLAS e CMS. Al termine di questo processo, solo un evento su diversi milioni viene preservato per l'archiviazione permanente.

Malgrado questa drastica riduzione del numero degli eventi effettuata dal trigger, la quantità di dati provenienti dall'LHC è ancora spaventosamente grande. Ogni anno l'LHC produce circa 10 milioni di gigabyte di dati da memorizzare e analizzare. Se un anno di dati fosse archiviato su CD, la pila di dischi sarebbe oltre cinque volte più alta del Monte Bianco. L'impegno di calcolo richiesto dall'LHC non ha precedenti.

Per far fronte a questo eccezionale problema di calcolo, gli esperimenti dell'LHC si affidano alla tecnologia informatica GRID. Il GRID è un'evoluzione del World Wide Web: mentre il web è un sistema di condivisione delle informazioni, il GRID distribuisce anche potenza di calcolo e archiviazione dei dati. I dati prodotti dall'LHC sono condivisi da molti centri di calcolo sparsi in tutto il mondo e connessi in una vasta rete globale, che opera come un unico sistema di elaborazione. Questa rete è basata su una struttura organizzata in livelli gerarchici, detti *tier*, alla quale partecipano 100 000 processori installati in 140 centri di calcolo in 35 Paesi, che forniscono servizi a differenti livelli. Il CERN è Tier-0, dove i dati vengono inizialmente prodotti, archiviati e distribuiti al successivo livello. Dodici istituzioni Tier-1 sono responsabili dell'archiviazione a lungo termine dei dati, con molteplici back-up, e dell'analisi computerizzata, mentre circa 100 istituzioni Tier-2 forniscono potenza di calcolo aggiuntiva e servizi di archiviazione temporanea. Il trasferimento dei dati deve essere molto rapido. Il 15 febbraio 2006 il sistema è stato collaudato con un flusso continuo di dati, tra le istituzioni situate in Europa, Asia e America, alla velocità di 1 gigabyte al secondo, ma i dati dell'LHC saranno trasmessi alla velocità di 10 gigabyte al secondo, che equivale a scaricare in meno di mezzo secondo un film che riempia completamente un DVD.

I singoli scienziati di ogni parte del mondo che partecipano alle collaborazioni sperimentali hanno completo accesso ai dati registrati dal loro rivelatore dell'LHC e possono analizzarli servendosi delle risorse informatiche di istituzioni diverse. Il GRID consente un uso più efficiente della potenza di calcolo globale, in quanto può gestire le capacità di tutti i computer che partecipano al network. Assicura, inoltre, una struttura più robusta poiché il mancato funzionamento di un singolo nodo non compromette il buon funzionamento del sistema nel suo insieme.

La diffusione del GRID non si limita alla fisica delle particelle, ma interessa tutte le discipline che richiedono grandi capacità di calcolo, come astronomia, climatologia, biologia e molte altre. Questa tecnologia apre nuove prospettive di collaborazione internazionale, rendendo possibili progetti che richiedono capacità di calcolo superiori a quelle di una singola istituzione. Anche i Paesi in via di sviluppo possono così avere l'opportunità di partecipare a progetti scientifici che sarebbero altrimenti inaccessibili senza grandi risorse finanziarie.

Le esigenze estreme della comunità scientifica e la sua flessibilità nell'adottare nuove tecnologie sono importanti fattori propulsivi verso l'innovazione. I grandi progetti di ricerca forniscono un terreno di prova ideale per sviluppare e sperimentare nuove tecnologie informatiche, che entrano in seguito a far parte della vita quotidiana. Il web è un esempio perfetto: inventato al CERN nel 1989 per consentire lo scambio di informazioni tra i fisici di tutto il mondo, è stato reso disponibile gratuitamente nel 1993 per uso pubblico. Il GRID potrebbe diventare la prossima rivoluzione delle tecnologie informatiche, destinata a influenzare la nostra vita di tutti i giorni.

Oggi siamo abituati a ottenere ogni sorta di informazioni dal web, proprio come disponiamo in casa di elettricità e acqua corrente, senza domandarci che cosa vi sia effettivamente dietro la presa elettrica o il rubinetto. Un affidabile sistema globale di distribuzione risulta più efficiente e sicuro che non possedere un generatore elettrico o un serbatoio d'acqua nella cantina di ogni casa. Attualmente, invece, le risorse informatiche sono essenzialmente locali, e ciò implica che individui e aziende devono sostenere lo sforzo e i costi di installazione, manutenzione, riparazione e aggiornamento dei propri computer. Le risorse informatiche, inoltre, sono impiegate a livello planetario in modo molto inefficiente, essendo spesso sottoutilizzate o insufficienti per i loro scopi.

La prospettiva del GRID è trasformare la potenza di calcolo in un servizio disponibile per tutti, come l'elettricità o l'acqua corrente, per mezzo di una struttura affidabile nella quale l'utente non debba preoccuparsi della provenienza di questa risorsa. Il GRID sarà potenza di calcolo erogata da una semplice presa a muro. Un simile sistema offre numerosi evidenti vantaggi e benefici economici: qualsiasi persona o piccola azienda potrà intraprendere attività oggi impossibili senza grandi attrezzature informatiche. Sviluppando il GRID per l'LHC il CERN sta svolgendo un ruolo pionieristico nel trasformare questa prospettiva in realtà.

Altri esperimenti

> Nessuno crede in un'ipotesi, tranne chi l'ha formulata, ma tutti credono in un esperimento, tranne lo sperimentatore.
>
> William I.B. Beveridge[5]

I due fasci di protoni che ruotano in senso opposto si intersecano quattro volte nel tunnel dell'LHC e in ogni punto di intersezione è collocato un rivelatore. Oltre ad ATLAS e a CMS, l'LHC ospita altri due grandi rivelatori in altrettante caverne che erano già utilizzate, prima della costruzione dell'LHC, per gli esperimenti del LEP. Si tratta di ALICE e di LHCb. Questo libro si occupa soprattutto dell'esplorazione dello zeptospazio, che costituisce l'obiettivo principale di ATLAS e CMS. Gli obiettivi di ALICE e LHCb sono alquanto diversi, sebbene i loro programmi di ricerca siano anch'essi di notevole interesse e, per molti aspetti, complementari a quelli dei rivelatori "general-purpose". ALICE a LHCb attestano la versatilità del progetto LHC, che consente l'utilizzo della stessa macchina per diverse strategie di ricerca.

In alcune fasi l'LHC opera, anziché con fasci di protoni, con fasci di nuclei di piombo (e anche di altri nuclei pesanti) e ALICE (A Large Ion Collider Experiment) è stato disegnato per studiarne in dettaglio le collisioni. Quando i nuclei degli atomi pesanti, che contengono un gran numero di protoni e neutroni, si scontrano, molte di queste particelle vengono a stretto contatto, riproducendo le condizioni della materia a densità e temperatura eccezionalmente elevate. Secondo la QCD, in tali condizioni quark e gluoni non sono più confinati all'interno di singoli adroni, ma formano un nuovo stato della materia detto *plasma di quark e gluoni*. Quando due nuclei si scontrano nell'LHC, fondono e liberano quark e gluoni, che formano un sistema in equilibrio termico dando luogo al plasma di quark

[5] W.I.B. Beveridge, *The Art of Scientific Investigation*, Heinemann, London 1950.

e gluoni. Espandendosi questo plasma si raffredda e dopo circa 10^{-23} secondi i quark tornano a combinarsi in adroni. Lo scopo di ALICE è studiare le proprietà del plasma di quark e gluoni durante la sua brevissima esistenza dopo le collisioni tra nuclei.

Il plasma di quark e gluoni è già stato oggetto di esperimenti condotti dal RHIC (Relativistic Heavy Ion Collider) al Brookhaven National Laboratory di Upton, New York, e dall'SPS al CERN. Si è osservato che, diversamente da quanto ci si attendeva, questa nuova forma della materia non si comporta come un gas ideale, ma piuttosto come un fluido perfetto; sembra essere il più perfetto fluido mai scoperto in natura, anche più dell'elio liquido utilizzato per raffreddare l'LHC. Gli studi compiuti con ALICE sono di notevole interesse, poiché indagano le proprietà della QCD e i processi di confinamento dei quark; inoltre, possono dirci qualcosa sulla storia dell'universo, in quanto si ritiene che il plasma di quark e gluoni fosse presente subito dopo il Big Bang, quando temperatura e densità delle particelle erano estremamente elevate.

A differenza di ATLAS e CMS, il rivelatore LHCb non circonda completamente il punto di collisione, ma si estende solo in avanti lungo la direzione del fascio. Ciò è dovuto al fatto che lo scopo di

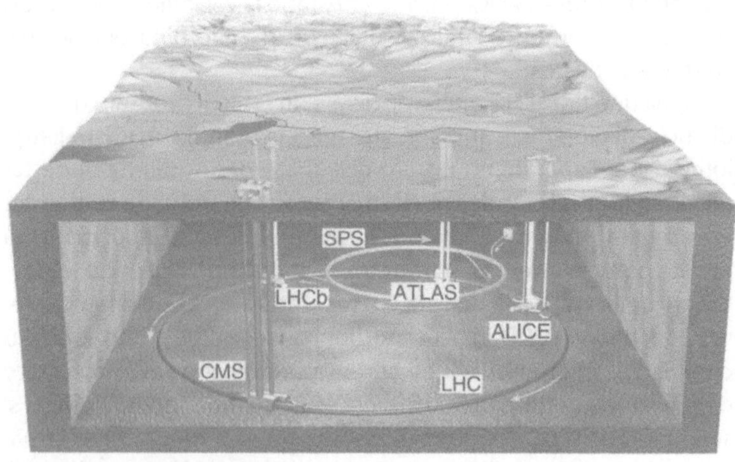

Figura 7.13 Vista d'insieme del tunnel sotterraneo dell'LHC con la posizione dei quattro principali rivelatori (ALICE, ATLAS, CMS e LHCb). (*Fonte: CERN*)

LHCb (Large Hadron Collider beauty experiment) è studiare in dettaglio le proprietà degli adroni che contengono quark bottom (noti anche come quark beauty). Queste particelle sono relativamente leggere e, quindi, in seguito a una collisione tra protoni vengono emesse prevalentemente lungo una direzione prossima a quella del fascio. Lo studio del quark bottom potrebbe fornire importanti informazioni per chiarire il mistero all'origine della replicazione dei quark in tre generazioni e potrebbe anche rivelare alcuni echi indiretti dei fenomeni fisici che avvengono nello zeptospazio.

L'LHC ospita, infine, due esperimenti minori: TOTEM (i cui componenti sono collocati nella caverna di CMS e nel tunnel 200 metri più avanti) ha l'obiettivo principale di studiare la struttura dei protoni; LHCf (situato nel tunnel, non lontano dalla caverna di ATLAS) effettua misure utili per lo studio dei raggi cosmici ad alta energia.

Il fattore umano

> Se la mia teoria della relatività si dimostrerà corretta, la Germania mi acclamerà come tedesco e la Francia dichiarerà che sono un cittadino del mondo. Se la mia teoria si dimostrerà falsa, la Francia dirà che sono un tedesco e la Germania dichiarerà che sono un ebreo.
>
> Albert Einstein[6]

Gli esperimenti dell'LHC non sono fatti solo di apparecchiature. Dietro ciascuno dei due rivelatori principali vi sono collaborazioni di ricerca che coinvolgono circa 2500 fisici e un numero complessivo di poco inferiore partecipa agli altri quattro esperimenti. Queste persone sono, in ultima analisi, i responsabili del progetto, della costruzione e del collaudo di ogni singola componente di questi prodigiosi strumenti. Sono le persone che fanno funzionare i rivelatori, analizzano i dati ottenuti dalle collisioni nell'LHC e, alla fine, annunciano ciò che si è scoperto nello zeptospazio.

I gruppi di ricerca che lavorano su ATLAS e CMS rappresentano le più grandi collaborazioni scientifiche internazionali che siano

[6] A. Einstein, discorso alla Société Française de Philosophie, tenuto presso la Sorbona il 6 aprile 1922, Einstein Archives 36-378.

mai esistite nella fisica delle particelle, riunendo fisici di centinaia di università e altri istituti di ricerca appartenenti a 65 Paesi e 5 continenti. I componenti dei rivelatori – progettati e costruiti in laboratori distribuiti in tutto il pianeta – sono ora strettamente uniti tra loro in un singolo strumento, situato a grande profondità, al confine tra due Paesi europei.

L'assorbitore del calorimetro adronico di CMS è fabbricato con ottone ricavato dalla fusione di oltre un milione di bossoli d'artiglieria non più in uso, smantellati dalle navi da guerra della marina sovietica. La fusione di armi per servire la scienza ha certamente anche un grande valore simbolico. Una volta, quando ho visitato la caverna di ATLAS, fisici israeliani, giapponesi e cinesi stavano montando alcune componenti dello spettrometro per muoni che avevano progettato e costruito insieme; contemporaneamente tecnici russi e polacchi stavano cablando il sistema, mentre degli studenti brasiliani partecipavano all'installazione di alcuni apparecchi. Le barriere linguistiche e culturali non sono insormontabili.

Lavorare in un ambiente scientifico internazionale è un'esperienza meravigliosa. Nella scienza si viene giudicati per la propria creatività e per i propri contributi, indipendentemente dall'età, dalle convinzioni religiose, dal sesso o dall'origine etnica. La ricerca scientifica insegna a pensare senza pregiudizi, a confrontarsi sulla base del ragionamento, a rispettare e ad accettare le evidenze della realtà. Ciò non significa che gli scienziati siano individui perfetti; come ogni altro essere umano hanno le loro virtù e i loro difetti. Tuttavia, nell'ambiente scientifico alcuni valori tendono a emergere, come in un processo di selezione naturale: l'incapacità di accettare l'evidenza, la fiducia cieca in preconcetti, l'asservimento all'autorità, il razzismo e la discriminazione sicuramente non aiutano a risolvere una complessa equazione o a capire perché un componente di un rivelatore non funziona. Sebbene non guarisca le debolezze o le cattiverie umane, la scienza ha una naturale tendenza a sviluppare certi principi nelle menti delle donne e degli uomini che la praticano, portandoli a coltivare determinati valori: è una fortunata coincidenza che questi principi e questi valori siano proprio quelli che rendono una società più tollerante, più onesta e più giusta.

Per la società la scienza ha un valore che va ben al di là delle sue innovazioni tecnologiche e delle sue scoperte intellettuali.

Parte terza

Missioni nello zeptospazio

8

Simmetrie infrante

La simmetria è il nemico dell'arte.
George Bernard Shaw[1]

Come viene ricordato all'inizio di ogni episodio di Star Trek, la missione della nave spaziale Enterprise è "l'esplorazione di strani, nuovi mondi, alla ricerca di altre forme di vita e di civiltà, fino ad arrivare là dove nessun uomo è mai giunto prima." La missione dell'LHC – l'astronave dello zeptospazio – non è meno ambiziosa ma, come vedremo nelle prossime pagine, può talora apparire più strana della stessa fantascienza.

La prima missione, in cima alla lista delle priorità dell'LHC, è la ricerca di una particella non ancora osservata e piuttosto misteriosa, il *bosone di Higgs*. Questo capitolo è dedicato al significato di tale missione e al modo in cui potrà essere realizzata.

I problemi connessi alla particella di Higgs hanno un carattere piuttosto teorico, con alcuni aspetti decisamente tecnici. La loro spiegazione ci obbligherà, quindi, a seguire un percorso logico abbastanza lungo, che tuttavia ci permetterà di esplorare molte delle idee che dominano la fisica attuale.

Per cominciare ci addentreremo nel ruolo fondamentale delle simmetrie in fisica, proseguiremo con il concetto delle rotture spontanee di simmetria e, infine, giungeremo al bosone di Higgs e alla caccia a questa particella in corso nell'LHC.

[1] G.B. Shaw, citato in M. Holroyd, *Bernard Shaw: The Lure of Fantasy*, Random House, New York 1991.

Simmetria e matematica

> La matematica può essere definita come la disciplina nella quale non sappiamo mai di cosa stiamo parlando, né se ciò che stiamo dicendo sia vero.
> Bertrand Russell[2]

La matematica è il linguaggio della natura. Ogniqualvolta si comprende un nuovo fenomeno, questo viene invariabilmente descritto in termini matematici: l'osservazione dei processi naturali rivela regolarità riconducibili a leggi fisiche esprimibili mediante equazioni matematiche. La conoscenza della natura non significa conoscenza dell'esatta posizione e velocità di ogni atomo dell'universo in ogni istante, ma piuttosto identificazione delle leggi fondamentali che determinano il comportamento del mondo fisico. Malgrado la complessità dei fenomeni naturali che osserviamo, la semplicità di queste leggi è stupefacente.

La formulazione matematica delle leggi fisiche mette spesso in luce connessioni insospettate tra differenti aspetti di un fenomeno e persino tra teorie che descrivono fenomeni diversi. Per esempio, l'unificazione tra elettricità e magnetismo diviene evidente solo attraverso l'osservazione della struttura matematica delle equazioni di Maxwell. La matematica è il solo linguaggio conosciuto che ci permette di descrivere questi collegamenti in modo esatto, privo di qualsiasi ambiguità.

Il ruolo della matematica come linguaggio della natura divenne evidente sin dagli albori della scienza moderna. Già nel 1623 Galileo scriveva: "La filosofia è scritta in questo grandissimo libro che continuamente ci sta aperto innanzi a gli occhi (io dico l'universo), ma non si può intendere se prima non s'impara a intender la lingua, e conoscer i caratteri, ne' quali è scritto. Egli è scritto in lingua matematica, e i caratteri son triangoli, cerchi ed altre figure geometriche, senza i quali mezi è impossibile a intenderne umanamente parola; senza questi è un aggirarsi vanamente per un oscuro laberinto."[3]

[2] B. Russell, Recent Work on the Principles of Mathematics, in *International Monthly* 4, 83-101 (1901).

[3] G. Galilei, *Il Saggiatore* (1623).

Il fisico Eugene Wigner parla della "irragionevole efficacia della matematica," affermando che "l'enorme utilità della matematica nelle scienze naturali è qualcosa che rasenta il mistero e non ha una spiegazione razionale."[4] La scelta della natura di esprimersi con un linguaggio matematico è la chiave della sua intelligibilità, ma la ragione prima dell'esistenza di leggi fisiche è tuttora inspiegata. Potrebbe esistere un universo senza leggi fisiche? "L'eterno mistero del mondo è la sua comprensibilità,"[5] scrisse Einstein. L'aspetto più incomprensibile della natura è che riusciamo a comprenderla.

Le leggi fisiche fondamentali ci appaiono semplici solo dopo che siamo stati in grado di esprimerle in un linguaggio appropriato, che spesso comporta l'impiego di matematica avanzata. "La semplicità delle leggi naturali nasce dalla complessità del linguaggio che utilizziamo per esprimerle,"[6] ha affermato Wigner. Molto spesso strutture matematiche astratte, inventate per il piacere della pura speculazione, finiscono per rivelarsi utili, se non indispensabili, per descrivere determinati fenomeni naturali e le leggi fisiche alle quali obbediscono. Il calcolo differenziale fu necessario per lo sviluppo della meccanica classica, le geometrie non euclidee per la relatività generale, l'analisi complessa per la meccanica quantistica, la teoria dei gruppi per la fisica delle particelle, e strutture matematiche ancora più sofisticate trovano applicazione nella moderna teoria delle stringhe. La *simmetria* è un concetto matematico che oggi è divenuto uno degli elementi fondamentali della fisica: se la matematica è il linguaggio della natura, la simmetria è la sua sintassi.

Normalmente intendiamo la simmetria come una corrispondenza visivamente riconoscibile tra diverse parti di un sistema; ma è anche naturale associare alla nozione di simmetria l'idea di equilibrio, bellezza e armonia di proporzioni. I rapporti numerici del corpo umano ideale, espressi dal *Canone* di Policleto, furono sinonimo di perfezione e simmetria per tutti gli scultori del periodo

[4] E.P. Wigner, *The Unreasonable Effectiveness of Mathematics in the Natural Sciences* (1959), in *The Collected Works of Eugene Paul Wigner*, vol. VI (ed. J. Mehra), Springer-Verlag, Berlin 1995.

[5] A. Einstein, *Physics and Reality* (1936), in A. Einstein, *Ideas and Opinions*, Crown, New York 1954 (Ed. it.: *Idee e opinioni*, Schwarz, Milano 1957. Trad. di F. Fortini).

[6] E.P. Wigner, cit.

classico. Anche Goethe concorda con questo punto di vista: "Con il termine simmetria [...] si pensa a una relazione esterna tra parti armoniche di un insieme [...] una forza che soppianta la debolezza, una bellezza fuori dall'ordinario."[7]

Il concetto di simmetria ha una precisa definizione matematica, che corrisponde all'*invarianza di un sistema sottoposto a una trasformazione*. In termini più semplici, esiste simmetria quando un sistema non cambia in seguito a una qualche ben definita manipolazione. Un cerchio possiede una simmetria di rotazione, poiché resta immutato quando ruota intorno al proprio centro. Un quadrato resta immutato solo se viene ruotato di un angolo di 90 gradi o di un suo multiplo. Si dice che il cerchio possiede una *simmetria continua*, poiché non cambia per effetto di una trasformazione che può essere infinitamente piccola. Se la trasformazione che consente la simmetria corrisponde invece a una variazione "a scatto", che non può essere resa infinitamente piccola, si parla di simmetria discreta. Il quadrato possiede solo una *simmetria discreta*, poiché la sua invarianza è preservata solo quando l'angolo di rotazione è di 90 gradi o di suoi multipli. Anche l'invarianza per effetto della riflessione in uno specchio rappresenta un esempio di simmetria discreta.

In fisica il concetto di simmetria va inteso secondo la definizione matematica; ma anche la sua connotazione più vaga, associata all'idea di bellezza e armonia, svolge un ruolo di rilievo. La natura sembra compiacersi di sfruttare tutte le possibili simmetrie per le proprie leggi fondamentali, come una pittrice ansiosa di utilizzare tutti i più splendidi colori della sua tavolozza. I fisici si avvantaggiano di questa propensione della natura verso la simmetria, servendosene come guida per dedurre le proprietà del mondo delle particelle.

L'uso della simmetria nella matematica moderna ha inizio a Parigi, nella notte del 29 maggio 1832, con gli accenti di una tragedia romantica. Alla luce di una candela, un giovane di appena vent'anni butta giù febbrilmente degli appunti confusi, quasi illeggibili. Sta scrivendo delle espressioni matematiche ma, tra le equazioni, alcune parole indicano l'incombere di un dramma: "une femme", "je n'ai pas le temps", "Stéphanie". All'alba, sarà trovato sul ciglio di una strada di campagna con un proiettile nell'addome.

[7] J.W. Goethe, *Zur Farbenlehre* (1810).

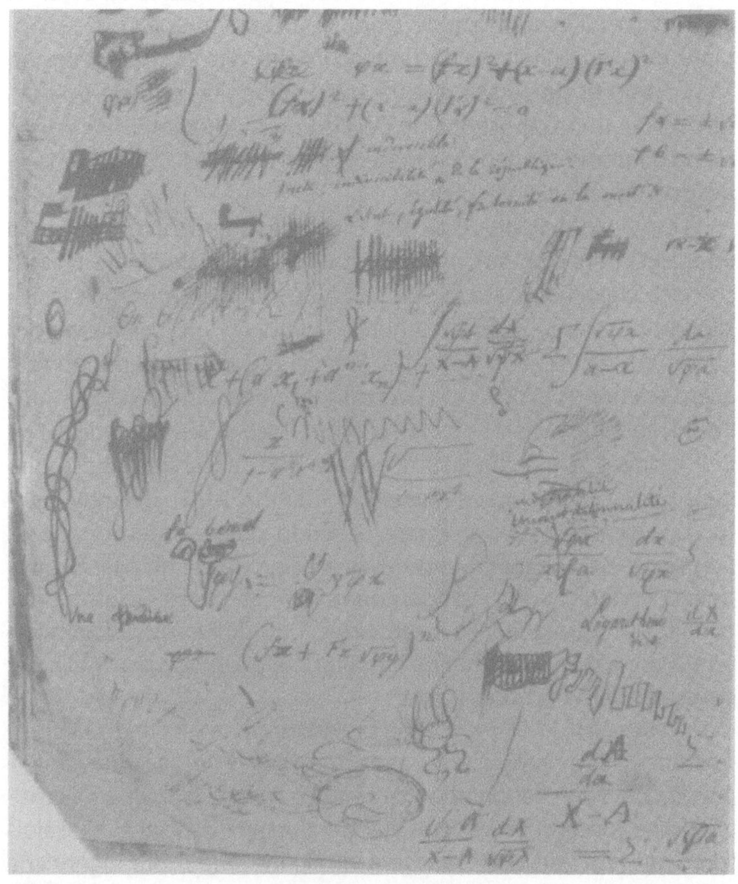

Figura 8.1 Uno dei fogli lasciati sulla scrivania da Évariste Galois prima di partire per il duello che gli sarebbe stato fatale. Tra le formule matematiche si può leggere: *"pas l'ombre"* (semicancellato, in alto a sinistra), *"une femme"* (cancellato, a sinistra verso il basso) e il motto rivoluzionario *"Liberté, égalité, fraternité ou la mort"* (in alto al centro). (*Fonte: R. Bourgne, J.P. Azra,* Écrits et mémoires mathématiques d'Évariste Galois, *Gauthier-Villars, Paris 1962*)

Quel giovane era Évariste Galois (1811-1832), un genio della matematica, sebbene non riconosciuto nel corso della sua breve esistenza. Nel turbolento periodo della restaurazione della monarchia, seguita alla fine dell'epoca napoleonica, il suo esuberante fervore repubblicano lo condusse a diversi atti di ribellione, e quindi all'arresto e all'incarcerazione. Durante un'epidemia di colera scoppiata a Parigi, Galois fu trasferito con altri detenuti alla Pension Sieur Faultrier (una casa di cura sotto sorveglianza della polizia), dove si innamorò di Stéphanie-Félicie Poterin du Motel, figlia di un medico interno. Appena un mese dopo il suo rilascio, il giovane fu ucciso in un duello alla pistola.

Il motivo del duello resta misterioso, sebbene non manchino le interpretazioni romantiche. Nelle sue memorie, Alexandre Dumas sostiene che il fidanzato di Stéphanie, Pécheux d'Herbinville, aveva scoperto la tresca e sfidato a duello Galois. D'Herbinville era noto come uno dei migliori tiratori di Francia e Galois, sapendo di non avere scampo, si affrettò a scrivere il proprio testamento scientifico in una sola notte. Nel suo classico libro *Men of Mathematics*,[8] Eric Bell ipotizzò che il duello fosse stato una macchinazione ordita dalla polizia segreta per eliminare un membro attivo del movimento rivoluzionario repubblicano. Secondo questa interpretazione, Stéphanie era una scaltra seduttrice e d'Herbinville un agente della polizia orleanista. Altri suggerirono che fosse stato Galois stesso, con i suoi compagni della Société des Amis du Peuple, ad architettare la propria morte, affinché il suo funerale fornisse la scintilla per innescare la rivoluzione.

La storia dei fatali eventi che precedettero la morte di Galois rimarrà per sempre avvolta nel mito, ma la sua opera, riscritta e interpretata nel 1846 dal grande matematico Joseph Liouville, ha costituito una fonte di ispirazione per generazioni di scienziati. Galois tentò di individuare le soluzioni di alcune equazioni algebriche nelle quali l'incognita x è elevata alla quinta o a potenze superiori. L'aspetto più interessante del lavoro di Galois era l'introduzione di nuove strutture concettuali – i *gruppi* – che descrivono le permutazioni tra le diverse soluzioni delle equazioni algebriche. Scomponendo tali gruppi, egli identificò gli elementi fondamentali delle permutazioni. Proprio come le particelle sono i mattoni della materia, i gruppi identificati da Galois sono i mattoni della simmetria. L'uso della simmetria aprì a Galois una prospettiva del tutto nuova,

[8] E.T. Bell, *Men of Mathematics*, Simon & Schuster, New York 1937 (Ed. it.: *I grandi matematici*, Sansoni, Firenze 1950. Trad. di D. Aduni).

consentendogli di ricavare proprietà delle soluzioni di equazioni algebriche che non potevano essere identificate con altri metodi.

Il passo successivo nella comprensione delle proprietà matematiche della simmetria richiedeva una personalità energica, e Sophus Lie (1842-1899) era perfettamente adatto al ruolo. Nato in un piccolo villaggio della Norvegia, dopo la morte della madre fu mandato a scuola a Oslo. Quando aveva l'occasione di tornare a casa, il giovane Sophus percorreva a piedi i 50 chilometri del tragitto; si narra che una volta, accorgendosi di aver dimenticato un libro a casa, fece il percorso di andata e ritorno in un solo giorno.

I primi passi di Lie come matematico furono lenti, ma a 27 anni vinse una borsa di studio che gli consentì di trasferirsi a Berlino, dove trovò un ambiente accademico molto vivace. Nel 1870 soggiornò a Parigi, dove ebbe la possibilità di discutere la teoria dei gruppi di permutazione con il matematico Camille Jordan. Allo scoppio della guerra franco-prussiana, Lie lasciò Parigi appena in tempo per evitare il terribile assedio dell'inverno 1870. In modo per lui non inconsueto, partì a piedi per Milano, dove desiderava incontrare il matematico Luigi Cremona, esperto di curve e superfici algebriche. Mentre l'esercito di Napoleone III era accerchiato a Metz, quel solitario marcantonio barbuto, che attraversava a piedi la campagna francese, attirò l'attenzione e fu fermato dalla polizia. Gli appunti di matematica trovati nel suo bagaglio furono scambiati per messaggi segreti scritti in codice con simboli misteriosi e, non cogliendo la differenza tra un accento norvegese e uno tedesco, la polizia lo arrestò come sospetta spia prussiana. Fu liberato dopo un mese di prigionia, solo grazie all'intervento di un suo amico, il matematico francese Jean-Gaston Darboux.

Lie ammirava profondamente il lavoro di Galois e voleva applicare il metodo da questi impiegato per le equazioni algebriche alle equazioni differenziali. Le equazioni algebriche hanno un numero finito di soluzioni, non superiore alla massima potenza della variabile x. Le trasformazioni studiate da Galois descrivono le operazioni di permutazione tra queste diverse soluzioni, che sono variazioni "a scatto", corrispondenti a simmetrie discrete. Al contrario, le equazioni differenziali descrivono variazioni continue e possiedono un numero infinito di soluzioni; la loro classificazione avrebbe quindi condotto alla scoperta degli elementi fondamentali delle simmetrie continue.

Vi è una stretta correlazione tra simmetrie continue e strutture geometriche. Per esempio, la simmetria di rotazione su un piano identifica il cerchio, poiché questa è la sola figura geometrica (semplicemente connessa) perfettamente invariante in seguito a rotazione intorno al proprio centro. Analogamente, la simmetria di rotazione nello spazio identifica la sfera. Lie iniziò a classificare tutte le possibili strutture geometriche associate a operazioni di simmetria continua e il suo lavoro fu in seguito completato da Wilhelm Killing e Élie Cartan. Per la maggior parte queste strutture geometriche sono troppo complesse per essere visualizzate nel nostro spazio tridimensionale, ma possono essere descritte perfettamente mediante il linguaggio matematico.

In tal modo, Lie identificò gli elementi fondamentali delle simmetrie continue, oggi chiamati *gruppi di Lie*, le entità astratte che sintetizzano l'essenza di tali simmetrie. Come spesso accade in matematica, le strutture scoperte da Lie trascendono lo specifico problema che egli intendeva risolvere. Le loro proprietà, infatti, sono universali e la loro validità va oltre le equazioni differenziali o le rotazioni spaziali. Proprio come qualsiasi poema, per quanto sublime, è in ultima analisi una combinazione di lettere, allo stesso modo una simmetria continua, indipendentemente dal contesto in cui si realizza, è una combinazione di gruppi di Lie. Le simmetrie di cui la natura ha arricchito il mondo delle particelle non fanno eccezione e sono anch'esse formulate in termini di gruppi di Lie.

Simmetria e fisica

> Ditemi perché la simmetria dovrebbe avere importanza.
>
> Mao Tse-tung[9]

Nonostante i progressi compiuti dalla matematica, le simmetrie non avevano svolto un ruolo rilevante nell'ambito della fisica classica e il loro impiego era stato limitato ad alcune applicazioni in cristallografia. Il cambio di marcia si ebbe con Einstein. Il punto di partenza della relatività speciale è che la velocità della luce è identica per os-

[9] Mao Tse-tung, citato in C.C. Gaither and A.E. Cavazos-Gaither, *Mathematically Speaking*, Institute of Physics Publishing, Bristol 1998.

servatori diversi, ovvero, più precisamente, è invariante rispetto al cambiamento di sistemi di riferimento in moto relativo rettilineo e uniforme. Einstein aveva elevato l'invarianza al rango di principio fondamentale; ma invarianza è sinonimo di simmetria e pertanto la simmetria determina le leggi fisiche. Si trattava di una svolta decisiva rispetto alla tradizione, poiché la fisica classica aveva sempre seguito il procedimento opposto: le leggi fisiche sono gli elementi fondamentali, che determinano quindi le simmetrie.

Questo nuovo approccio rappresentò una vera rivoluzione concettuale, e perfino un genio come Lorentz ebbe inizialmente difficoltà ad accettare questo punto di vista. Negli appunti preparati per un ciclo di lezioni, tenute nel 1906 negli Stati Uniti, egli commenta: "Einstein postula semplicemente ciò che noi abbiamo dedotto, con qualche difficoltà e in modo non del tutto soddisfacente, dalle equazioni fondamentali del campo elettromagnetico."[10] Lorentz aveva tentato di ricavare la costanza della velocità della luce dalle leggi dell'elettromagnetismo, ma con risultati assai insoddisfacenti. Nonostante ciò, gli pareva che Einstein stesse aggirando la questione, limitandosi a postularne la risposta.

Ma l'idea che siano le simmetrie a determinare le leggi fisiche – e non viceversa – finì per dimostrarsi la scelta vincente. Sarebbe stata, infatti, una delle idee alla base della formulazione della relatività generale di Einstein, una teoria completamente determinata dalla condizione di invarianza rispetto a un moto qualsiasi dell'osservatore. L'esistenza della gravità è una semplice conseguenza di un principio di invarianza ovvero, in altre parole, di una simmetria.

Da allora il ruolo delle simmetrie in fisica è cresciuto senza sosta. Un passo importantissimo in questa direzione fu realizzato da Emmy Noether (1882-1935), una matematica cui si devono fondamentali contributi nel campo delle strutture algebriche astratte. Tra i fisici, è nota soprattutto per il cosiddetto *teorema di Noether*, che chiarisce le strette correlazioni tra simmetrie continue e leggi di conservazione. Queste leggi, vecchie conoscenze della fisica classica, stabiliscono che certe quantità misurabili – come energia, quantità di moto e carica elettrica – non cambiano nel corso dei proces-

[10] H.A. Lorentz, *The Theory of Electrons and its Applications to the Phenomena of Light and Radiant Heat*, B.G. Taubner, Leipzig 1909, 1916.

si fisici. Il teorema di Noether dimostra che qualsiasi simmetria continua implica una legge di conservazione.

È abbastanza intuitivo che dietro una simmetria si nasconda necessariamente una legge di conservazione. Dopo tutto, una simmetria riflette l'invarianza in seguito a una trasformazione e deve quindi esistere una quantità che rimane invariata, cioè conservata. Per esempio, un cerchio è invariante in seguito a rotazione intorno al proprio centro. I vari punti del cerchio si muovono durante la rotazione, ma la loro distanza dal centro resta invariata; la simmetria del cerchio è dunque associata alla conservazione della distanza di ciascuno dei suoi punti dal centro.

Grazie al teorema di Noether è possibile dimostrare che questo concetto intuitivo è valido per qualsiasi simmetria continua, non solo per le trasformazioni geometriche, ma anche per le più astratte trasformazioni studiate dalla fisica delle particelle. Per esempio, grazie al teorema di Noether si scopre che la conservazione della carica elettrica è conseguenza di una particolare simmetria di rotazione della QED, una simmetria che non opera nello spazio fisico ma nello spazio astratto definito dai campi quantistici.

Emmy Noether occupa oggi un posto di rilievo nella storia della scienza, ma ai suoi tempi per una donna la carriera universitaria non era facile. Nel 1915 l'Università di Gottinga le rifiutò il titolo di Privatdozent, cioè l'abilitazione all'insegnamento, proprio in quanto donna. "Cosa direbbero i nostri soldati," sbraitò un membro della facoltà, "quando tornando all'università dovessero scoprire di essere obbligati a imparare ai piedi di una donna?"[11] Il famoso matematico David Hilbert, inorridito per la decisione, dichiarò di fronte al Senato accademico: "Non vedo come il sesso del candidato possa essere un argomento contro la sua ammissione come Privatdozent. Dopo tutto siamo un'università e non un bagno pubblico."[12] L'università le concesse l'abilitazione solo nel 1919, nell'atmosfera più liberale della Repubblica di Weimar.

Emmy Noether nutriva un'eccezionale passione per la matematica ed era sempre circondata da un folto gruppo di studenti e assistenti, con i quali discuteva con grande entusiasmo e animazione.

[11] L.M. Osen, *Women in Mathematics*, MIT Press, Boston 1974.

[12] H. Weyl, Emmy Noether, *Scripta Mathematica* 3, 201-220 (1935).

Quando in Germania divenne obbligatorio insegnare solo matematica "ariana" - una disciplina nella quale ella era evidentemente ignorante - Emmy Noether fu espulsa dall'università. Nel 1933 riuscì a emigrare negli Stati Uniti, dove affermò di aver trascorso il periodo più felice della sua vita; ma solo un anno e mezzo dopo morì in seguito a un intervento chirurgico per tumore. Nel suo necrologio Einstein scrisse: "A giudizio dei migliori matematici, Fräulein Noether è stata il più notevole genio matematico creativo apparso da quando l'istruzione superiore è accessibile alle donne."[13]

La simmetria di gauge

> Siamo tutti d'accordo che la tua teoria è folle. La questione su cui siamo divisi è se sia abbastanza folle da avere una probabilità di essere corretta.
>
> Niels Bohr a Wolfgang Pauli[14]

Una simmetria geometrica può essere percepita visivamente ma, se riferito alle particelle, il concetto di simmetria suona alquanto astratto. Che cosa vuol dire che una teoria di fisica delle particelle manifesta simmetria? Proviamo a fare un esempio. Nel capitolo 3, si è detto che i protoni e i neutroni rispondono alla forza forte in maniera quasi identica. Il "quasi" si riferisce alle piccole differenze imputabili all'effetto della forza elettromagnetica, che agisce sui protoni (elettricamente carichi) ma non sui neutroni. Supponendo di poter trascurare l'elettromagnetismo in relazione alla forza forte - un'ipotesi che corrisponde a una buona approssimazione della realtà - si scopre che il risultato di qualsiasi processo fisico rimane lo stesso se tutti i protoni vengono sostituiti con neutroni, o viceversa. Detto in modo più elegante: la forza forte è simmetrica rispetto allo scambio di protoni e neutroni.

A questo punto, si potrebbe pensare che tale simmetria sia *discreta*, poiché in sostanza lo scambio tra protoni e neutroni è un'operazione "a scatto", tipica delle simmetrie discrete. Ancora

[13] A. Einstein, Emmy Noether, *The New York Times*, May 5, 1935.

[14] N. Bohr, citato in W.O. Baker, The Paradox of Choice, in D. Wolfle (ed.) *Symposium on Basic Research*, AAAS, Washington 1959.

una volta, però, la nostra intuizione viene sconfessata dallo strano mondo della meccanica quantistica: in realtà, la simmetria della forza forte è *continua*. Proprio come la divinità egizia Sekhmet era rappresentata in varie forme, che combinavano caratteri dell'uomo e del leone, così nella meccanica quantistica le particelle possono esistere in stati ibridi, che non sono né protoni né neutroni, ma una loro combinazione. Non possiamo affermare con certezza se un esperimento che misura tali stati rivelerà un protone o un neutrone. La meccanica quantistica non descrive un mondo deterministico, ma stabilisce soltanto con quali probabilità l'esperimento rivelerà un protone oppure un neutrone.

Possiamo immaginare lo stato di una particella come la manopola del volume di una radio, che può essere ruotata in modo continuo da MIN a MAX e regolata su qualsiasi posizione intermedia. In modo simile, lo stato di una particella può essere (metaforicamente) ruotato tra protone e neutrone attraverso un numero infinito di stati ibridi intermedi. La simmetria della forza forte corrisponde all'invarianza delle sue leggi in seguito a una rotazione continua degli stati della particella.

Questo esempio illustra come possano esistere trasformazioni continue tra le particelle (o, più precisamente, tra i campi). Tali trasformazioni sono del tutto analoghe alle familiari rotazioni, ma, anziché aver luogo nello spazio ordinario, coinvolgono uno spazio astratto, dove i punti sono in realtà stati di particelle. Ma per la matematica questa differenza è irrilevante, e gli stessi gruppi di Lie che rappresentano le rotazioni spaziali e le loro generalizzazioni descrivono anche le trasformazioni tra le particelle. Proprio come una figura geometrica può essere simmetrica (cioè invariante per una trasformazione dei punti nello spazio), così può essere simmetrica anche una teoria del mondo subatomico (invariante per una trasformazione di particelle).

Un'importante caratteristica dell'esempio precedente, relativo a protoni e neutroni, è che la trasformazione di queste particelle deve avvenire simultaneamente in tutti i punti dello spazio; infatti, l'invarianza dei processi fisici vale solo se il ruolo di protoni e neutroni è scambiato *ovunque* nello spazio. Le simmetrie di questo tipo sono dette *globali*. Una simmetria globale, nella quale le particelle sono simultaneamente trasformate in ogni punto dello spazio, ci ricorda l'azione a distanza, un concetto del tutto incompatibile con la relatività speciale. Non sorprende, dunque, che la natura sembri mostrare ben poco rispetto per le simmetrie globali, che – per quanto ne sappiamo – non fanno parte dei principi fondamentali del mondo delle particelle.

È allora naturale domandarsi se una teoria di fisica delle particelle possa avere una *simmetria locale*, cioè una simmetria associata a trasformazioni tra particelle, che agiscono in modo diverso da un punto all'altro dello spazio e del tempo. Al contrario di quelle globali, le simmetrie locali possiedono le caratteristiche adatte per diventare ingredienti essenziali di una teoria fondamentale della materia e delle forze. Forse aveva questo in mente Naomi Klein, l'attivista antiglobalizzazione, quando dichiarò in un'intervista: "Si è sviluppata una tensione tra globale e locale [...] Il globale sta diventando sempre più astratto."[15]

L'aggettivo "locale" può dare l'impressione di un concetto più limitato rispetto a "globale". Invece l'esistenza di una simmetria locale rappresenta un requisito molto rigoroso per una teoria, perché le leggi fisiche devono rimanere invarianti anche quando la trasformazione agisce in modo diverso da punto a punto. Per esempio, un cerchio certamente non è invariante se sottoposto a una rotazione *locale*, cioè a una trasformazione in cui ogni suo punto venga ruotato di un angolo diverso. Una tale trasformazione potrebbe distruggere completamente il cerchio, riducendolo a una semicerchio o persino a un singolo punto. Per mostrare simmetria locale, un sistema deve contenere un elemento aggiuntivo. Senza dubbio un esempio può aiutare a chiarire questo concetto alquanto astratto.

In estate un campo di girasoli offre con il suo giallo intenso una vista spettacolare. Al mattino, tutti i girasoli sono rivolti verso est, ma con il trascorre delle ore si girano lentamente verso occidente con perfetta sincronia. La proprietà di "essere rivolti nella stessa direzione" rimane immutata al ruotare dei fiori. È un esempio di simmetria *globale*, poiché l'invarianza sussiste solo se la rotazione è identica per ogni fiore in ogni dato momento.

Immaginiamo ora un campo di girasoli indisciplinati, nel quale ogni fiore cambia continuamente il proprio orientamento durante il giorno, volgendosi verso direzioni casuali indipendentemente dalla posizione del Sole. La rotazione dei fiori è adesso una trasfor-

[15] M. Chihara, Naomi Klein Gets Global, *AlterNet*, September 25, 2002.

mazione *locale*, essendo diversa da un fiore all'altro. Ovviamente la proprietà di "essere rivolti nella stessa direzione" non è rispettata da questa trasformazione locale e non vi è dunque una simmetria.

Un diligente agricoltore decide di ristabilire l'ordine in questo campo di girasoli ribelli. Pianta quindi ogni fiore in un vaso inserito nel terreno. Ciascun vaso è fornito di uno speciale sensore elettronico che, ogniqualvolta un fiore ruota, fa eseguire al vaso una contro-rotazione di un angolo uguale e opposto, annullando così la rotazione del fiore. Grazie a questo sistema di "vasi rotanti", tutti i girasoli sono accuratamente orientati nella stessa direzione, malgrado la loro tendenza a volgersi a casaccio. La proprietà di "essere rivolti nella stessa direzione" possiede ora una simmetria locale, poiché è mantenuta anche se ogni singolo fiore sceglie di ruotare indipendentemente dagli altri.

La morale di questa metafora è che a partire da una simmetria *globale* si può realizzare una simmetria *locale* per mezzo di un nuovo elemento (i "vasi rotanti"). Nel linguaggio della fisica delle particelle, questo nuovo elemento viene chiamato *campo di gauge* e la simmetria locale *simmetria di gauge*[16]. Il campo di gauge è come un tessuto elastico, che può deformarsi ovunque esattamente nella misura necessaria per compensare il cambiamento di qualsiasi elemento del sistema, proprio come i "vasi rotanti" compensano le rotazioni individuali dei girasoli. Il tessuto autoregolante del campo di gauge è in grado di adattarsi correttamente, in qualsiasi punto dello spazio e in qualsiasi istante del tempo, per assicurare l'invarianza del sistema e preservare la simmetria di gauge.

L'aspetto più sensazionale della faccenda è che questo tessuto elastico non è semplicemente un'invenzione astratta di qualche squinternato fisico teorico, ma si è dimostrato essere un'entità molto reale e concreta. Il campo di gauge non è altro che il campo elettromagnetico che descrive il fotone!

[16] Il termine inglese *gauge*, che significa "calibro", è esordito in fisica come traduzione del tedesco *Eich Invarianz*, cioè "invarianza sotto ricalibrazione" o, come si dice oggi anche in italiano, "invarianza di gauge". Il termine, introdotto nel 1918 dal fisico matematico Hermann Weyl, viene dal verbo tedesco *eichen*, che deriverebbe dal latino *aequare* cioè "confrontare". Nel linguaggio della fisica, il termine *gauge* non viene mai tradotto in italiano, anche perché il suo significato letterale non è molto evocativo dell'accezione attuale nel campo delle simmetrie.

La stupefacente conclusione è che la forza elettromagnetica è semplicemente la conseguenza di una simmetria di gauge della natura. Una volta enunciato questo principio di simmetria, le interazioni tra particelle risultano completamente determinate e l'esistenza del fotone ne è un'inevitabile conseguenza. È questa la rivoluzione concettuale del principio di gauge: la nozione primaria non è la forza, bensì la simmetria. Con le parole del fisico Cheng-Ning Yang: "La simmetria detta l'interazione."[17]

Non solo l'elettromagnetismo, ma anche la gravità è dettata da un principio di simmetria. La relatività generale ci ha insegnato che la forza non è il concetto di partenza: le proprietà dello spazio-tempo – riconducibili anch'esse a un principio di simmetria di gauge – determinano la struttura della teoria, e la forza di gravità ne è solo una conseguenza. Tutte le forze debbono obbedire alle leggi di simmetria. Come ha ben sintetizzato Wigner: "Le simmetrie sono leggi che le leggi della natura debbono osservare."[18]

La simmetria all'origine dell'elettromagnetismo (ovvero della QED) corrisponde all'elemento più semplice della classificazione di Lie: è l'equivalente della simmetria di rotazione di un cerchio. Ma Lie ha messo a nostra disposizione i mattoni per costruire ogni genere di simmetrie continue, anche quelle che non possiamo visualizzare nello spazio tridimensionale. Che cosa accade quando consideriamo simmetrie di gauge basate su gruppi di Lie più complicati di quello della QED? È la domanda cui decisero di trovare risposta all'inizio degli anni Cinquanta due giovani ricercatori, Cheng-Ning Yang (premio Nobel 1957) e Robert Mills (1927-1999). Ricorda Yang: "Nel 1953-1954 stavo trascorrendo un periodo al Brookhaven e condividevo l'ufficio con Bob [Mills]: discutevamo molto di fisica [...] Fu allora che scoprimmo l'elegantissima e unica generalizzazione delle equazioni di Maxwell. Eravamo compiaciuti della bellezza di quella generalizzazione, ma nessuno di noi immaginava il grande impatto che avrebbe avuto sulla fisica vent'anni dopo."[19]

[17] C.N. Yang, *Selected Papers 1945–1980 with Commentary*, Freeman, San Francisco 1983.

[18] E.P. Wigner, *The Collected Works of Eugene Paul Wigner*, vol. VI (ed. J. Mehra), Springer-Verlag, Berlin 1995.

[19] C.N. Yang, Gauge Invariance and Interactions; Remembering Robert Mills, in G. 't Hooft (ed.) *50 Years of Yang–Mills Theory*, World Scientific, Singapore 2005.

Yang e Mills scoprirono una generalizzazione della QED basata su una simmetria di gauge descritta da un gruppo di Lie arbitrario. La struttura della teoria è molto semplice ed elegante. La principale differenza rispetto alla QED consiste nel numero dei campi di gauge: mentre nella QED vi è un solo campo di gauge (il fotone) che trasmette la forza elettromagnetica, strutture di simmetria più elaborate conducono a teorie con molti "fotoni". Questi "fotoni" – le particelle di gauge – sono i portatori della forza di gauge descritta dalla teoria. A differenza del caso della QED, i "fotoni" della teoria di Yang e Mills interagiscono tra loro. Proprio in virtù di tale proprietà, Yang e Mills speravano di utilizzare la loro teoria per spiegare la forza forte e descrivere il pione di Yukawa.

Purtroppo la loro speranza era infondata e l'esordio della teoria non fu di grande successo. Nel febbraio 1954 Oppenheimer invitò Yang a Princeton per tenere un seminario, di cui Yang fornisce questo resoconto: "Pauli stava trascorrendo un anno a Princeton ed era profondamente interessato alle simmetrie e alle interazioni. Subito dopo l'inizio del seminario, quando avevo appena scritto la prima equazione sulla lavagna, Pauli domandò: 'Qual è la massa di questo campo?' Risposi che non lo sapevo, quindi ripresi la mia presentazione, ma subito Pauli pose di nuovo la stessa domanda. Dissi qualcosa sul fatto che il problema era molto complicato e che ci avevamo lavorato su senza giungere a una conclusione definitiva. Ricordo ancora la sua replica: 'Non è una scusa sufficiente.' Rimasi così sconcertato che, dopo un attimo di esitazione, decisi di sedermi. Ci fu un momento di imbarazzo generale. Alla fine Oppenheimer disse: 'Dovremmo permettere a Frank [Yang] di andare avanti.' Allora ripresi e durante il seminario Pauli non mi fece più nessuna domanda. Non ricordo cosa sia accaduto alla fine del seminario, ma il giorno successivo trovai questo messaggio: '24 febbraio. Caro Yang, mi dispiace che lei mi abbia reso quasi impossibile parlarle dopo il seminario. Con i migliori auguri. Cordiali saluti, W. Pauli'."[20]

Pauli aveva immediatamente individuato quello che sembrava essere il tallone d'Achille della teoria di Yang e Mills. Aveva infatti domandato: "Qual è la massa della particella che corrisponde al campo di gauge?"

La domanda poneva un problema di massa davvero notevole.

[20] C.N. Yang, *Selected Papers 1945–1980 with Commentary*, cit.

Un problema di massa

> Nessun problema è così grande o complicato da non potervi sfuggire.
>
> Linus a Charlie Brown[21]

Oggi sappiamo che le forze elettromagnetica, debole e forte sono descritte dal Modello Standard, che è una teoria di gauge del tipo inventato da Yang e Mills. Questa conoscenza è il frutto di grandi scoperte sperimentali e di fondamentali intuizioni teoriche, alcune delle quali sono state brevemente delineate nel capitolo 4. Dietro il Modello Standard vi è il fondamentale principio che tutte le forze note sono conseguenza della simmetria.

Il concetto astratto di campo di gauge – il tessuto elastico che si deforma per assicurare la conservazione delle simmetrie nelle loro forme più alte – si incarna nei vettori che trasmettono tutte le forze note del mondo reale. I gluoni, le particelle *W* e *Z* e i fotoni sono le particelle di gauge dettate dalla simmetria del Modello Standard. Un unico principio di simmetria descrive elegantemente tutte le forze della natura. Eppure questo quadro idilliaco del mondo delle particelle ha un piccolo, ma devastante, difetto.

La simmetria di gauge costituisce un principio estremamente potente per stabilire tutte le proprietà delle forze. La sua inflessibilità, tuttavia, è all'origine di un problema. La simmetria di gauge stabilisce che tutti i portatori di forza devono essere particelle con massa zero. Il fotone e il gluone hanno effettivamente massa nulla, ma sappiamo che le particelle *W* e *Z* hanno masse notevoli. È questa la difficoltà che ha perseguitato sin dall'inizio le teorie di gauge, come aveva rilevato Pauli nella sua domanda al seminario di Yang. Come possiamo conciliare la simmetria di gauge con portatori di forza *massivi* (cioè dotati di massa) quali le particelle *W* e *Z*? Questo interrogativo – noto come *problema della rottura della simmetria elettrodebole* – gioca un ruolo centrale nell'attuale ricerca di fisica delle particelle. Stabilire quale sia la spiegazione giusta per questo problema è uno degli obiettivi principali dell'LHC.

L'inconciliabilità tra la simmetria di gauge e il carattere massivo delle particelle *W* e *Z* risiede in una differenza cruciale tra portato-

[21] C.M. Schulz, *Peanuts* (striscia pubblicata il 27 febbraio 1963).

ri di forza con e senza massa. Vediamo di capire in cosa consiste. Secondo il dualismo particella-onda della meccanica quantistica, i fotoni sono associati a onde elettromagnetiche. È ben noto sperimentalmente che le onde elettromagnetiche corrispondono a oscillazioni dei campi elettrico e magnetico su piani ortogonali rispetto alla direzione in cui si propagano le onde, mentre non esistono oscillazioni lungo la direzione del moto. Le onde che oscillano in direzioni ortogonali al moto sono dette *trasversali*. Invece le onde che oscillano nella direzione del moto – come le onde sonore prodotte dall'alternanza di compressioni e decompressioni dell'aria – sono dette *longitudinali*.

In generale, le onde contengono entrambe le componenti, trasversale e longitudinale: per esempio, le onde dell'acqua possiedono entrambe le componenti, poiché le molecole d'acqua hanno moti circolari durante la propagazione dell'onda. Le onde elettromagnetiche, tuttavia, sono esclusivamente trasversali. L'assenza di componenti longitudinali nelle onde elettromagnetiche non è fortuita, ma rappresenta una diretta conseguenza della simmetria di gauge. Questa agisce come un filtro eliminando le componenti longitudinali delle oscillazioni delle onde elettromagnetiche, proprio come le lenti polaroid degli occhiali da sole polarizzano la luce filtrando una delle sue componenti.

La relatività speciale afferma che non potremo mai raggiungere un raggio di luce, per quanto velocemente ci muoviamo. Questo principio, curioso ma apparentemente innocuo, ha in realtà profonde conseguenze ed è all'origine di tutti gli aspetti controintuitivi e sconcertanti della relatività speciale. Supponiamo, per esem-

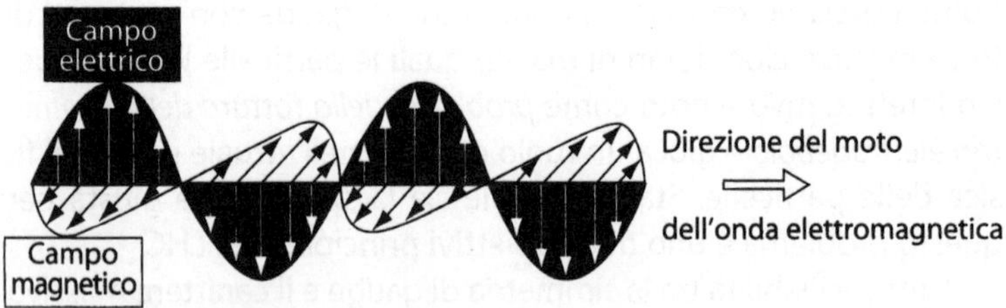

Figura 8.2 Le onde elettromagnetiche sono esclusivamente trasversali, poiché il campo elettrico e il campo magnetico oscillano solo in direzioni perpendicolari alla direzione del moto

pio, che il direttore generale del CERN vi presti il suo HSCT, il jet supersonico per il trasporto civile del romanzo di Dan Brown *Angeli e demoni*[22], che "funziona a idrogeno liquido" e "vola a Mach 15". Anche se inseguite un raggio di luce con questo fantastico velivolo, quando ne misurate la velocità il suo valore risulterà identico a quello ottenuto da un vostro amico che misura lo stesso raggio di luce comodamente seduto nel suo laboratorio. Rispetto a voi la luce viaggia sempre alla stessa velocità, indipendentemente dalla velocità con cui vi muovete. In altre parole, non potrete mai raggiungere un fotone e osservarlo fermo.

La situazione cambia quando, invece del fotone, consideriamo particelle portatrici di forza massive come *W* e *Z*. Le particelle massive si muovono sempre a velocità inferiori a quella della luce e quindi è possibile raggiungerle e osservarle da ferme. Ma se una particella è ferma, non vi può essere alcuna distinzione tra le componenti longitudinali e trasversali dell'onda a essa associata, poiché non esiste una direzione del moto. Pertanto le onde corrispondenti a portatori di forza massivi devono possedere componenti *sia* trasversali *sia* longitudinali, proprio perché tutte le direzioni dello spazio sono equivalenti. Ciò entra in conflitto con la simmetria di gauge, che filtra le componenti longitudinali e non può dunque descrivere portatori di forza massivi. Questa è l'essenza del problema della rottura della simmetria elettrodebole: la simmetria di gauge è incompatibile con *W* e *Z*, in quanto dotate di massa. Eppure le interazioni deboli sembrano essere correttamente descritte dalla simmetria di gauge.

Questo conflitto concettuale esplode, creando un vero problema, quando ci si addentra nell'estremamente piccolo. La reale esplorazione dello spazio microscopico è una faccenda sperimentale, ma prima ancora che gli esperimenti la compiano, possiamo ricorrere alla nostra immaginazione per tuffarci dentro sconosciute regioni di spazi piccolissimi con l'aiuto dei calcoli teorici. Questi calcoli sono come un'astronave virtuale che ci consente di penetrare nelle profondità dello spazio microscopico estrapolando le nostre conoscenze a mondi inesplorati. Immaginiamo dunque di viaggiare su questa astronave virtuale verso mondi sempre più piccoli. Improvvisamente, nell'istante in cui varchiamo l'ingresso dello

[22] D. Brown, *Angels and Demons*, Washington Square Press, New York 2000.

zeptospazio, un segnale d'allarme rosso si accende sul pannello di controllo: il motore ha smesso di funzionare e non possiamo procedere oltre. Il pannello di controllo dell'astronave ci informa che le onde longitudinali delle particelle massive *W* e *Z* interagiscono tra loro con una probabilità superiore al 100 per cento. Naturalmente ciò è del tutto insensato, poiché una probabilità del 100 per cento significa certezza e pertanto non possono esistere probabilità ancora maggiori. Tale risultato indica che nel nostro calcolo teorico qualcosa sta andando storto. La conclusione è che nello zeptospazio *devono* aver luogo nuovi fenomeni, non descritti dalla nostra semplice estrapolazione della fisica conosciuta.

Questo risultato costituisce una delle principali ragioni delle grandi attese suscitate dall'LHC. Esplorando lo zeptospazio con l'astronave reale (l'LHC), scopriremo come mai l'astronave virtuale (i calcoli teorici) si blocca al suo ingresso. Nello zeptospazio *devono* esistere nuove particelle o nuove forze per risolvere il problema della rottura della simmetria elettrodebole.

L'LHC sarà il giudice definitivo e inappellabile che emetterà il verdetto sulla natura dei fenomeni associati al problema della rottura della simmetria elettrodebole. Nondimeno, gli indizi forniti dai precedenti esperimenti sono tali che i fisici teorici sono ragionevolmente fiduciosi che la risposta giusta al problema sia già stata individuata: questa risposta è il *meccanismo di Higgs*. Ma per comprendere come tale meccanismo risolva il problema, è necessario prima introdurre un nuovo concetto.

Rottura spontanea di simmetria

> Come in una stazione sciistica piena di ragazze in cerca di marito e di mariti in cerca di ragazze, la situazione non è così simmetrica come potrebbe sembrare.
>
> Alan Mackay[23]

Sebbene l'espressione suoni un po' arcana, il fenomeno della *rottura spontanea di simmetria* è comune anche nell'ambito della fisica

[23] A.L. Mackay, Lecture at Birkbeck College, University of London (1964), in A.L. Mackay, *The Harvest of a Quiet Eye*, Institute of Physics Publishing, Bristol 1977.

classica. Risaliamo all'epoca di Newton. La legge secondo cui la forza di gravità è inversamente proporzionale al quadrato della distanza era già stata ipotizzata prima di Newton dal notaio e astronomo dilettante francese Ismaël Bullialdus (Boulliau), nel suo *Astronomia Philolaica* del 1645, e più tardi dal fisico inglese Robert Hooke, l'arcinemico di Newton. Ma nessuno prima di Newton aveva compreso come tale legge potesse spiegare il moto dei pianeti. Lo scoglio concettuale aveva molto a che fare con le simmetrie. Consideriamo la forza gravitazionale esercitata dal Sole. Se tale forza è radiale – cioè se dipende solo dalla distanza – il sistema possiede una simmetria di rotazione perfetta attorno al Sole e l'orbita di ogni pianeta deve essere circolare. Tale conclusione è però in contraddizione con l'osservazione di Keplero che i pianeti seguono orbite ellittiche. Il semplice ma profondo ragionamento di Newton fu che i pianeti possiedono velocità iniziali che non rispettano la simmetria di rotazione intorno al Sole; pertanto, orbite ellittiche non sono in contraddizione con forze radiali. In termini moderni, la morale è: la simmetria di un'equazione (la legge di gravità) non implica necessariamente la simmetria di una sua soluzione (l'orbita planetaria).

Prendiamo ora il caso di uno sfortunato individuo che sia stato recluso sin dalla nascita in una stanza priva di finestre. Questa infelice creatura sviluppa un interesse per la scienza e vuole scoprire le leggi della fisica. Sulla base di esperimenti condotti nella sua stanza, giunge alla conclusione che la direzione verticale è speciale, poiché gli oggetti cadono verso il basso. Se la direzione verticale è diversa dalle altre, allora lo spazio non è simmetrico rispetto alle rotazioni, proprio come un cilindro non è invariante rispetto alle rotazioni, mentre la sfera lo è. Benché non fossero stati reclusi in una stanza dalla nascita, i filosofi antichi caddero nella stessa trappola logica del nostro immaginario scienziato dilettante e assegnarono un valore speciale al moto lungo la direzione verticale. Ci volle il genio di Galileo e di Newton per comprendere che le leggi fondamentali non prediligono nessuna particolare direzione, ma semplicemente ci è capitato di vivere in un luogo soggetto all'attrazione gravitazionale della Terra. Morale: certi sistemi fisici (come l'interno della stanza) non mostrano tutte le simmetrie proprie delle leggi fisiche che li governano.

Questi esempi dimostrano come la simmetria, sebbene presente nelle leggi fisiche, non necessariamente si manifesti nelle specifiche circostanze di un sistema: la presenza o l'assenza di simmetria in un sistema possono essere il risultato accidentale delle sue specifiche condizioni. Ma l'obiettivo della fisica pura è l'identificazione delle simmetrie delle leggi della natura, indipendentemente dal fatto che queste si manifestino o meno in un particolare sistema.

Una situazione particolarmente interessante si verifica quando il sistema si dispone spontaneamente in uno stato che non rispetta qualcuna delle simmetrie delle leggi fisiche. Questo fenomeno è chiamato *rottura spontanea di simmetria.* Il termine "rottura" è senz'altro improprio, poiché la simmetria, sebbene non si manifesti nello stato del sistema, è comunque perfettamente presente nelle leggi fisiche che lo governano.

L'esempio classico che illustra questo fenomeno è quello dei materiali ferromagnetici, che formano magneti naturali permanenti. Il campo magnetico generato da un ferromagnete individua, all'interno del materiale di cui è costituito, una direzione speciale (quella che attraversa i due poli magnetici "nord" e "sud") che viola la simmetria di rotazione. Ma le leggi dell'elettromagnetismo – che governano i ferromagneti – sono perfettamente simmetriche rispetto alle rotazioni. Siamo in presenza di un fenomeno di rottura spontanea di simmetria.

Gli atomi si comportano come microscopici magneti, a causa del moto delle cariche elettriche in essi presenti. Generalmente all'interno di un materiale questi magneti atomici si orientano in direzioni casuali e si annullano a vicenda senza dare luogo a effetti macroscopici. Ma all'interno di un materiale ferromagnetico le interazioni reciproche tra gli atomi inducono tutti i microscopici magneti a orientarsi nella stessa direzione, poiché questa configurazione è energeticamente favorita (figura 8.3). Questo allineamento globale determina una magnetizzazione naturale del materiale. In termini energetici, non importa quale sia la direzione rispetto alla quale avviene l'allineamento, ciò che conta è che gli atomi si orientano tutti nella medesima direzione. Si potrebbe ingenuamente ritenere che la configurazione in cui tutti gli atomi sono allineati sia più "simmetrica", poiché mostra un grado maggiore di ordine, ma in realtà è vero il contrario. La configurazione con magneti atomici orientati a caso è simmetrica rispetto alle rotazioni, poiché il sistema rimane invariato quando è sottoposto a

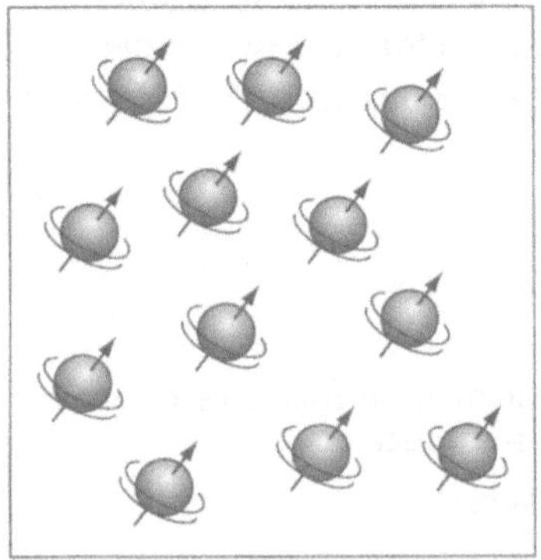
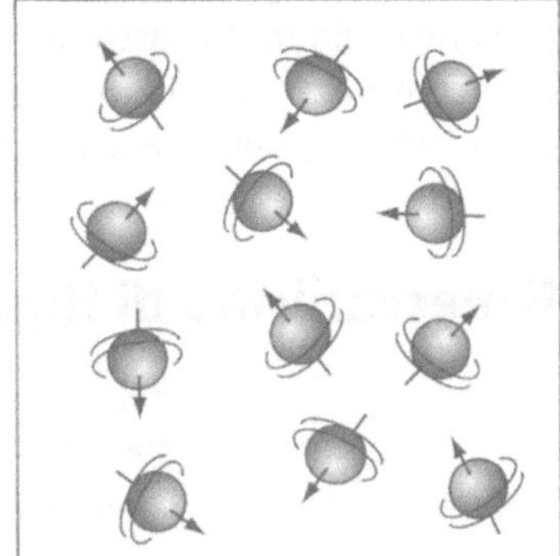

Figura 8.3 In un ferromagnete i magneti atomici sono orientati tutti nella stessa direzione e generano una magnetizzazione naturale del materiale (*a sinistra*). Al di sopra di una temperatura critica, l'orientamento degli atomi diviene casuale e la magnetizzazione sparisce (*a destra*)

rotazione. Un ferromagnete, invece, appare differente quando viene ruotato, e pertanto la configurazione caratterizzata da un perfetto allineamento dei magneti atomici non è simmetrica rispetto alle rotazioni.

Se all'interno del ferromagnete vivessero creature microscopiche, esse vedrebbero attorno a sé il preciso orientamento degli atomi che le circondano e sarebbero portate a credere (proprio come il nostro immaginario scienziato prigioniero) che lo spazio non sia simmetrico rispetto alle rotazioni. Ma le leggi dell'elettromagnetismo *sono* simmetriche, anche se il sistema si dispone spontaneamente in uno stato *non* simmetrico, dando luogo al fenomeno della rottura spontanea di simmetria. Tuttavia quando un ferromagnete viene riscaldato al di sopra di una temperatura critica (770 °C per il ferro), l'agitazione termica prevale sul naturale allineamento e rende casuali le direzioni dei magneti atomici, ripristinando così la simmetria di rotazione nel sistema, mentre la magnetizzazione naturale del materiale sparisce.

Ma cosa ha a che vedere la rottura spontanea di simmetria con la forza elettrodebole? Il problema della rottura della simmetria elettrodebole nasce dalla difficoltà di conciliare due concetti apparentemente in conflitto: la simmetria di gauge e le masse delle particelle *W* e *Z*. Ma in presenza di rottura spontanea di simmetria la nozione di simmetria assume una nuova forma. È quindi necessario riconsiderare le simmetrie di gauge alla luce del fenomeno della rottura spontanea di simmetria.

Il meccanismo di Higgs

> Il vuoto è dannatamente meglio di certa roba con cui la natura lo sostituisce.
>
> Tennessee Williams[24]

Nel caso della simmetria di gauge, il fenomeno della rottura spontanea di simmetria è molto particolare ed è chiamato *meccanismo di Higgs*, dal nome del fisico britannico Peter Higgs. Questo meccanismo si basa sull'ipotesi dell'esistenza di un nuovo campo quantistico, detto *campo di Higgs*, che pervade tutto lo spazio. Abbiamo già visto come ogni particella che osserviamo sia in realtà solo la manifestazione di increspature di un campo quantistico: da questo punto di vista, dunque, non c'è nulla di nuovo. La peculiarità del campo di Higgs è che, anche dopo la rimozione di tutte le particelle, lo spazio non è vuoto, ma riempito da una distribuzione uniforme del campo di Higgs, che chiamerò qui *sostanza di Higgs* (sebbene nella terminologia dei fisici sia indicata con il nome più lungo di *valore di aspettazione sul vuoto del campo di Higgs*). L'insolito comportamento del campo di Higgs si verifica perché l'energia dello spazio riempito dalla sostanza di Higgs è inferiore a quella dello spazio vuoto.

Siamo abituati a pensare al "vuoto" come al "nulla", ma per i fisici il vuoto è in realtà lo stato del sistema di minima energia. Di solito tale stato si ottiene togliendo dal sistema qualsiasi forma di materia o di energia e quindi il vuoto corrisponde al nulla, ma ciò non è più vero in presenza del campo di Higgs. La natura risparmia energia riempiendo lo spazio con la sostanza di Higgs, piuttosto che lasciarlo vuoto. Il vuoto – inteso come lo stato di minima energia – non è proprio il nulla, ma un mezzo impregnato dalla sostanza di Higgs.

[24] T. Williams, *Cat on a Hot Tin Roof*, New Directions, New York 1955.

Proprio come una magnetizzazione si crea spontaneamente all'interno di un materiale ferromagnetico, così la sostanza di Higgs permea spontaneamente tutto lo spazio. In un ferromagnete la magnetizzazione identifica una direzione speciale dello spazio. Analogamente, la sostanza di Higgs identifica una direzione speciale, non nello spazio fisico, ma nello spazio astratto dei campi quantistici. Proprio come la direzione identificata dalla magnetizzazione rompe spontaneamente la simmetria di rotazione, così la speciale direzione identificata dalla sostanza di Higgs rompe spontaneamente la simmetria di gauge, che è l'invarianza rispetto alla rotazione nello spazio astratto dei campi quantistici.

Correre all'aria aperta è assai più facile che correre in una piscina dove l'acqua vi arriva fino al collo: la resistenza dell'acqua, infatti, è molto superiore a quella dell'aria e rallenta i vostri movimenti. La sostanza di Higgs può essere immaginata come un fluido simile a una densa melassa che riempie tutto lo spazio. Quando una particella si muove in questo mezzo denso, il suo moto ne è influenzato ed essa incontra una resistenza che influisce sulla sua inerzia. Il rallentamento subito dalla particella nella sostanza di Higgs corrisponde alla nozione di *massa*. L'analogia non è proprio perfetta, poiché la sostanza di Higgs, a differenza di un fluido, agisce sulle particelle anche quando queste sono ferme, ma l'immagine è sufficiente per trasmettere un'idea concreta del meccanismo di Higgs. In modo più preciso, possiamo pensare che ogni particella nella sua interazione con la sostanza di Higgs acquisti una quantità di energia che, secondo l'equazione $E = mc^2$, equivale alla sua massa.

Se la sostanza di Higgs non esistesse, tutte le particelle elementari che conosciamo si muoverebbero liberamente in uno spazio vuoto alla velocità della luce, poiché la loro massa sarebbe esattamente zero. La massa si genera come risposta delle particelle che si trovano in presenza della sostanza di Higgs, che riempie tutto lo spazio. Ma non tutte le particelle reagiscono alla stessa maniera quando sono immerse nella sostanza di Higgs. Proprio come alcune persone nuotano agili come delfini e altre sono goffe come ippopotami, così alcune particelle sono pesanti, poiché interagiscono fortemente con il campo di Higgs, e altre sono leggere, poiché interagiscono solo debolmente. La massa di una particella elementare è una misura dell'intensità della sua interazione con il campo di Higgs. Per esempio, quando sono immerse nella sostanza di Higgs, le particelle *W* e *Z* si comportano come ippopotami, mentre fotoni e gluoni non subiscono alcun effetto. Per questi ultimi la sostanza di Higgs è completamente trasparente e le loro masse rimangono zero anche quando si muovono in quel mezzo viscoso (figura 8.4).

Il meccanismo di Higgs fornisce la chiave per superare il problema della rottura della simmetria elettrodebole e per risolvere il conflitto tra simmetria di gauge e portatori di forza massivi. Infatti, qando si muovono nello spazio, le particelle *W* e *Z* sono ostacolate dalla presenza della sostanza di Higgs e riescono a propagare la forza elettrodebole solo entro una distanza limitata, comportandosi dunque come portatori di forza massivi. Ma la simmetria di gauge, sebbene non si manifesti nello spazio riempito dalla sostanza di Higgs, si nasconde dentro le leggi fisiche.

In assenza del meccanismo di Higgs, l'astronave virtuale dei calcoli teorici si è bloccata all'ingresso dello zeptospazio. Venendo a mancare la simmetria di gauge, il motore dell'astronave virtuale non era schermato contro i pericolosi effetti delle onde longitudinali. Ma il meccanismo di Higgs ripristina la simmetria di gauge nelle leggi fisiche, anche in presenza di massa nelle particelle *W* e *Z*. Il trucco sta nel fatto che il campo di Higgs traveste alcune delle sue parti per farle sembrare le onde longitudinali delle particelle *W* e *Z*. Così, a una prima osservazione, *W* e *Z* ci appaiono come particelle massive che possiedono sia onde trasversali sia onde longitudinali. Quando però zoomiamo a distanze molto più piccole indagando la natura intima delle particelle *W* e *Z*, le loro onde longitudinali gettano la maschera e si mostrano per quello che in realtà sono: delle parti del campo di Higgs. Quando l'astronave virtuale entra nello zeptospazio, non incontra più pericolose onde longitudinali, ma solo un innocuo campo di Higgs. Grazie al meccanismo di Higgs, il viaggio dell'astronave virtuale può procedere attraverso lo zeptospazio e proseguire verso mondi ancora più piccoli, senza incontrare nessuna difficoltà. In presenza del meccanismo di Higgs, la simmetria di gauge e le particelle massive *W* e *Z* non sono più incompatibili.

Il meccanismo di Higgs non spiega solo l'origine della massa delle particelle, ma chiarisce anche il significato dell'unificazione elettrodebole. La differenza che riscontriamo tra le forze elettro-

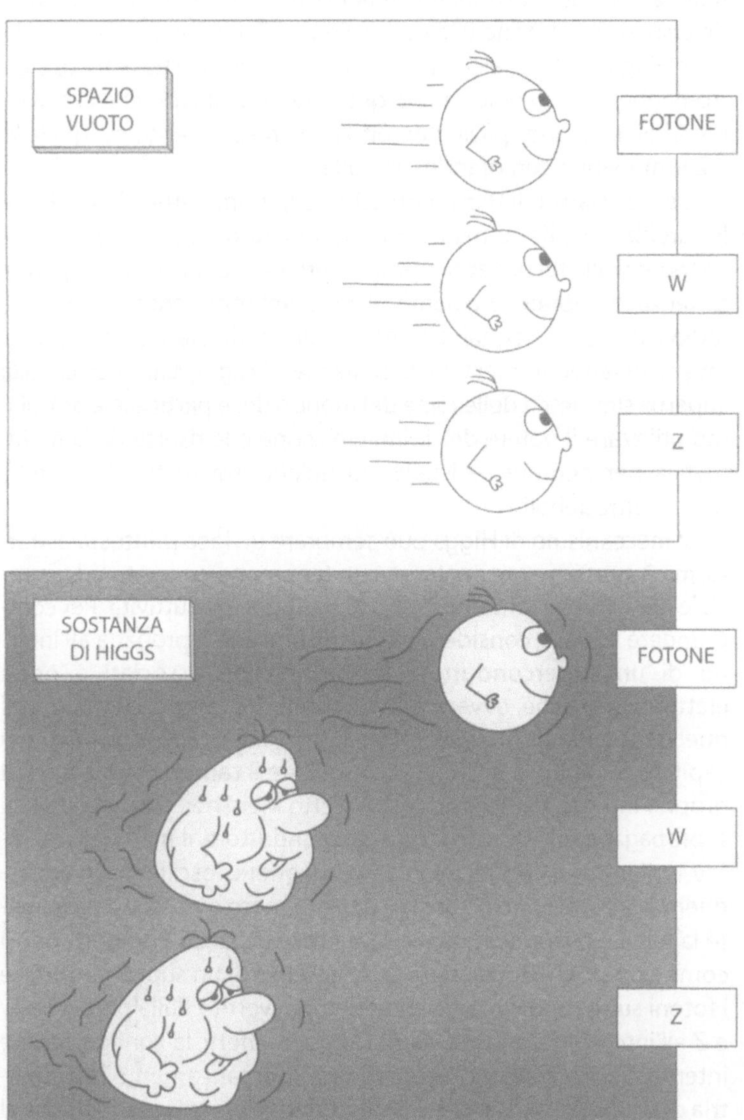

Figura 8.4 In uno spazio vuoto il fotone e le particelle W e Z si propagherebbero nella stessa maniera (*in alto*). Ma quando sono immerse nella sostanza di Higgs, W e Z diventano massive, mentre il fotone non ne viene influenzato (*in basso*)

magnetica e debole è semplicemente una conseguenza del modo diverso in cui il fotone e le particelle *W* e *Z* reagiscono alla sostanza di Higgs. Non vi è alcuna differenza concettuale tra le forze elettromagnetica e debole se non quella dovuta al fatto che ci troviamo a vivere in uno spazio riempito di un mezzo denso nel quale *W* e *Z* si muovono con grande difficoltà.

Se la sostanza di Higgs non esistesse, la simmetria elettrodebole sarebbe manifesta nel nostro mondo. Nuovi tipi di onde, corrispondenti alla forza debole, potrebbero essere trasmesse a grande distanza e captate mediante idonee antenne, proprio come le radio catturano i segnali trasmessi dalle onde elettromagnetiche. Invece, essendo immersi nella sostanza di Higgs, siamo ciechi alla superba simmetria delle forze del mondo delle particelle e dobbiamo utilizzare il potere dell'immaginazione e le risorse della matematica per dedurre l'esistenza di un'effettiva unificazione delle forze elettrodeboli.

Il meccanismo di Higgs può sembrare un'idea piuttosto astratta, ma è strettamente analogo a un fenomeno concreto ed essenziale per il funzionamento dell'LHC: la superconduttività. Per comprendere il nesso, consideriamo un fotone che si propaga all'interno di un superconduttore. I fotoni sono associati a onde elettromagnetiche, ovvero a oscillazioni del campo elettrico e di quello magnetico. Ma i superconduttori, come abbiamo visto nel capitolo 6, hanno la proprietà di espellere il campo magnetico dal proprio interno, per il cosiddetto effetto Meissner. Quando i fotoni si propagano all'interno di un superconduttore, il materiale reagisce tentando di cancellare i campi magnetici oscillanti. Di conseguenza, i fotoni sono ostacolati nel loro moto e possono propagare la forza elettromagnetica solo a breve distanza, comportandosi come portatori di forza massivi. All'interno di un superconduttore i fotoni subiscono il medesimo effetto avvertito dalle particelle *W* e *Z* all'interno della sostanza di Higgs. In effetti, la configurazione interna di un superconduttore rompe spontaneamente la simmetria di gauge associata all'elettromagnetismo, conferendo massa al fotone. Da questo punto di vista il meccanismo di Higgs non è solo uno dei principali obiettivi degli esperimenti dell'LHC, ma è anche ciò che permette all'acceleratore di funzionare, poiché la superconduttività è anch'essa il risultato della rottura spontanea di una simmetria di gauge.

In effetti, fu proprio studiando la superconduttività che il fisico della materia condensata Philip Anderson (premio Nobel 1977) ipotizzò per primo l'esistenza del meccanismo di Higgs. Tuttavia la vera scoperta del meccanismo nella teoria dei campi fu compiuta nel 1964 da Robert Brout e François Englert, dell'Università di Bruxelles, e da Peter Higgs, dell'Università di Edimburgo.

Robert Brout una volta mi raccontò che l'idea della rottura spontanea della simmetria di gauge gli era venuta mentre stava facendo la doccia. Può sembrare strano, ma nella maggior parte dei casi i fisici teorici non giungono alle loro conquiste concettuali mentre sono seduti a un'ordinata scrivania davanti a un foglio bianco. Lunghi periodi di studio tenace e di calcoli laboriosi sono prerequisiti necessari, ma poi l'idea giusta arriva in un momento inaspettato, quando la mente è più disposta a vagare per sentieri inesplorati.

A proposito di François Englert, Martin Veltman racconta: "Durante una cena, cui partecipava anche Englert, proposi una congettura basata sulla statistica relativa a una persona (io stesso), e precisamente che essere nati in estate, preferibilmente in giugno, è la cosa migliore ai fini dell'intelligenza. Englert, nato in novembre, replicò che, essendo ebreo, non ne aveva bisogno. Si mise allora a ridere così forte, che iniziai a preoccuparmi per la sua vita."[25] A modo loro, i fisici si divertono da matti quando si incontrano ai congressi per discutere delle proprie teorie.

Peter Higgs è uno scienziato più schivo e raramente lo si vede ai congressi nei quali si riuniscono periodicamente i fisici teorici. La sua storica pubblicazione ha avuto una genesi molto particolare. Nel luglio 1964 scrisse due brevi articoli su ciò che oggi chiamiamo meccanismo di Higgs; ma il secondo articolo fu respinto dalla rivista alla quale era stato proposto. Higgs, allora, inviò l'articolo a un'altra rivista e nel processo di revisione aggiunse un breve paragrafo, nel quale ipotizzava l'esistenza di una nuova particella associata al meccanismo: fu l'atto di nascita del bosone di Higgs. Dopo oltre 45 anni, i fisici stanno ancora cercando la conferma sperimentale che il meccanismo di Higgs è il responsabile della rottura della simmetria elettrodebole.

[25] M. Veltman, *Facts and Mysteries in Elementary Particle Physics*, World Scientific, Singapore 2003.

Ricerca sperimentale

> È una cosa terribile per un uomo scoprire improvvisamente che per tutta la vita non ha detto altro che la verità.
> Oscar Wilde[26]

Come può l'LHC dimostrare la realtà del meccanismo di Higgs? Poiché tale meccanismo è basato sull'esistenza di una nuova sostanza che riempie tutto lo spazio, la prova più convincente consisterebbe nel rimuovere questa sostanza, magari da una regione limitata dello spazio, e quindi verificare ciò che accade in tale regione. Come si vedrà più avanti, la massa di oggetti macroscopici non sparirebbe con la rimozione della sostanza di Higgs, poiché il meccanismo di Higgs contribuisce per meno di un chilogrammo alla massa di una persona di media taglia.

A questo punto potreste pensare che eliminare la sostanza di Higgs sia un metodo semplice per perdere senza sforzo un po' di peso superfluo, ma questa soluzione sarebbe altamente controindicata dal punto di vista della salute. La differenza di massa tra neutroni e protoni dipende in modo critico dalla densità della sostanza di Higgs. Anche un suo modesto cambiamento si tradurrebbe in una sostanziale modifica della differenza di massa tra neutroni e protoni, con conseguenze drammatiche per il nostro mondo, in quanto non potrebbero esistere molecole stabili, né sussistere processi chimici o nucleari, e tutta la materia collasserebbe in sterili atomi semplici. Senza sostanza di Higgs non potremmo esistere.

In ogni caso, a parte gli effetti catastrofici, modificare la densità della sostanza di Higgs è praticamente impossibile. Per riuscirci, occorrerebbe riscaldare l'intero universo a temperature superiori a 10^{15} gradi centigradi, un valore 100 milioni di volte superiore a quello della temperatura del centro del Sole. Tali temperature non potranno mai essere raggiunte nel corso dell'esistenza dell'umanità, anche nelle più pessimistiche ipotesi di riscaldamento globale. Nessun essere umano sarà mai in grado di modificare la sostanza di Higgs. È dunque necessario escogitare una strategia alternativa per verificare sperimentalmente il meccanismo di Higgs.

[26] O. Wilde, *The Importance of Being Earnest* (1895).

Ogni campo quantistico può sviluppare increspature, che chiamiamo particelle, concentrando energia in una piccola regione dello spazio; il campo di Higgs non fa eccezione. Poiché la sostanza di Higgs corrisponde a una distribuzione uniforme del campo di Higgs nello spazio, è possibile disturbare tale campo e creare sul calmo mare della sostanza di Higgs piccole increspature che corrispondono a un nuovo tipo di particella, detto *bosone di Higgs*.

Sebbene il bosone di Higgs non sia stato ancora osservato, la teoria è in grado di predire tutte le sue proprietà, salvo un parametro: la sua massa. Poiché la massa di una particella elementare è una misura della sua interazione con il campo di Higgs, non sorprende che la massa del bosone di Higgs corrisponda all'interazione del campo di Higgs con se stesso. Esperimenti precedenti al progetto LHC hanno ricercato il bosone di Higgs, senza però mai identificarlo. L'assenza di una scoperta ha consentito di escludere alcuni intervalli di massa: gli esperimenti del LEP hanno escluso l'esistenza di un bosone di Higgs con massa inferiore a 114 GeV; i recenti risultati degli esperimenti del Tevatron, pubblicati nel 2010, hanno portato a escludere valori compresi tra 162 e 166 GeV. Inoltre deduzioni teoriche, basate sulla coerenza tra le predizioni del Modello Standard e le misurazioni del LEP, tendono a scartare valori di massa per il bosone di Higgs superiori a circa 200 GeV.

Se esiste realmente, il bosone di Higgs può essere prodotto e rivelato dall'LHC, qualsiasi sia la sua massa. Gli esperimenti, tuttavia, non possono osservare direttamente questa particella, poiché essa è altamente instabile: in meno di 10^{-22} secondi trasforma la propria energia in altri tipi di particelle o, come dicono i fisici, decade. L'identificazione del bosone di Higgs nell'LHC è possibile solo attraverso la rivelazione delle particelle prodotte dal suo decadimento: jet adronici, leptoni e fotoni. Il problema è che nelle collisioni dell'LHC vi sono, naturalmente, molte altre sorgenti di jet, di leptoni e di fotoni, che rendono difficile distinguere le particelle prodotte nel decadimento di Higgs dalle identiche particelle prodotte in altri processi più convenzionali. I fisici chiamano *background* tutti quei processi convenzionali che possono mascherare il *segnale*, cioè gli eventi generati dalla genuina creazione di una nuova particella, in questo caso il bosone di Higgs.

Per selezionare gli eventi di potenziale interesse, i fisici devono analizzare un grandissimo numero di collisioni. I dati sperimentali

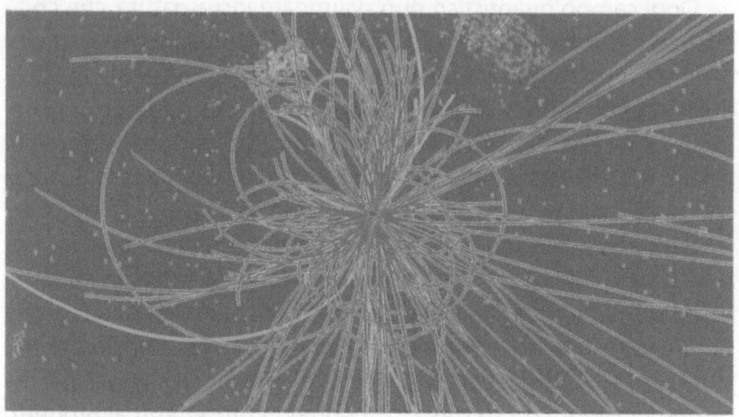

Figura 8.5 Simulazione di un evento nell'LHC con produzione del bosone di Higgs nel rivelatore CMS. (*Fonte: CERN/CMS Collaboration*)

sono quindi confrontati con il risultato di elaborazioni computerizzate basate su programmi che – simulando le collisioni tra protoni ad alta energia e le risposte dei rivelatori dell'LHC – predicono sia il background sia il segnale. Questi programmi di simulazione sono il prodotto di complessi calcoli teorici e di anni di sperimentazione delle apparecchiature utilizzate nei rivelatori di particelle. Si tratta di strumenti di calcolo assai sofisticati, la cui metodologia si è dimostrata efficace e affidabile nell'interpretazione dei dati forniti da precedenti esperimenti effettuati con LEP, HERA e Tevatron. Ma prima di poter annunciare una nuova scoperta devono essere eseguiti numerosi controlli incrociati, con analisi che vanno oltre un semplice confronto tra dati e simulazioni.

Gli sperimentatori adottano varie procedure per la verifica della validità dei loro risultati. Dopo che la risposta dei numerosi strumenti presenti nei rivelatori è stata pienamente testata e compresa, si utilizzano diverse tecniche per ottenere la valutazione del background direttamente dai dati, ricorrendo il meno possibile a simulazioni numeriche. Solo dopo un lungo e delicato processo di studio delle prestazioni dei rivelatori e di analisi dei dati, i fisici sperimentali potranno essere certi che oltre al background è stato osservato un segnale e, dopo anni di duro lavoro, potranno annunciare finalmente al mondo se il bosone di Higgs esiste davvero.

Come comprendere il nulla

> Pensare è difficile. Pensare al nulla è più difficile che pensare a qualcosa.
>
> Lev Okun[27]

Il vero obiettivo degli esperimenti con gli acceleratori ad alta energia non è la scoperta di qualche nuova particella, ma l'identificazione dei principi che possono condurci alla comprensione della natura e delle sue leggi fondamentali. Durante gli anni Cinquanta e Sessanta vi fu un diluvio di scoperte di nuovi adroni, ma i progressi nella comprensione del loro significato furono scarsi. All'epoca Willis Lamb dichiarò: "La scoperta di una nuova particella elementare era un tempo ricompensata con un premio Nobel, ma oggi una scoperta di questo tipo dovrebbe essere sanzionata con una multa di 10 000 dollari."[28] Ma quanto più penetriamo nell'essenza della materia, tanto più scopriamo che nuovi principi sono associati a nuove particelle. In determinati casi, perciò, l'identificazione di una nuova particella rappresenta una scoperta fondamentale: sarà certamente così nel caso del bosone di Higgs.

La scoperta del bosone di Higgs confermerebbe le nostre idee sulla rottura spontanea di simmetria, ovvero sulla natura del vuoto, un concetto dibattuto sin dall'antichità. In opposizione agli atomisti, Aristotele proclamava che lo spazio vuoto non poteva esistere in natura: "Non esiste un vuoto che sia separato, come taluni affermano."[29] Egli forniva anche una prova di quest'affermazione partendo dalla considerazione "evidente", basata sull'osservazione empirica, che qualsiasi corpo in movimento finisce per arrestarsi se non gli si applica una forza esterna. Ma, argomentava Aristotele, in uno spazio vuoto tutti i punti sono uguali e un corpo non potrebbe decidere dove fermarsi; quindi il moto proseguirebbe per sempre, e ciò sarebbe assurdo. Dunque, concludeva, lo spazio vuoto

[27] L.B. Okun, Vacua, Vacuum: The Physics of Nothing, in H.B. Newman, T. Ypsilantis (eds.), *History of Original Ideas and Basic Discoveries in Particle Physics*, Plenum Press, New York 1996.

[28] W.E. Lamb, *Fine Structure of the Hydrogen Atom*, Nobel Lecture, December 12, 1955.

[29] Aristotele, *Fisica*, Libro IV, 8.

non può esistere. Ecco il ragionamento del filosofo: "Nessuno è in grado di spiegare perché un corpo, una volta messo in moto [nello spazio vuoto], dovrebbe fermarsi da qualche parte. Perché mai dovrebbe fermarsi in un punto piuttosto che in un altro? Dunque esso o rimarrebbe a riposo o continuerebbe necessariamente a muoversi all'infinito, a meno che qualcosa di più forte glielo impedisca."[30] Inoltre, prosegue Aristotele, in assenza di qualsiasi agente esterno i corpi seguono il loro moto naturale, cosicché gli elementi pesanti (terra e acqua) cadono in giù e quelli leggeri (aria e fuoco) vanno in su. Come potrebbe esistere il moto naturale in uno spazio vuoto, dove i concetti di "su" e "giù" sono privi di significato?

È interessante osservare che, se Aristotele avesse ribaltato il ragionamento e ipotizzato l'esistenza dello spazio vuoto, avrebbe scoperto il principio di inerzia con 2000 anni di anticipo. Le sue conclusioni furono invece elevate al rango di un principio, successivamente indicato come *horror vacui* (in latino, orrore o rifiuto del vuoto). Sebbene l'espressione evochi qualche oscura forma di fobia, in realtà questo principio afferma che le forze della natura operano in modo tale da impedire la creazione del vuoto.

Già prima di Aristotele, nel V secolo a.C., Empedocle aveva fornito quella che fu a lungo considerata una prova sperimentale dell'*horror vacui*, spesso indicata come "clessidra di Empedocle", perché effettuata mediante una clessidra ad acqua. Si prende un recipiente con due fori, uno in alto e uno in basso, e si riempie d'acqua. Finché il foro superiore è tenuto chiuso, da quello inferiore non esce acqua. Perché? L'*horror vacui* è più forte della gravità e trattiene su l'acqua perché, se questa potesse uscire, si creerebbe il vuoto nel recipente. Ma, appena si apre il foro superiore, l'acqua scorre giù liberamente perché non vi è più pericolo di creare il vuoto.

Come esplicitamente affermato nel suo *Dialogo*, Galileo riteneva che il vuoto potesse esistere, almeno idealmente, come limite al quale tende un mezzo che venga progressivamente diluito. Non affrontò, invece, l'effettiva realtà fisica del vuoto, che avrebbe contraddetto la tradizione della filosofia scolastica. Anche Galileo, tuttavia, credeva nell'*horror vacui*, sebbene non come un principio assoluto, ma come una forza che poteva essere quantificata, ed egli tentò molti interessanti esperimenti per misurarne gli effetti.

[30] *Ibid.*

Figura 8.6 Esperimento torricelliano per la confutazione dell'*horror vacui*: le colonne di mercurio scendono alla stessa altezza in tutti i contenitori, indipendentemente dal volume rimasto vuoto. (*Fonte: Istituto e Museo di Storia della Scienza, Firenze/Eurofoto*)

Nel 1644, solo due anni dopo la morte di Galileo, uno dei suoi allievi, Evangelista Torricelli, realizzò l'esperimento decisivo per provare che era possibile fare il vuoto in determinate regioni dello spazio. Presi dei sottili tubi di vetro, egli li riempì completamente di mercurio, un liquido molto più pesante dell'acqua; quindi ne chiuse un'esteremità e immerse quella aperta in una bacinella anch'essa piena di mercurio. Osservò che il livello di mercurio scendeva esattamente alla stessa altezza in tutti i tubi, indipendentemente dalla forma e dalla dimensione del volume rimasto vuoto. Era la dimostrazione che l'*horror vacui* non era sostenibile, poiché esso avrebbe dovuto esercitare nei diversi tubi forze differenti, in proporzione al volume rimasto vuoto.

Successivi esperimenti, specie quelli condotti da Blaise Pascal, dimostrarono definitivamente che la maggior parte dei fenomeni attribuiti all'*horror vacui* era in realtà dovuta alla pressione atmosferica. Fu la fine dell'*horror vacui*: la natura non detesta il vuoto. Oggi alla maggior parte di noi il concetto di vuoto pare del tutto intuitivo e per nulla misterioso: sebbene non possiamo vedere l'aria coi nostri occhi, la nostra intuizione è abituata all'effetto della pressione atmosferica. Se togliamo tutto, non rimane niente: c'è il vuoto.

Ma la scienza moderna ha dimostrato che le cose non sono così semplici. Se prendete una cavità e rimuovete dal suo interno tutta la materia, compresa l'aria, dentro non resterà il "nulla". Le pareti della cavità emettono una radiazione elettromagnetica che permea lo spazio interno. Questa radiazione – chiamata *radiazione di corpo nero* – dipende dalla temperatura delle pareti e non può essere aspirata fuori da nessuna pompa. Il nostro universo, anche nelle regioni più isolate e vuote, è riempito da una radiazione di corpo nero quasi uniforme, detta *radiazione cosmica di fondo,* che ha continuato a raffreddarsi dall'epoca del Big Bang e ha oggi raggiunto la temperatura di –270 °C.

Anche se immaginassimo di raffreddare una regione dello spazio fino allo zero assoluto, eliminando quindi la radiazione di corpo nero, non resteremmo comunque con "nulla". Per effetto di un fenomeno che sarà descritto nel capitolo 9, la meccanica quantistica produce continue fluttuazioni dei campi, creando particelle che hanno vita brevissima: il vuoto della meccanica quantistica è un luogo molto affollato, assai differente dal vuoto suggerito dalla nostra intuizione. I campi quantistici non sono mai perfettamente immobili ma, come il mare, fluttuano costantemente generando piccole increspature che vanno e vengono rapidamente.

Se l'LHC riuscirà a scoprire il bosone di Higgs, la complessità del vuoto acquisterà un nuovo elemento. In fisica il vuoto non è il nulla, bensì la configurazione di minima energia di un sistema. La scoperta del bosone di Higgs proverà che la natura ha scelto un vuoto fatto non di "nulla" ma di "qualcosa", poiché in questo modo risparmia energia. Questo "qualcosa" è un'entità che riempie uniformemente tutto lo spazio: la sostanza di Higgs. Mediante collisioni tra protoni, l'LHC sta cercando di far vibrare leggermente tale sostanza, facendola risonare per creare su di essa delle increspature e rivelarle sotto forma di un bosone di Higgs. Svelando questo ulteriore aspetto del vuoto fisico, l'LHC scoprirà che la natura detesta il nulla e preferisce riempire il vuoto. Paradossalmente, l'LHC dimostrerà che l'antica idea dell'*horror vacui*, dopo tutto, non era così sbagliata.

Domande aperte

> Colui che pone una domanda è sciocco per cinque minuti; colui che non pone domande resta sciocco per sempre.
>
> Proverbio cinese

Il più inappropriato soprannome attribuito al bosone di Higgs è "particella di Dio". Questa definizione suggerisce che il bosone di Higgs occupi un posto centrale nel Modello Standard e ne governi la struttura; ma ciò è ben lontano dal vero. Eppure quell'espressione, sebbene mai impiegata dai fisici nel loro lavoro, gode di grande popolarità sui giornali.

Sheldon Glashow ha dato una definizione molto più appropriata del bosone di Higgs: "Talvolta paragono l'attuale teoria di grande successo della fisica delle particelle a una fastosa ed elegante dimora. Ma ogni abitazione, sia essa umile o lussuosa, deve contenere un oggetto di non particolare bellezza... Il w.c. è un oggetto piuttosto brutto, ma funziona e nessuno è riuscito a proporre un'alternativa valida."[31] Il bosone di Higgs è una sorta di toilette dell'edificio del Modello Standard: sebbene sia indispensabile, non è qualcosa che vorreste mostrare con orgoglio ai vostri ospiti.

La nostra attuale comprensione della materia e delle forze si basa su tre elementi: la relatività generale (che descrive la gravità),

[31] S. Glashow, *Interactions*, Warner Books, New York 1988.

la teoria di gauge di Yang e Mills (che descrive le forze elettrodebole e forte e la composizione della materia) e il settore di Higgs (che descrive la rottura spontanea della simmetria elettrodebole). L'eleganza e la semplicità della relatività generale e della teoria di gauge sono indiscutibili: entrambe queste teorie, infatti, sono completamente dettate da un principio di simmetria di cui sono la logica conseguenza, richiedono l'impiego di pochissimi parametri arbitrari e concordano meravigliosamente con i dati sperimentali. Nonostante l'insuccesso dei tentativi di unificare questi due elementi in una singola teoria, vi sono pochi dubbi che la relatività generale e la teoria di gauge si collochino su uno dei gradini più alti della scala di Giacobbe.

Il *settore di Higgs* è la parte della teoria che descrive il meccanismo di Higgs e contiene il bosone omonimo. A differenza del resto della teoria, questo settore è piuttosto arbitrario e la sua forma non è dettata da alcun profondo principio fondamentale; per tale ragione, la sua struttura ci sembra oggi terribilmente artificiosa. La rappresentazione del settore di Higgs adottata nel Modello Standard corrisponde alla scelta più semplice possibile per la sua struttura; questa scelta di minima complessità porta alla conclusione che debba esistere un singolo bosone di Higgs. Ma niente può escludere altri schemi più elaborati, che predicono l'esistenza di diversi tipi di bosoni di Higgs o persino di nuovi tipi di fenomeni.

Oltre a dare origine alle masse delle particelle W e Z, il settore di Higgs genera anche la struttura delle masse dei quark e dei leptoni che osserviamo, ma solo a patto di introdurre 13 parametri che devono essere determinati mediante misure sperimentali. Le masse dei quark e dei leptoni possono essere certamente descritte dal settore di Higgs, ma sfortunatamente la teoria non è in grado di predirne i valori. Inoltre, sebbene possa generare la rottura spontanea della simmetria elettrodebole, il settore di Higgs non fornisce una spiegazione profonda della forza ultima responsabile del fenomeno.

A differenza della relatività generale e della teoria di gauge, il settore di Higgs non ha ancora avuto conferme sperimentali. Ciò fa sperare che tutti i suoi aspetti insoddisfacenti siano solo la conseguenza delle nostre limitate conoscenze e non dell'adozione da parte della natura di una soluzione scadente. Per tale ragione, la ricerca sperimentale del bosone di Higgs nell'LHC è cruciale per progredire nella nostra conoscenza del mondo delle particelle, e la sua scoperta potrebbe riservare nuove sorprese, rivelando che esso è in realtà molto diverso dalle nostre attuali aspettative. Abbiamo urgente necessità di nuove informazioni sperimentali per scoprire la strada giusta da seguire per giungere a una spiegazione più esauriente del fenomeno della rottura della simmetria elettrodebole.

A volte si legge che la scoperta del bosone di Higgs potrà spiegare il mistero dell'origine della massa. Questa affermazione richiede una buona dose di precisazioni. La maggior parte della massa della normale materia è costituita dai nuclei atomici, che contengono protoni e neutroni, a loro volta composti di quark. Ma le masse dei protoni e dei neutroni non sono date semplicemente dalla somma delle masse dei loro quark, che in realtà contribuisce solo per l'1 per cento circa del totale. Occorre tener conto (ricordando $E = mc^2$) che la massa è l'energia intrinseca di un corpo a riposo. Pertanto, il 98 per cento circa della massa dei protoni e dei neutroni deriva dal frenetico movimento dei quark e dei gluoni confinati al loro interno o, più precisamente, dall'energia di legame della QCD. Gli effetti della forza elettromagnetica rendono conto dell'1 per cento circa rimanente.

Il meccanismo di Higgs è in ultima analisi il responsabile della generazione della massa dei quark, ma non dell'effetto della QCD. È per questa ragione che qualche pagina fa ho affermato che la sostanza di Higgs è responsabile di meno di un chilogrammo della nostra massa corporea. Inoltre, come vedremo nel capitolo 12, la maggior parte della materia dell'universo è formata di materia oscura. Sebbene la natura di questa forma di materia sia ancora sconosciuta, è improbabile che la sua massa sia originata dalla sostanza di Higgs. In conclusione, il meccanismo di Higgs rende conto dell'1 per cento circa della massa della normale materia e solo dello 0,2 per cento della massa presente nell'universo: davvero troppo poco per affermare che spieghi l'origine della massa.

D'altra parte, il meccanismo di Higgs genera le masse di tutte le particelle elementari conosciute e, da questo punto di vista, rappresenta una sorgente essenziale di massa nel mondo delle particelle. Tuttavia il vero mistero dell'origine delle masse delle particelle elementari risiede nella struttura delle masse di quark e leptoni, che segue uno schema così distinto da reclamare una spiegazione. Purtroppo, dopo decenni di ricerche, i fisici teorici non hanno ancora risolto il problema e non hanno compiuto quasi nessun progresso nell'identificazione di una teoria che consenta di dedurre da principi fondamentali gli schemi osservati per queste masse. È improbabile che da sola la scoperta del bosone di Higgs possa offrire la chiave per sciogliere il mistero delle masse di quark e leptoni.

L'importanza del meccanismo di Higgs sta nell'origine di una scala fondamentale di lunghezza, nota come *scala debole*. La scala debole, stabilita dalla densità della sostanza di Higgs, corrisponde al raggio d'azione della forza debole, pari a circa 10^{-18} metri. Le lunghezze fondamentali svolgono un ruolo cruciale in fisica, poiché determinano la posizione dei gradini della scala di Giacobbe; in altre parole, determinano le transizioni tra le diverse teorie efficaci che descrivono il mondo fisico. Sono le vie d'accesso a una comprensione più profonda della natura.

Vi sono pochi dubbi che la scoperta del bosone di Higgs rappresenterà un passo fondamentale nella nostra comprensione del mondo delle particelle, anche se spiegherà la rottura della simmetria elettrodebole più che l'origine della massa. Ma il bosone di Higgs lascia aperti troppi interrogativi per ritenere che rappresenti la risposta finale. Tutti i difetti che affliggono il settore di Higgs indicano che la scoperta del bosone di Higgs rappresenta un punto di partenza per nuove esplorazioni più che l'approdo finale della conoscenza.

9

Una questione di naturalezza

La vita è piena d'infinite assurdità, le quali sfacciatamente non han neppure bisogno di parer verosimili; perché sono vere.

Luigi Pirandello[1]

Quando, il 20 luglio 1969, il modulo lunare dell'Apollo 11 si posò sulla superficie della Luna, Neil Armstrong e Buzz Aldrin non si aspettavano di essere accolti da omini verdi con lunghe antenne. Si sapeva già abbastanza del nostro satellite, per escludere un incontro così singolare. L'esplorazione dello zeptospazio, intrapresa dall'LHC, può essere piuttosto assimilata al viaggio compiuto da Marco Polo. Il viaggiatore veneziano era a conoscenza dell'esistenza del Catai, ma aveva solo una vaga idea delle "favolose città e strane bestie" che sperava di incontrare sulla sua strada. Analogamente, noi sappiamo che nello zeptospazio deve esistere qualcosa di nuovo: l'elemento responsabile della rottura della simmetria elettrodebole. Molto probabilmente questo nuovo elemento avrà l'aspetto di un bosone di Higgs; ma molti fisici sono convinti che il bosone di Higgs non possa essere la fine della storia e che lo zeptospazio debba essere popolato da ulteriori "favolose particelle e strani fenomeni".

Questo capitolo spiega la principale ragione per la quale si ritiene che nuove particelle, diverse dal bosone di Higgs, si nascondono nello zeptospazio, mentre nei due capitoli successivi sono presentate alcune descrizioni dello zeptospazio com'è immaginato dai fisici. Sin qui ci siamo pricipalmente attenuti ai fatti della fi-

[1] L. Pirandello, *Sei personaggi in cerca d'autore* (1921).

sica, ma ora attraverseremo il confine tra realtà e congetture, per entrare nel territorio delle pure ipotesi teoriche. Le teorie che incontreremo – sebbene basate su principi fisici ragionevoli e sulle limitate informazioni sperimentali sullo zeptospazio ottenute in precedenza con altri acceleratori – sono ancora mere ipotesi, che rappresentano tentativi di estrapolare la nostra attuale conoscenza al mondo inesplorato dello zeptospazio. L'arbitro ultimo, l'LHC, scarterà la maggior parte di queste idee (se non tutte); ma forse ne confermerà una, dimostrando ancora una volta nella storia della scienza quanto sia potente l'immaginazione umana. Tuttavia, non si può escludere che la natura si riveli molto più creativa delle nostre menti e che lo zeptospazio sia stato ideato in un modo che ancora non riusciamo a immaginare. Tale eventualità non farebbe che rendere il viaggio dell'LHC nello zeptospazio un'avventura ancora più affascinante.

La gerarchia delle scale di grandezza

> Me la cavo male con questi metri.
>
> William Shakespeare[2]

Mentre i fisici sperimentali sono impegnati a pilotare la loro astronave – l'LHC – attraverso il confine tra mondo conosciuto e zeptospazio, i fisici teorici compiono surrettizie fughe in avanti, fantasticando sull'estremamente piccolo. Supponiamo che l'LHC scopra davvero il bosone di Higgs. In tal caso, il Modello Standard potrebbe essere legittimamente estrapolato oltre lo zeptospazio, a dimensioni ancora più piccole. Ma quanto piccole?

Nessuno può proibire ai fisici di immaginare collider molto più potenti dell'LHC e, nella loro fantasia, accelerare protoni lungo anelli con diametro persino maggiore di quello terrestre, piegando i fasci con fantastici campi magnetici e producendo collisioni di favolosa energia. Questi prodigiosi collider sono come astronavi virtuali, in grado di addentrarsi in dimensioni di inconcepibile piccolezza. Ma a un certo punto anche la più sfrenata immaginazione cozza contro un muro invalicabile. Una volta raggiunte lun-

[2] W. Shakespeare, *Hamlet*, Act II, Scene II.

ghezze dell'ordine di 10^{-35} metri, la cosiddetta *scala di Planck* (o *lunghezza di Planck*), il motore della nostra astronave virtuale diventa completamente inutilizzabile. Al di sotto della scala di Planck la teoria della fisica delle particelle non è più in grado di descrivere nessuna entità fisica. In realtà, se il nostro collider ideale fosse così potente da comprimere le particelle entro distanze inferiori alla scala di Planck, la loro attrazione gravitazionale diverrebbe così forte da far collassare il sistema in un buco nero. Il buco nero inghiotte tutta l'informazione e non abbiamo più alcun modo di sapere che cosa accada a lunghezze inferiori a quella di Planck, dove i nostri concetti di spazio e di tempo vengono meno. A quel punto la gravità diventa così intensa, che il Modello Standard deve essere sostituito da una nuova descrizione coerente della relatività generale e della meccanica quantistica, della gravitazione e delle forze di gauge.

La scala di Planck è incredibilmente piccola, anche rispetto alle minuscole distanze caratteristiche della fisica delle particelle. La più breve distanza esplorata direttamente mediante esperimenti corrisponde approssimativamente alla *scala debole*, cioè al raggio d'azione della forza debole, pari a circa 10^{-18} metri. La scala di Planck è 10^{17} volte più piccola della scala debole: un rapporto equivalente a quello che esiste tra l'altezza di un uomo e la distanza tra la Terra e Sirio, la più brillante stella del firmamento situata nella costellazione del Cane Maggiore. La straordinaria grandezza del rapporto tra la scala debole e la scala di Planck (pari a 10^{17}, cioè cento milioni di miliardi) è indicata solitamente come *gerarchia tra forza debole e forza gravitazionale*.

Per processi fisici che coinvolgono particelle con energia relativamente bassa, il quadrato della scala debole e quello della scala di Planck forniscono una misura dell'intensità, rispettivamente, della forza debole e di quella gravitazionale. La gerarchia tra le due forze esprime, perciò, il fatto che negli esperimenti di fisica delle particelle la gravità è così debole da essere assolutamente trascurabile rispetto alla forza debole e, di conseguenza, anche rispetto alle forze elettromagnetica e forte. Nel mondo delle particelle la gravità è la più debole di tutte le forze. L'astronomica disparità – quantificata dalla gerarchia – tra la gravità e le altre forze sfocia in una domanda: vi è una ragione fondamentale per questo enorme divario tra la forza debole e quella gravitazionale?

È una di quelle domande che inducono a riflettere non sul *come* funzionano le cose, ma sul *perché* la natura ha scelto di farle funzionare in un determinato modo. Il motivo per cui ci poniamo tale domanda risiede nella convinzione che qualsiasi costante fisica debba in ultima analisi trovare la propria spiegazione nel contesto di una teoria fondamentale, nella quale tutti i parametri possano essere calcolati. La gerarchia – cioè l'enorme numero che descrive il divario tra la forza debole e quella gravitazionale – è così spaventosamente grande che forse non è solo il frutto di un caso accidentale, ma potrebbe nascondere un indizio di qualche elemento segreto della teoria fondamentale. Ma l'aspetto più sconcertante del problema emerge solo quando prendiamo in esame lo strano mondo della meccanica quantistica.

Un rompicapo quantistico

> Chiunque non rimanga scioccato dalla teoria quantistica non ne ha compreso nemmeno una parola.
>
> Niels Bohr[3]

Il *principio di indeterminazione di Heisenberg* stabilisce che esiste sempre un compromesso nella precisione con cui si possono determinare due grandezze fisiche complementari: quanto più precisamente si conosce una delle due quantità, tanto più incerta diventa l'altra. Per esempio, quando misuriamo l'energia di una particella entro un dato intervallo di tempo, *non* possiamo determinare con assoluta precisione *sia* l'energia *sia* il tempo. Perciò esiste sempre, in pratica, un'intrinseca incertezza nella determinazione dell'energia di un sistema, indipendentemente dalla qualità degli strumenti di misura impiegati. La realtà fisica di un fenomeno non può essere conosciuta con assoluta certezza e precisione, nemmeno in un esperimento ideale.

Il principio di indeterminazione di Heisenberg, che racchiude l'essenza del carattere indeterministico della meccanica quantisti-

[3] N. Bohr, citato in M.J. Wheatley, *Leadership and the New Science: Discovering Order in a Chaotic World*, Berrett-Koehler, San Francisco 1999.

Figura 9.1 Werner Heisenberg (*al centro*) con Wolfgang Pauli (*a sinistra*) ed Enrico Fermi a bordo di un traghetto sul Lago di Como nel 1927. (*Fonte: Archivio Pauli/CERN*)

ca, non è una congettura teorica, ma una ben dimostrata proprietà della natura e spiega alcuni fenomeni apparentemente paradossali della fisica delle particelle. Uno dei migliori esempi è rappresentato dalla radioattività alfa. I nuclei degli isotopi radioattivi emettono particelle alfa (nuclei di elio) a energie relativamente basse: per esempio, l'emissione radioattiva dell'isotopo dell'uranio U^{238} possiede un'energia di 4,2 MeV. Eppure, se si sparano su bersagli d'uranio particelle alfa molto più energetiche, queste non sono in grado di penetrare all'interno dei nuclei e vengono respinte dalla forza di repulsione elettromagnetica, che agisce tra cariche dello stesso segno. Com'è possibile che le particelle alfa emesse dagli isotopi radioattivi non siano accelerate a energie molto maggiori di 4,2 MeV da questa stessa forza di repulsione? La questione è tanto sconcertante quanto vedere una tegola staccarsi dal tetto di un palazzo di cinque piani e arrivarci in testa posandosi delicatamente come una foglia in autunno. Perché la tegola non viene accelerata dalla gravità e non ci spacca il cranio?

Questa situazione, paradossale nel contesto della fisica classica, è perfettamente legittima nell'ambito della meccanica quantistica. Secondo il principio di Heisenberg, l'energia delle particelle alfa può variare entro intervalli molto ampi, purché tale fluttuazione si verifichi per un tempo sufficientemente breve. Le particelle alfa prendono in prestito l'energia che consente loro di sfuggire dal nucleo, e quindi la restituiscono molto rapidamente, appena in tempo per rispettare il principio di Heisenberg.

Spregiudicati speculatori agiscono talvolta allo stesso modo delle particelle alfa, eseguendo "vendite allo scoperto": vendono cioè azioni che in realtà non possiedono, per riacquistarle successivamente a un prezzo più basso. L'operazione deve essere effettuata abbastanza velocemente da non consentire al finanziatore di accorgersi del momentaneo ammanco. In fisica questo processo è chiamato *effetto tunnel*, poiché equivale metaforicamente a superare una montagna senza avere l'energia per scalarla. Sebbene contrasti con la comune intuizione, l'effetto tunnel è un fenomeno usuale nella meccanica quantistica. Viene impiegato, per esempio, in componenti elettronici ad alta velocità, come i diodi semiconduttori inventati da Leo Esaki (premio Nobel 1973). Questi commutatori di corrente sono così rapidi, che possono essere utilizzati per costruire oscillatori funzionanti a frequenze superiori a 100 GHz.

Il principio di Heisenberg è anche all'origine del bizzarro fenomeno connesso all'esistenza delle *particelle virtuali*. Una particella virtuale ha esattamente le stesse proprietà che caratterizzano una particella normale (stessa massa, stessa carica elettrica e così via), ma possiede un valore assolutamente anomalo di energia. L'energia di una particella virtuale è completamente "sbagliata". Solitamente la massa e la velocità determinano, senza possibilità di equivoco, la "giusta" energia di una particella normale: quanto più velocemente si muove la particella, tanto maggiore è la sua energia. Ma ciò non è più vero per una particella virtuale: la sua energia è completamente indipendente dalla sua velocità e può assumere qualsiasi valore. Per esempio, un elettrone virtuale può trasportare un'enorme quantità di energia, pur muovendosi molto lentamente. Anche il più famoso calciatore brasiliano rischierebbe di fare una figuraccia in una partita giocata con un pallone "virtuale": nonostante la grande energia impressa dai suoi potenti calci, vi sarebbe una certa probabilità che il pallone si sposti a malapena, come se fosse stato calciato da un bimbetto che ha appena imparato a camminare.

La vita di una particella virtuale dura per un tempo estremamente breve. Secondo il principio di Heisenberg, quanto maggiore è l'energia di una particella virtuale, tanto più breve è la sua esistenza. Ciò rende le particelle virtuali praticamente invisibili alla nostra percezione, salvaguardando la reputazione dei calciatori brasiliani.

Le particelle virtuali sono all'origine di molti straordinari fenomeni del mondo delle particelle: in particolare, la loro presenza fa dello spazio vuoto un luogo molto affollato. Coppie costituite da particelle e antiparticelle virtuali si formano nello spazio vuoto e poi svaniscono abbastanza rapidamente da rispettare il principio di indeterminazione: il vuoto quantistico - lo spazio vuoto della meccanica quantistica - è popolato dalla continua comparsa e scomparsa di tali coppie, poiché la conservazione dell'energia non preclude le loro brevi esistenze. Proprio come effimeri fantasmi che riempiono le sale di un antico castello scozzese, le coppie di particelle e antiparticelle virtuali spuntano dal nulla e svaniscono rapidamente nella bizzarra dimora del vuoto quantistico.

La complessità del vuoto quantistico rivela un aspetto nuovo e molto più drammatico della gerarchia tra la forza debole e quella gravitazionale: il *problema della naturalezza*. La maggior parte delle fantasticherie circa le "favolose città e strane bestie" che potrebbero esistere nello zeptospazio è stata stimolata dai tentativi di risolvere questo problema.

Il problema della naturalezza

> Ogni cosa è naturale: se non lo fosse, non ci sarebbe.
>
> Mary Catherine Bateson[4]

Secondo il meccanismo di Higgs, lo spazio è riempito in modo uniforme dalla sostanza di Higgs; ma a causa della complessità del vuoto quantistico, il tranquillo mare della sostanza di Higgs è conti-

[4] M.C. Bateson, On the Naturalness of Things, in J. Brockman, K. Matson (eds.) *How Things Are: A Science Toolkit for the Mind*, William Morrow & Co, New York 1995.

nuamente disturbato dalla rapida produzione e dall'altrettanto rapida annichilazione di ogni tipo di particelle virtuali. Il costante brusio delle particelle virtuali influenza la densità della sostanza di Higgs che riempie lo spazio. Proprio come i fantasmi, che vanno e vengono dall'aldilà, lasciano vividi ricordi nelle menti dei soggetti impressionabili, così le particelle virtuali lasciano la loro impronta indelebile nella sostanza di Higgs. Il turbinio delle particelle virtuali apporta un enorme contributo alla densità della sostanza di Higgs, rendendola estremamente spessa.

I calcoli teorici mostrano che questo contributo alla densità della sostanza di Higgs è proporzionale all'energia massima trasportata dalle particelle virtuali. Poiché tali particelle possono trasportare gigantesche quantità di energia, la viscosa sostanza di Higgs diventa più densa del fango o perfino dura come la pietra quando si considerano gli effetti quantomeccanici. Le normali particelle che si muovono in questo mezzo devono incontrare una tremenda resistenza ovvero, con terminologia fisica più corretta, acquistare masse enormi. Secondo calcoli basati su una semplice estrapolazione del Modello Standard fino alla scala di Planck, gli elettroni dovrebbero avere una massa un milione di miliardi di volte maggiore di quanto osserviamo, ovvero essere pesanti come batteri procarioti. Ma poiché, ovviamente, gli elettroni non sono pesanti come batteri, siamo di fronte a un rebus: perché la sostanza di Higgs è così diluita, nonostante la naturale tendenza delle perticelle virtuali a renderla estremamente densa?

Questo dilemma è generalmente indicato come *problema della naturalezza*. La densità della sostanza di Higgs determina a quale distanza le particelle *W* e *Z* possono propagare la forza debole: in altre parole determina la scala debole. Perciò, rendendo la sostanza di Higgs più densa, in pratica le particelle virtuali riducono il raggio d'azione della forza debole. Il problema della naturalezza riguarda quindi il conflitto tra la tendenza delle particelle virtuali a rendere la scala debole piccola quanto la scala di Planck e l'osservazione che le due scale di grandezza differiscono invece per l'enorme fattore di 10^{17}. Cerchiamo di chiarire il problema con l'aiuto di un'analogia.

Supponete di mettere un pezzo di ghiaccio in un forno caldo. Dopo un po', aprite il forno e scoprite che il ghiaccio è ancora perfettamente solido e non si è minimamente sciolto. Non è sconcertante? Le molecole d'aria all'interno del forno avrebbero dovuto trasferire l'energia termica al pezzo di ghiaccio, aumentandone la temperatura e sciogliendolo. Ma non l'hanno fatto.

Il problema della naturalezza è altrettanto sconcertante: le energetiche particelle virtuali sono come le molecole d'aria calda del forno e la sostanza di Higgs è come il pezzo di ghiaccio. Il moto frenetico delle particelle virtuali si trasmette alla sostanza di Higgs, che dovrebbe diventare dura come pietra, eppure rimane molto diluita. La scala debole dovrebbe ridursi a lunghezze pari alla scala di Planck, eppure le due scale continuano a differire di un fattore 10^{17}.

Proprio come all'interno di un forno nulla può rimanere più freddo della temperatura ambiente, così nel vuoto quantistico le particelle virtuali non tollerano che la scala debole rimanga molto più grande della scala di Planck. Perciò, l'enigma è che tra l'intensità della forza debole e quella della forza gravitazionale non dovrebbe esistere alcun divario, mentre osserviamo una gigantesca gerarchia tra le forze. L'essenza del problema della naturalezza è che il comportamento anarchico delle particelle virtuali non tollera gerarchie.

A questo punto, è necessaria un'importante avvertenza. Il problema della naturalezza non è una questione di coerenza logica: è proprio solo una questione di *naturalezza*. Le particelle virtuali forniscono una parte dell'energia accumulata nella sostanza di Higgs. Nulla esclude la possibilità che la natura abbia accuratamente scelto la densità iniziale della sostanza di Higgs in modo tale che essa quasi compensi l'effetto delle particelle virtuali. In tal caso, l'enorme disparità tra la scala debole e quella di Planck potrebbe essere semplicemente il risultato di una precisa compensazione tra diversi effetti. Sebbene non possa essere logicamente esclusa, tale possibilità appare molto artificiosa: la maggior parte dei fisici trova difficile accettare compensazioni così accurate tra effetti non correlati e le considera come estremamente *innaturali*.

Può sembrare sorprendente che un concetto così vago e soggettivo, come quello di naturalezza, possa trovar posto tra rigorose teorie fisiche, che utilizzano i più sofisticati strumenti matematici. Tuttavia, nella formulazione delle loro idee, i fisici teorici perseguono spesso un senso di bellezza estetica, purezza e sempli- cità, proprio come avviene nell'arte o in altre attività dell'intelletto umano. La cosa strana non è tanto che i fisici teorici utilizzino la bellezza e la semplicità come fonti di ispirazione, quanto che la natura sembra seguire i medesimi principi. Quando gli fu chiesto che cosa avrebbe fatto se le osservazioni di Eddington sull'eclissi solare del 1919 avessero smentito la sua teoria, invece di confermarla, Einstein rispose semplicemente: "Sarei stato dispiaciuto per il Signore."[5] Evidentemente era profondamente convinto che la teoria della relatività generale fosse troppo bella perché la natura potesse ignorarla e comportarsi diversamente.

La bellezza estetica e la naturalezza sono potenti principi ispiratori ma, naturalmente, non possono essere utilizzati per convalidare o smentire una teoria. Inoltre, essendo soggetti a influenze filosofiche, talvolta possono anche essere fuorvianti. Prendiamo l'esempio dei sistemi copernicano e tolemaico. Anche tralasciando ogni evidenza empirica, gli scienziati moderni trovano che una teoria eliocentrica, nella quale semplici orbite ellittiche descrivono i moti dei pianeti, spieghi il sistema solare *più naturalmente* di una teoria geocentrica, che richiede l'introduzione di epicicli differenti per ciascun pianeta. Ma ai predecessori e ai contemporanei di Copernico una teoria geocentrica sembrava probabilmente più *naturale*. Tycho Brahe scartò una descrizione eliocentrica del sistema solare con l'argomento, alquanto soggettivo, che la Terra è un "corpo grosso e goffo, inadatto per il movimento."[6] La storia della scienza abbonda di tranelli tesi da pregiudizi erronei.

Per quanto riguarda la densità della sostanza di Higgs, tuttavia, il problema della naturalezza ha alcune caratteristiche così particolari che inducono la maggior parte dei fisici a credere che esso non nasca da un falso pregiudizio, ma contenga una profonda verità. Certamente, non è possibile escludere una fortuita compensazione di vari contributi in grado di rendere la sostanza di Higgs molto diluita, ma tale compensazione richiederebbe una straordinaria coincidenza o, come dicono i fisici, una *regolazione fine* (*fine-tuning*).

Si parla di regolazione fine quando i diversi parametri di una teoria concorrono a produrre effetti che si annullano reciproca-

[5] A. Einstein, citato in I. Rosenthal-Schneider, *Reality and Scientific Truth: Discussions with Einstein, von Laue, and Planck*, Wayne State University Press, Detroit 1980.

[6] T. Brahe, *Tychonis Brahe Dani Opera Omnia* (ed. J.L.E. Dreyer), Libraria Gyldendaliana, Copenhagen 1913–1929.

mente in modo preciso e delicato, tali da dar luogo – come risultato di una mera coincidenza fortuita – a un effetto complessivo molto minore dei singoli contributi. Il problema della naturalezza si riduce allora a una questione di regolazione fine. Conservare il divario gerarchico tra la scala debole e la scala di Planck in presenza del vuoto quantistico non è logicamente impossibile, ma richiederebbe una regolazione fine, che appare fortuita e inspiegata, dei parametri del Modello Standard con un accuratezza di una parte su 10^{34}. Per dare un'idea di quanto risulti ridicolmente artificiosa una simile ipotesi, ricorrerò a un esempio.

Supponete di entrare in una stanza e di scoprire che qualcuno ha lasciato sul tavolo una matita in posizione verticale in perfetto equilibrio sulla punta. Per una matita, una tale posizione instabile appare assai innaturale: qualcuno deve aver effettuato una regolazione fine, in modo che la verticale del baricentro della matita cada esattamente sulla sua punta. Quanto più lunga è la matita, tanto maggiore sarà il grado di regolazione fine necessario per mantenerla in quella delicata posizione. Una regolazione fine di una parte su 10^{34} corrisponde a quella necessaria per far stare in equilibrio su una punta di 0,1 millimetri di diametro una matita lunga quanto il sistema solare!

Sembra davvero poco plausibile che l'esistenza del nostro universo si fondi su una simile straordinaria coincidenza. La maggior parte dei fisici ritiene che dietro ogni coincidenza apparentemente misteriosa e dietro ogni regolazione fine incredibilmente accurata debba nascondersi una valida spiegazione. La gerarchia tra forza debole e forza gravitazionale non può essere solo un caso fortuito, ma deve racchiudere un significato profondo. Deve esservi una sorta di mano invisibile che tiene in equilibrio la matita, trasformando una coincidenza apparentemente inconcepibile in un risultato perfettamente logico.

Vi è un'altra ragione che induce i fisici a ritenere che il problema della naturalezza abbia un importante significato. Poiché le particelle virtuali possono trasportare qualsiasi quantità di energia, una compensazione fortuita dei vari contributi alla densità della sostanza di Higgs richiederebbe speciali correlazioni tra fenomeni che si verificano a scale di energia completamente diverse. In sostanza, tutti i gradini della metaforica scala di Giacobbe dovrebbero essere correlati tra loro con diabolica precisione. Sebbene non possa essere logicamente esclusa, tale possibilità contrasta con la nostra intuizione che ciascun gradino della scala di Giacobbe possa essere trattato separatamente e sfida le nostre idee fondamentali sulle teorie efficaci.

Il nocciolo del problema della naturalezza sta nel comportamento indisciplinato delle particelle virtuali, la cui ideologia potrebbe essere riassunta da un vecchio principio della fisica: "Tutto ciò che non è proibito è obbligatorio." Come bambini irrequieti, le particelle virtuali combinano tutte le possibili birichinate che non siano tassativamente proibite. La birichinata di cui ci preoccupiamo consiste nel rendere la sostanza di Higgs assurdamente densa e, quindi, nel ridurre la scala debole alla scala di Planck.

La maggior parte dei fisici ritiene che il problema della naturalezza sia un'indicazione dell'inadeguatezza del Modello Standard. Quando entreremo nello zeptospazio, il Modello Standard dovrà essere sostituito da una nuova teoria, in grado di descrivere il comportamento delle particelle virtuali in modo tale che queste non creino più disordine nella sostanza di Higgs. Che cosa potrebbe indurre le particelle virtuali a comportarsi in modo più disciplinato e compiacente?

Esiste una legge cui le anarchiche particelle virtuali sono disposte a obbedire: la simmetria. Le particelle virtuali mostrano di rispettare solo le quantità fisiche coinvolte nelle trasformazioni di simmetria, ma se ne infischiano del resto. Sfortunatamente il parametro che determina la densità della sostanza di Higgs non è coinvolto in alcuna simmetria, ed è questa la radice del problema della naturalezza. La simmetria potrebbe essere la mano invisibile che risolve il dilemma. L'idea che qualche nuova simmetria o qualche nuovo elemento teorico possa dare risposta al problema della naturalezza si è dimostrata una delle più fertili fonti di ispirazione per i fisici negli ultimi decenni, conducendo a numerose proposte creative e originali.

Tavola I Discesa dell'ultimo dei 1232 dipoli dell'LHC dalla superficie al tunnel attraverso il pozzo verticale (26 aprile 2007). (*Fonte: CERN*)

Tavola II Saldatura dell'interconnessione tra due dipoli dell'LHC. (*Fonte: CERN*)

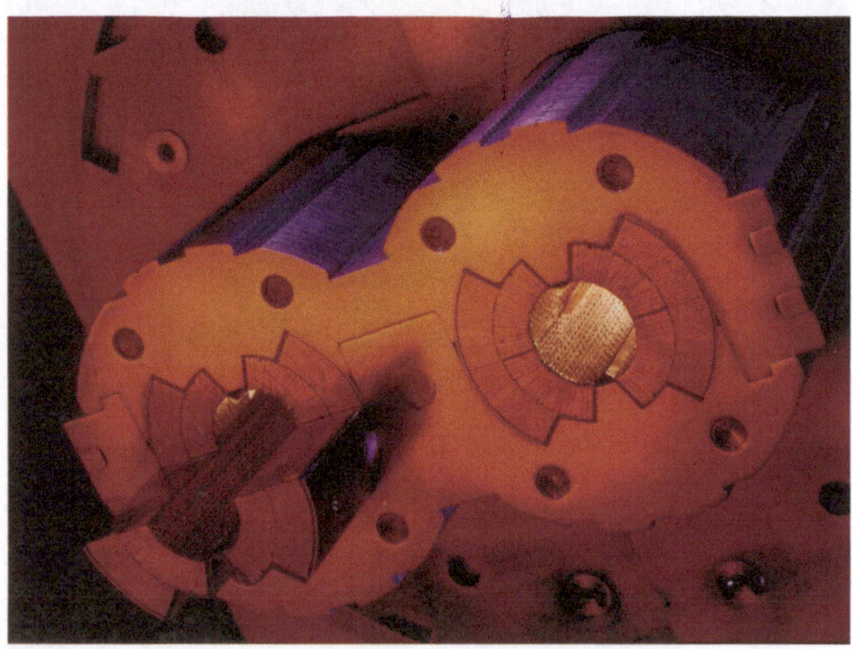

Tavola III Le bobine superconduttrici di un dipolo inserite all'interno dei collari in acciaio che sostengono la struttura. I fasci di protoni circolano in sensi opposti dentro i due condotti al centro delle bobine. (*Fonte: CERN*)

Tavola IV Dipoli installati all'interno del tunnel dell'LHC. Si nota appena la curvatura dell'anello lungo 26,7 chilometri. (*Fonte: CERN*)

Tavola V Le cavità a radiofrequenza nel tunnel dell'LHC. (*Fonte: CERN*)

Tavola VI Discesa della prima bobina superconduttrice all'interno della caverna del rivelatore ATLAS (26 ottobre 2004). (*Fonte: CERN/ATLAS Collaboration*)

Tavola VII Vista delle otto bobine superconduttrici del toroide di ATLAS prima dell'installazione dei calorimetri e del rivelatore interno (4 novembre 2005). La persona in primo piano dà un'idea delle dimensioni. (*Fonte: CERN/ATLAS Collaboration*)

Tavola VIII Installazione delle camere a muoni nell'end-cap del rivelatore ATLAS (4 ottobre 2006). (*Fonte: CERN/ATLAS Collaboration*)

Tavola IX Vista del rivelatore ATLAS prima dell'installazione dell'end-cap (16 febbraio 2007). (*Fonte: CERN/ATLAS Collaboration*)

Tavola X Un fisico lavora all'interno del criostato di ATLAS, destinato a contenere argon liquido a –186 °C per il calorimetro elettromagnetico (22 agosto 2006). (*Fonte: CERN/ATLAS Collaboration*)

Tavola XI Parte interna dell'end-cap del rivelatore ATLAS dopo l'inserimento nel criostato per l'argon liquido (30 maggio 2007). (*Fonte: CERN/ATLAS Collaboration*)

Tavola XII Il rivelatore CMS nel laboratorio di superficie prima di essere chiuso per il collaudo. (18 luglio 2006). (*Fonte:CERN/CMS Collaboration*)

Tavola XIII Vista dell'interno del rivelatore di tracce centrale di CMS, costituito da tre strati di moduli di silicio. (*Fonte: CERN/CMS Collaboration*)

Tavola XIV La parte centrale del rivelatore CMS, del peso di 1920 tonnellate. inizia la discesa nel pozzo verticale: solo 20 centimetri la separano dalle pareti del pozzo (28 febbraio 2007). (*Fonte: CERN/CMS Collaboration*)

Tavola XV Dopo una discesa durata 10 ore, la parte centrale di CMS (*a destra nella foto*) raggiunge la caverna a 100 metri di profondità (28 febbraio 2007). (*Fonte: CERN/CMS Collaboration*)

Tavola XVI Parte interna dell'end-cap del rivelatore CMS. (*Fonte: CERN/CMS Collaboration*)

Tavola XVII Vista del rivelatore CMS all'interno della caverna sotterranea (20 dicembre 2007). (*Fonte: CERN/CMS Collab·oration*)

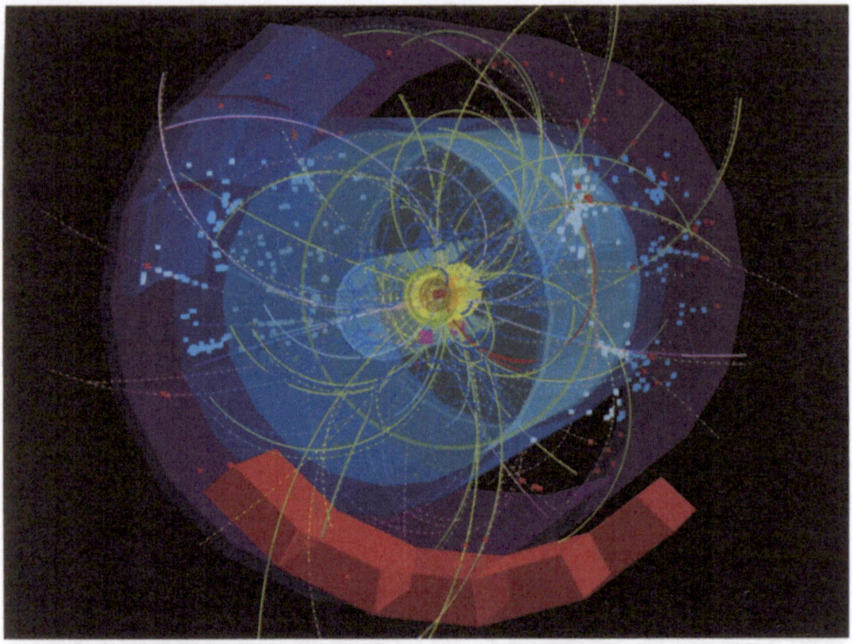

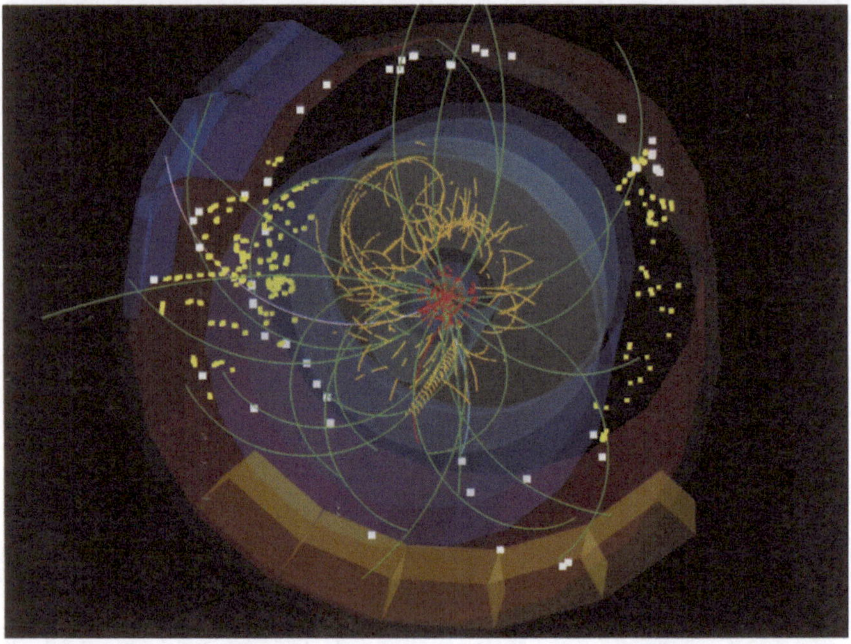

Tavole XVIII e XIX Due eventi registrati dal rivelatore ALICE il 30 marzo 2010, il primo giorno in cui l'LHC ha prodotto collisioni tra fasci di protoni da 3,5 TeV. (*Fonte: CERN/ALICE Collaboration*)

10

Supersimmetria

Se vi sembro eccessivamente chiaro, non dovete aver compreso ciò che ho detto.

Alan Greenspan[1]

Lo spazio-tempo è l'arena nella quale avvengono i fenomeni naturali. Ma con uno sforzo di immaginazione proviamo a pensare a uno spazio più vasto, che si estenda in ulteriori dimensioni, oltre le tre normali dello spazio e il tempo. Immaginiamo, inoltre, che la geometria dello spazio descritto da tali nuove dimensioni sia del tutto fuori dall'ordinario. Ogni quadrato, indipendentemente dalla lunghezza dei suoi lati, ha area uguale a zero. I rettangoli possono avere area diversa da zero, ma possiedono altre proprietà insolite. Come mostra la figura 10.1, se i lati di un rettangolo vengono invertiti, la sua area cambia segno e diventa negativa. In questo spazio la geometria è più intrigante di un disegno di Escher o di un dipinto di Dalì. È assolutamente impossibile visualizzare questo spazio su un foglio mediante semplici figure, poiché le sue dimensioni hanno una natura realmente "quantomeccanica". Ma il potere della matematica va oltre le capacità della nostra percezione visiva e ci consente di esplorare questo spazio surreale, chiamato *superspazio*.

Per quanto bizzarro possa sembrare, il superspazio è compatibile con la logica e possiamo permetterci di fantasticare sull'aspetto che potrebbe avere la materia in esso contenuta. Nel superspazio le particelle sono così diverse da quelle dello spazio ordinario, da meritare un nome speciale: *superparticelle*. Una superparticella

[1] A. Greenspan, discorso pronunciato a un'udienza di un Comitato del Senato degli Stati Uniti nel 1987, citato in *Wall Street Journal*, September 22, 1987.

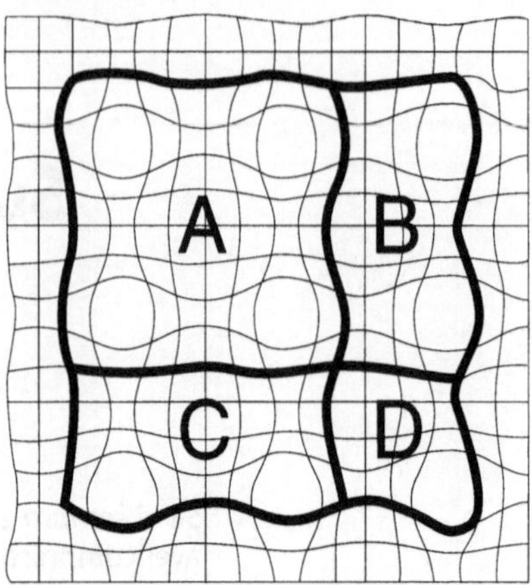

Figura 10.1 Nel superspazio le aree dei quadrati sono uguali a zero. Pertanto:
area (A) = 0 e area (D) = 0
ma anche:
area (A+B+C+D) = 0
Se ne deduce che:
area (B) = - area (C)
Invertendo i lati di un rettangolo, la sua area cambia segno e sono possibili aree negative. La figura riportata ha valore puramente suggestivo, poiché il superspazio non può assolutamente essere visualizzato

è un'entità strana. Potremmo raffigurarla come Giano, la bifronte divinità romana dell'inizio e della fine, le cui due facce guardavano in direzioni opposte. Come Giano, ogni superparticella possiede una doppia identità, essendo contemporaneamente due particelle con spin diverso.

Lo *spin* è un moto di rotazione intrinseco delle particelle. Nel 1925 due studenti olandesi, Samuel Goudsmit (1902-1978) e George Uhlenbeck (1900-1988), formularono il concetto di spin delle particelle, immaginando gli elettroni come piccolissime trottole rotanti. Tuttavia, come Hendrik Lorentz fece subito osservare loro, l'idea degli elettroni rotanti si scontrava con numerosi paradossi logici ed era assolutamente insostenibile. Per esempio, Lorentz spiegò ai due giovani fisici che il bordo di un elettrone che ruotasse nel modo da essi ipotizzato avrebbe dovuto muoversi a una velocità superiore a quella della luce, in evidente contraddizione con il principio della relatività. Goudsmit e Uhlenbeck furono così scoraggiati dagli argomenti del vecchio maestro della fisica olandese che chiesero subito al loro relatore, Paul Ehrenfest, di ritirare il loro articolo. Ma Ehrenfest rispose che era troppo tardi, perché aveva già inviato l'articolo alla rivista, e aggiunse: "Siete entrambi abbastanza giovani per permettervi una stupidaggine."[2]

[2] G.E. Uhlenbeck, Fifty years of spin: Personal reminiscences, *Physics Today* 29, 6, 43-46 (1976).

Ma erano i tempi d'oro della meccanica quantistica, quando una certa dose di incoscienza non impediva di fare nuove scoperte. Sebbene fossero ineccepibili in termini di fisica classica, le obiezioni di Lorentz non erano valide nella meccanica quantistica, i cui fenomeni smentiscono la nostra intuizione. Lo spin di una particella è una realtà fisica, benché sia un concetto non esprimibile in termini di fisica classica. Lo spin è come un incessante moto rotazionale intrinseco delle particelle, ma sfugge a una semplice descrizione classica. La velocità con cui una particella ruota nello spin è sempre identica ed è, quindi, una sua caratteristica intrinseca, proprio come la sua carica elettrica o la sua massa. Inoltre, come per altre quantità fisiche della meccanica quantistica, lo spin può esistere solo come multiplo intero di una quantità fondamentale (chiamata spin ½). Le particelle con spin uguale a multipli dispari di questa quantità sono chiamate *fermioni*, in onore di Enrico Fermi, che ne studiò le proprietà statistiche. Le particelle con spin uguale a zero o a un multiplo pari della quantità fondamentale sono chiamate *bosoni*, dal nome del fisico indiano Satyendra Nath Bose (1894-1974). Quark e leptoni hanno spin ½ e appartengono alla famiglia dei fermioni. Avendo spin 1, il gluone, il fotone e le particelle *W* e *Z* sono bosoni. Il bosone di Higgs ha spin zero e, inutile dirlo, è un bosone. Le due facce della superparticella stile Giano, che corrispondono a due particelle con spin diversi, sono sempre un bosone e un fermione.

La simmetria del superspazio – la *supersimmetria* – possiede proprietà molto particolari, che la rendono diversa da qualsiasi altro tipo di simmetria già nota. In genere le simmetrie implicano trasformazioni dello spazio (come rotazioni o traslazioni) o trasformazioni delle particelle (come lo scambio tra protoni e neutroni). Ma la supersimmetria è diversa. Essa mette in relazione particelle con spin differenti, e lo spin è associato a rotazioni nello spazio fisico. La supersimmetria, pertanto, deve influenzare simultaneamente le proprietà delle particelle e quelle dello spazio, una caratteristica davvero insolita. La supersimmetria è profondamente correlata alle proprietà dello spazio ma comporta, al tempo stesso, trasformazioni tra particelle.

I numeri reali, positivi e negativi, possono essere rappresentati su una linea. Le operazioni algebriche – come l'addizione, la moltiplicazione ecc. – trasformano numeri in altri numeri. Ma si pensava che la radice quadrata di un numero negativo non esistesse, fino a quando, verso la fine del Cinquecento, i matematici italiani Niccolò Tartaglia, Gerolamo Cardano e Rafael Bombelli non introdussero i numeri immaginari. I numeri reali e immaginari si estendono su un piano e non semplicemente su una linea. Eseguendo l'operazione "impossibile" della radice quadrata di un numero negativo, si aprì una nuova dimensione nello spazio dei numeri.

In modo alquanto simile, se eseguiamo la radice quadrata di una traslazione nello spazio normale – un'operazione che era ritenuta del tutto priva di senso – otteniamo una traslazione nelle nuove dimensioni del superspazio. Ancora una volta, come nel caso dei numeri immaginari, una radice quadrata "impossibile" ha svelato nuove dimensioni, in questo caso quelle del superspazio.

Le nuove dimensioni del superspazio sono strettamente correlate con l'esistenza dello spin, poiché questo è un ingrediente necessario per la costruzione della supersimmetria. Ma lo spin delle particelle è un concetto estraneo alla fisica classica e può esistere solo nel mondo della meccanica quantistica; per tale ragione le nuove dimensioni dello spazio sono di natura quantomeccanica. Le coordinate delle dimensioni quantomeccaniche sono così insolite che non possono neppure essere descritte con i numeri abituali, ma richiedono numeri speciali che obbediscono a strane regole algebriche.

L'idea del superspazio può sembrare alquanto insolita e sorprendente, e potreste chiedervi quale sia il nesso con il nostro mondo, dal momento che anche un bambino sa che i quadrati hanno un'area e che le particelle non somigliano ad antiche divinità romane. Ma l'esperienza della rottura spontanea di simmetria ci ha insegnato a usare cautela con le apparenze. Le simmetrie, talvolta, possono ingannare la nostra semplice percezione e nascondersi in leggi fondamentali senza per questo rendersi del tutto manifeste. Come lo scienziato prigioniero in una stanza è convinto che lo spazio non possieda una simmetria di rotazione, possiamo non essere in grado di riconoscere il superspazio intorno a noi.

Nel mito della caverna Platone immagina un gruppo di prigionieri incatenati dalla nascita all'interno di una grotta e costretti a guardare eternamente solo una parete rocciosa. Tutto ciò che essi possono vedere sono le ombre, prodotte da un enorme fuoco, di cose che si muovono dietro le loro spalle. Ai loro occhi quelle immagini grigie sulla parete rappresentano la realtà. Ma, alla fine, uno dei prigionieri riesce a spezzare le catene ed esce dalla caverna. Solo allora si rende conto che ciò che aveva sempre pensato essere la realtà era solo un'illusione, semplicemente un'ombra del mondo reale.

Se la supersimmetria è rotta spontaneamente, potremmo vivere in una situazione molto simile a quella dei prigionieri all'interno della caverna di Platone. Il superspazio ci è nascosto e vediamo solo le ombre che produce nel nostro spazio ordinario. Ciascuna superparticella stile Giano produce sulla parete dello spazio "reale" non una, ma due ombre diverse: una corrisponde a un bosone e l'altra a un fermione.

Secondo i fisici teorici, il Modello Standard potrebbe essere una teoria formulata nel superspazio. I quark, i leptoni e le particelle di gauge che trasmettono le forze costituiscono solo metà della realtà. Ogni particella nota è solo una delle due ombre proiettate da una superparticella bifronte che si muove liberamente nel superspazio. Poiché la rottura spontanea della supersimmetria rende le

Figura 10.2 La (super)caverna di Platone. I due scienziati non possono vedere direttamente la superparticella (qui raffigurata con la forma di una ciambella) sospesa nel superspazio, ma solo le sue due ombre (un bosone e un fermione) proiettate nello spazio ordinario (la parete della caverna)

seconde metà delle superparticelle troppo pesanti per essere rilevate sperimentalmente, non abbiamo mai potuto osservare la seconda metà della realtà. Ma l'LHC potrebbe essere lo strumento con il quale rompere le nostre catene e conquistare la libertà di entrare nella realtà del superspazio.

Non vi è dubbio che la supersimmetria sia un concetto davvero insolito, ma potreste ancora domandarvi perché dovrebbe avere qualcosa a che fare col nostro mondo. Si tratta, in effetti, di un'ottima domanda. Subito dopo la scoperta della supersimmetria, i fisici cominciarono a porsi proprio questo interrogativo, senza trovare una valida risposta. Come disse padre Brown, il prete detective di tanti racconti di Chesterton: "Non è che non riescano a vedere la soluzione. È che non riescono a vedere il problema."[3] Accadeva lo stesso ai fisici teorici nei primi tempi della supersimmetria: la teoria era elegante e attraente, ma non era chiaro a cosa potesse servire. La supersimmetria era la soluzione, ma nessuno sapeva quale fosse esattamente il problema.

Sin dalle sue origini, all'inizio degli anni Settanta, la supersimmetria ha avuto una storia molto particolare, poiché è stata scoperta non una, ma ben tre volte. Il fisico francese Pierre Ramond, in seguito coadiuvato da André Neveu e John Schwarz, effettuò la scoperta in un contesto piuttosto astratto, nel quale la connessione col mondo delle particelle non era evidente. All'incirca nello stesso periodo, Yuri Golfand e Evgeny Likhtman, e più tardi Dmitri Volkov e Vladimir Akulov, scoprirono la supersimmetria in Unione Sovietica, ma l'idea rimase confinata dietro la cortina di ferro. Infine, il fondamentale lavoro di Julius Wess e Bruno Zumino raccolse intorno a questa idea l'interesse di un gran numero di fisici.

All'inizio, la supersimmetria fu studiata soprattutto per il gusto della pura speculazione teorica, e alcuni considerarono discutibile tale attività. Questo atteggiamento è ben illustrato da due episodi capitati al fisico teorico Michael Duff quando era assistente presso l'Imperial College a Londra. Come ricorda Gordon Kane: "Nel 1979 il gruppo di fisica teorica chiese un finanziamento per sostenere le attività di ricerca, in particolare i postdottorati. La richiesta fu approvata, a condizione che i fondi *non* fossero spesi in ricerche sulla

[3] G.K. Chesterton, *The Point of a Pin, in The Scandal of Father Brown*, Cassell, London 1935.

supersimmetria. Un paio d'anni dopo, Duff chiese un contributo per partecipare a un convegno sulla supergravità, organizzato da Stephen Hawking a Cambridge. La richiesta fu respinta, con la motivazione che la spesa non era considerata compatibile con l'uso di fondi destinati alla teoria delle particelle."[4]

La fisica teorica si dimostra potente ed efficace soprattutto quando lasciata libera di spaziare senza vincoli nel regno delle speculazioni. Naturalmente, la maggior parte delle idee prodotte da tale processo termina in vicoli ciechi, ma è sufficiente che una sola colpisca il bersaglio per assicurare il progresso. Le idee rivoluzionarie raramente si manifestano quando i fisici teorici seguono percorsi prestabiliti, ma emergono piuttosto dalla libertà di seguire istintivamente le proprie intuizioni. La supersimmetria era un concetto così seducente, che era difficile accettare che la natura non sfruttasse l'armonia di questo nuovo genere di simmetria.

Supersimmetria e naturalezza

> Non riesco a capire perché la gente abbia paura delle nuove idee. Io ho paura di quelle vecchie.
>
> John Cage[5]

E alla fine, tutto questo speculare non si rivelò inutile. Un buon problema per il quale la supersimmetria poteva rappresentare la soluzione fu identificato agli inizi degli anni Ottanta. La supersimmetria può risolvere il problema della naturalezza perché nelle teorie supersimmetriche le particelle virtuali si comportano in modo molto più disciplinato, essendo tenute a freno da un principio di simmetria, il solo linguaggio cui prestano ascolto. Per comprendere come la supersimmetria possa porre rimedio al problema della naturalezza, ricorriamo a un'analogia.

È il compleanno di vostro figlio e organizzate una festa alla quale sono invitati tutti i suoi compagni di scuola. Per rallegrare

[4] G. Kane, *Supersymmetry: Unveiling the Ultimate Laws of Nature*, Perseus Publishing, Cambridge 2000 (Ed. it.: *Supersimmetria. Squark, fotini, sparticelle: svelare le leggi ultime della natura*, Bollati Boringhieri, Torino 2005. Trad. di S. Ravaioli).

[5] J. Cage, citato in R. Kostelanetz, *Conversing with Cage*, Routledge, New York 2003.

l'ambiente, disponete con cura e precisione dei palloncini colorati, distribuendoli uniformemente per la casa. Ma appena i bambini invitati alla festa arrivano, si scatena il caos totale. Non c'è modo di controllare l'orda di vivaci ragazzini che corrono incessantemente per tutta la casa, andando a sbattere contro i mobili, dando pedate a tutto ciò che si trovano davanti e lanciando oggetti in giro. La vostra ordinata e uniforme decorazione viene distrutta all'istante: questione di secondi e i palloncini volano dappertutto, rimbalzando da un angolo all'altro della stanza.

I ragazzini indisciplinati sono come le particelle virtuali, e l'uniforme disposizione di palloncini è la sostanza di Higgs. Le particelle virtuali trasmettono la propria energia alla sostanza di Higgs, che viene disturbata e diventa più densa, riducendo il raggio d'azione della forza debole, ovvero la scala debole. Ci troviamo di fronte al problema della naturalezza.

Sconfitti nel vostro inutile tentativo di mettere ordine nel caos della festa, crollate su una poltrona, dove cadete in un sonno profondo e iniziate a sognare. Nel sogno ogni bambino si trasforma in una creatura duplice, un piccolo Giano, e accade allora qualcosa di straordinario. Ogni volta che una metà del bambino dà un calcio a un palloncino, l'altra metà ne assesta uno uguale nella direzione opposta: i due calci si compensano esattamente e il palloncino rimane miracolosamente immobile. I piccoli Giani continuano a impazzare selvaggiamente per la casa, ma la vostra ordinata distribuzione di palloncini rimane indisturbata nella sua uniforme disposizione originaria. Ancora profondamente addormentati, sorridete rasserenati da questo sogno confortante.

La supersimmetria risolve il problema della naturalezza in un modo molto simile. Ciascuna delle due particelle che costituiscono le due facce della superparticella fornisce un grande contributo alla densità della sostanza di Higgs. I due contributi sono esattamente uguali, ma di segno opposto, cosicché si annullano a vicenda, proprio come i calci opposti dei piccoli Giani si neutralizzano tra loro. Quando si eseguono effettivamente i calcoli per la prima volta, questa perfetta sottrazione di grandi contributi sembra un miracolo. Ma non si tratta di un caso fortuito, bensì di una manifestazione della potenza della supersimmetria. La sostanza di Higgs, che nello spazio normale è scombussolata dalle particelle virtuali, rimane perfettamente indisturbata nell'immenso splendore del superspazio. La frenetica attività delle superparticelle virtuali non influisce sulla sostanza di Higgs, poiché così è scritto nelle leggi della simmetria.

La rottura spontanea della supersimmetria modifica leggermente la duplice identità delle superparticelle, rendendo una delle due particelle più pesante dell'altra. Di conseguenza, l'annullamento degli effetti delle particelle virtuali nel superspazio non è perfettamente esatto. Il requisito che l'effetto residuo non riproponga un problema di naturalezza porta alla conclusione che le nuove particelle predette dalla supersimmetria devono avere masse inferiori a circa 1 TeV, un valore che rientra ampiamente nel territorio dello zeptospazio. È per questa ragione che i fan della supersimmetria ripongono tante aspettative negli esperimenti dell'LHC. La supersimmetria predice che ogni particella del Modello Standard possiede un duplicato più massivo, che deve essere alla portata dell'LHC. Se questa teoria è vera, l'LHC scoprirà che lo zeptospazio non è altro che una forma di superspazio.

Supersimmetria e unificazione

> Il terreno della fisica è disseminato di cadaveri di teorie unificate.
>
> Freeman Dyson[6]

Gli studi teorici sulla supersimmetria non sono motivati esclusivamente dal problema della naturalezza, ma anche dalla ricerca di un'ulteriore unificazione. Le superparticelle possiedono la duplice identità di particelle con spin ½ (come quark e leptoni) e di particelle con spin 1 (come gluoni, fotoni e particelle *W* e *Z*). Per questa ragione, si sostiene talora che la supersimmetria unifica i concetti di materia e di forza. Tuttavia, le particelle di materia e quelle portatrici di forza non fanno mai parte della stessa superparticella e pertanto non vi è ulteriore unificazione tra forza e materia, oltre quella già conseguita con la consolidata teoria dei campi. La supersimmetria estende il Modello Standard al superspazio, ma mantiene la stessa struttura di gauge nella descrizione delle forze. Ciò no-

[6] F. Dyson, *Disturbing the Universe*, Harper & Row, New York 1979 (Ed. it.: *Turbare l'universo*, Bollati Boringhieri, Torino 1981. Trad. di R. Valla).

nostante, la supersimmetria potrebbe fornire importanti contributi all'unificazione delle forze.

Abbiamo già accennato a come la supersimmetria sia intrecciata con le proprietà dello spazio. Ma, come dimostrato dalla relatività generale di Einstein, le proprietà dello spazio sono correlate alla forza di gravità. Infatti, la gravità stessa è automaticamente integrata in una nuova teoria, nella quale la supersimmetria agisce come una simmetria locale anziché globale. Questa teoria – identificata nel 1976 da Sergio Ferrara, Daniel Freedman e Peter van Nieuwenhuizen – è chiamata molto appropriatamente *supergravità* e fornisce un possibile legame tra la gravità e le altre forze.

Il problema più difficile nell'unificazione della gravità con le altre forze di gauge è conciliare la relatività generale con la meccanica quantistica. Finora una sola teoria ha conseguito tale obiettivo in un unico quadro coerente: la *teoria delle stringhe*. In tale teoria non vi sono particelle, ma minuscoli oggetti estesi – chiamati stringhe – che si propagano nello spazio e oscillano, producendo vibrazioni che noi riveliamo come particelle. Attualmente, sono in atto considerevoli sforzi per cercare di venire a capo della complessità di questa teoria, e vi sono indizi che essa possa rappresentare un gradino più alto (se non l'ultimo) della scala di Giacobbe.

La supersimmetria entra in gioco in quanto ingrediente necessario per una coerente teoria delle stringhe, che per tale motivo è spesso chiamata *teoria delle superstringhe*. In tal modo la supersimmetria potrebbe davvero diventare un elemento chiave nel disegno della natura. Tuttavia, questa non è di per sé una ragione sufficiente per attendersi la scoperta della supersimmetria da parte dell'LHC: se esistono, le superstringhe sono probabilmente entità che appartengono a un mondo più remoto dello zeptospazio, ben al di là della portata dell'LHC.

Vi è anche un altro contesto nel quale la supersimmetria potrebbe giocare un ruolo importante nella ricerca dell'unificazione. Molto prima che la supersimmetria entrasse a far parte dell'armamentario dei fisici, Howard Georgi e Sheldon Glashow avevano suggerito che le forze elettromagnetica, debole e forte potessero essere aspetti differenti di un'unica forza. La loro proposta fu chiamata enfaticamente *teoria di grande unificazione*.

A prima vista l'idea appare del tutto strampalata. Per comprendere perché la proposta di una grande unificazione sembra impraticabile, torniamo a considerare la struttura della teoria di gauge. Abbiamo già visto come le simmetrie identifichino talune forme geometriche. Per esempio, è abbastanza intuitivo che la simmetria di rotazione nello spazio identifica la sfera, poiché è l'unico solido (semplicemente connesso) completamente invariante rispetto alle rotazioni. La forma di questo solido è interamente determinata dal solo principio di simmetria; rimane arbitrario un unico parametro, il raggio della sfera. Sebbene sia meno intuitivo, lo stesso accade nella teoria di gauge. La simmetria di gauge determina completamente la struttura delle interazioni tra particelle, eccetto un parametro, chiamato *costante di accoppiamento*, che misura l'intensità della forza di gauge. Tutto il resto è legge scolpita nelle tavole dei comandamenti della simmetria.

Il Modello Standard descrive le forze elettromagnetica, debole e forte in termini di una simmetria di gauge, definita dal prodotto di tre gruppi di Lie, e quindi contiene tre diverse costanti di accoppiamento. Tali costanti, che determinano l'intensità delle forze elettromagnetica, debole e forte, sono state misurate molto accuratamente; come prevedibile, la costante di accoppiamento della forza forte è maggiore di quella della forza debole. Ciò solleva un'immediata obiezione all'idea della grande unificazione: come può una singola forza di gauge, che contiene una sola costante di accoppiamento, descrivere tre forze di diversa intensità?

La risposta a questa domanda va ricercata nella meccanica quantistica e, più precisamente, nelle onnipresenti particelle virtuali. Cominciamo a prendere in esame la forza elettromagnetica. Secondo la fisica classica, un oggetto elettricamente carico – poniamo, un elettrone – esercita una forza la cui intensità decresce quanto più ci si allontana, variando in modo inversamente proporzionale al quadrato della distanza. Ma nella meccanica quantistica le cose diventano più complicate. Lo spazio è infestato da bande incontrollate di particelle virtuali, che avvertono immediatamente la presenza dell'elettrone. Avendo carica negativa, l'elettrone respinge le particelle virtuali cariche negativamente, mentre attrae quelle cariche positivamente; risulta così circondato da un nugolo di cariche positive. La nube di particelle virtuali cariche positivamente riduce l'intensità della carica dell'elettrone quando questa è misurata da una certa distanza. Quanto più ci si avvicina all'elettrone, tanto più intensa risulta la sua carica, poiché si assottiglia la nube di particelle virtuali frapposte. L'effetto è simile a quello che si prova guardando un lampione attraverso la nebbia in una sera d'inverno a Ginevra: la nebbia affievolisce la luce, ma l'attenuazione si riduce avvicinandosi al lampione.

Questo fenomeno dà luogo a un singolare risultato. Nella fisica classica la forza elettromagnetica dipende dalla distanza, ma la carica elettrica è un parametro costante. Nella meccanica quantistica, invece, la carica elettrica dipende dalla distanza alla quale la osserviamo, poiché è schermata dalla nuvola di particelle virtuali. E le sorprese non finiscono qui.

Estendiamo ora le nostre considerazioni dall'elettromagnetismo (QED) alla forza forte (QCD). La carica elettrica svolge il ruolo di costante di accoppiamento della QED, mentre la QCD possiede una propria costante di accoppiamento che descrive l'intensità della forza forte. Com'è naturale attendersi, anche nella QCD la costante di accoppiamento dipende dalla distanza alla quale si misura la forza. Tuttavia, quanto più ci allontaniamo da un quark, tanto più la costante di accoppiamento della QCD aumenta (invece di diminuire come nella QED), poiché gluoni virtuali rinforzano la carica della QCD invece di attenuarla. La nebbia di particelle virtuali nella QCD rende la luce del lampione più luminosa man mano che ce ne allontaniamo. Questo inatteso risultato è valso a Gross, Politzer e Wilczek il premio Nobel e ha spianato la strada alla comprensione della forza forte in termini di QCD, come illustrato nel capitolo 4.

Le costanti di accoppiamento non sono costanti, ma variano secondo la distanza a cui sono misurate. Ciò può suscitare qualche obiezione circa l'appropriatezza della terminologia, ma notoriamente la fisica è piena di costanti che variano. Comunque sia, la variazione delle costanti di accoppiamento in funzione della distanza rappresenta la chiave per l'unificazione delle forze di gauge.

Imbarchiamoci ancora sulla nostra astronave virtuale dei calcoli teorici e mettiamoci in viaggio verso le profondità dell'inimmaginabilmente piccolo. Abbiamo appena visto che, al ridursi delle distanze, la costante di accoppiamento della QCD diventa più piccola, mentre quella della QED diventa più grande. Così, procedendo nel nostro viaggio, scopriamo che la forza forte si attenua, mentre quella elettromagnetica si intensifica. Le tre costanti di accoppiamento del Modello Standard, corrispondenti alle forze elettromagnetica, debole e forte, diventano progressivamente sempre più simili, man mano che ci avventuriamo a distanze sempre più piccole. A una distanza di circa 10^{-32} metri – la cosiddetta *scala di grande unificazione* – le tre costanti di accoppiamento diventano quasi uguali.

Per concepire la realtà fisica alla scala di grande unificazione occorre un gigantesco sforzo d'immaginazione. Questa scala corrisponde a 10^{-11} zeptometri (un centesimo di miliardesimo di zepometro) ed è, quindi, ben al di là delle possibilità di esplorazione dell'LHC. Cercare di identificare con l'LHC distanze pari alla scala di grande unificazione sarebbe come voler individuare delle molecole sulla superficie della Luna servendosi di un normale binocolo.

È un fatto davvero stupefacente che, alla scala di grande unificazione, le forze elettromagnetica, debole e forte diventano praticamente quasi uguali: questa constatazione empirica suggerisce che a quelle distanze straordinariamente piccole le forze possano fondersi in un'unica entità. Secondo Georgi e Glashow, questa entità configura una teoria di grande unificazione, cioè una teoria di gauge descritta dalla simmetria di un unico gruppo di Lie, contenente una sola costante di accoppiamento. In una teoria di grande unificazione non solo le forze elettromagnetica, debole e forte divengono aspetti differenti di un'unica forza, ma anche i quark e i leptoni possono essere considerati come aspetti diversi di particelle unificate. L'unificazione delle forze condurrebbe, quindi, anche a una parziale unificazione della materia. Sebbene confinata in un mondo lontano dalle possibilità dell'esplorazione sperimentale diretta, l'idea di grande unificazione è senza dubbio affascinante.

Rispetto all'epoca delle prime proposte di teorie di grande unificazione, le misure sperimentali delle tre costanti di accoppiamento del Modello Standard sono oggi molto più precise. Quando queste misure – relative a distanze di circa due miliardesimi di nanometro – vengono estrapolate, mediante calcoli teorici, a distanze intorno a 10^{-32} metri, le tre costanti di accoppiamento si incontrano quasi, ma non esattamente, in un punto, come mostrato nel diagramma superiore della figura 10.3. Seppure imprecisa, questa concordanza potrebbe già essere considerata un buon indizio a favore della grande unificazione. Dopo tutto, la nostra conoscenza del mondo a 10^{-32} metri è a dir poco incompleta e fattori ancora sconosciuti potrebbero fornire le correzioni necessarie per ottenere una perfetta unificazione dell'intensità delle forze.

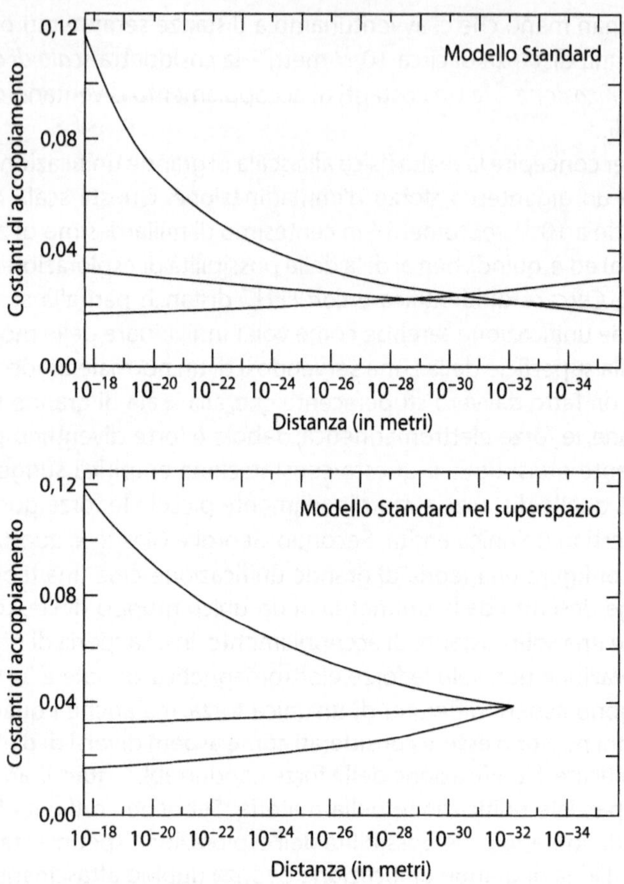

Figura 10.3 Le tre costanti di accoppiamento delle forze elettromagnetica, debole e forte espresse in funzione della distanza alla quale sono misurate. Le misure sperimentali delle costanti di accoppiamento si riferiscono a una distanza di circa 10^{-18} metri, mentre le estrapolazioni per distanze minori sono basate su calcoli teorici. In alto è rappresentato il caso del Modello Standard nello spazio normale, in basso il caso del Modello Standard nel superspazio

Ma ecco un'altra sorpresa inaspettata: se i calcoli per estrapolare le costanti di accoppiamento sono effettuati nel superspazio anziché nello spazio normale, le tre costanti magicamente si incontrano, entro i limiti dell'incertezza sperimentale, in un unico punto, come mostrato dal diagramma inferiore della figura 10.3. La supersimmetria è esattamente l'ingrediente necessario per fondere tutte le forze in una sola entità unificata. Questo risultato ha provocato grande eccitazione tra i fisici, poiché può essere interpretato come un'indicazione che la supersimmetria fa parte della natura. Ovviamente, l'esatto congiungersi delle tre costanti di accoppiamento potrebbe essere una mera coincidenza numerica, un crudele scherzo giocato dalla natura a spese di fisici teorici creduloni. Ma, come disse una volta Miss Marple: "Qualsiasi coincidenza merita di essere notata. Può sempre essere scartata successivamente, se si dimostra davvero solo una coincidenza."[7]

L'accuratezza con cui le forze elettromagnetica, debole e forte si unificano in una singola entità è così impressionante nel caso della supersimmetria, che è difficile ignorare questo allettante indizio. Se non è una mera coincidenza numerica, si tratta allora dello squillo di tromba che annuncia un'imminente rivoluzione. Varcando la soglia dello zeptospazio, l'LHC irromperà nel territorio del superspazio, nelle cui profondità è nascosto il tesoro della grande unificazione delle forze.

L'LHC alla scoperta della supersimmetria

Io non cerco. Trovo.
Pablo Picasso[8]

Se le idee sulla supersimmetria sono corrette, ogni particella del Modello Standard ha un suo doppio: una nuova particella con spin differente. Le controparti di quark e leptoni sono bosoni denominati *squark* e *sleptoni*. Le controparti dei gluoni sono fermioni chiamati *gluini*. Il fotone, le particelle *W* e *Z* e il bosone di Higgs hanno come controparti fermioni che – a causa del concomitante effetto della rottura della supersimmetria e della simmetria di gauge – sono collettivamente chiamati *chargini*, se possiedono carica elettrica, e *neutralini*, se sono elettricamente neutri.

[7] A. Christie, *Miss Marple: The Complete Short Stories*, Penguin Putnam, New York 1985.

[8] P. Picasso, intervista a *The Art*, 25 May 1923.

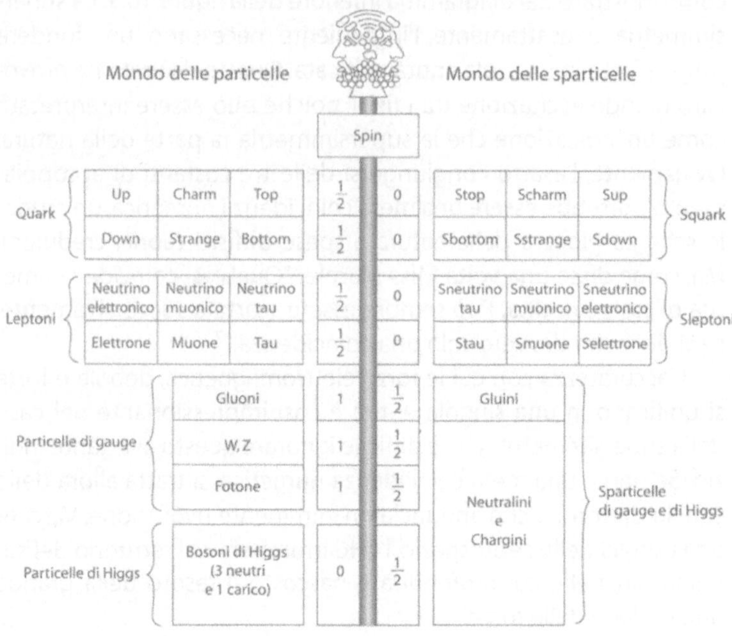

Figura 10.4 Le particelle del Modello Standard nel superspazio

I nomi assegnati alle particelle supersimmetriche non sono all'altezza dell'eleganza della teoria, ma la nomenclatura della fisica è influenzata dalle mode. Fino alla seconda guerra mondiale i nomi attribuiti alle particelle avevano un legame con la tradizione, che si rifletteva nella loro derivazione dal greco classico (protone, fotone, mesone, barione, adrone, leptone...). Poi la tradizione fu spezzata, soprattutto da Gell-Mann, e i termini della fisica delle particelle divennero più fantasiosi e spiritosi (stranezza, quark, colore, charm, beauty, ghost...). In seguito, la scelta dei nomi è talora degenerata in una gara alla ricerca di giochi di parole: per esempio, TOE (in inglese, "dito del piede") e GUT (in inglese, "intestino") non sono parti del corpo, ma acronimi per Theory Of Everything (teoria del tutto) e Grand Unified Theory (teoria di grande unificazione); ma incontreremo anche Technicolor e WIMP. Lo zoo delle teorie delle particelle è zeppo di bestie fantastiche dai nomi improbabili. Ma in fondo "che cos'è un nome? Anche se avesse un altro nome, ciò che chiamiamo rosa avrebbe lo stesso dolce profumo."[9] Lasciamo quindi perdere la nomenclatura e torniamo alla supersimmetria.

Il raddoppio delle particelle imposto dalla supersimmetria ha delle similitudini con la predizione di Dirac che ogni particella deve avere come controparte un'antiparticella. Essendo associata con una simmetria esatta, l'antimateria deve avere esattamente la stessa massa della materia. Le particelle supersimmetriche, invece, sono più pesanti delle normali particelle del Modello Standard, a causa della rottura della supersimmetria. Poiché non conosciamo il preciso meccanismo della rottura della supersimmetria, ignoriamo quali siano le masse delle particelle supersimmetriche; tuttavia, la soluzione del problema della naturalezza lascia sperare che tali particelle siano abbastanza leggere da poter essere create dalle collisioni di protoni nell'LHC.

A prima vista, la proliferazione di particelle predetta dalla supersimmetria può apparire più una complicazione che una semplificazione della teoria. Ma questa impressione è solo un effetto delle molteplici e illusorie ombre proiettate sulla parete della caverna in cui siamo prigionieri. Solo osservando direttamente il superspazio potremo riconoscere la bellezza della simmetria del mondo delle particelle.

La scoperta della supersimmetria con l'LHC significherà trovare la metà mancante del supermondo, la seconda faccia di Giano. Sarà come esplorare il lato nascosto della Luna e scoprire che il nostro satellite è una sfera, e non semplicemente un disco nel cielo. Ma la maniera precisa nella quale la supersimmetria potrà essere identificata è ancora oggetto di acceso dibattito tra i fisici teorici.

Una delle ipotesi più quotate sul mercato delle idee è che tutte le particelle supersimmetriche decadano molto rapidamente, a eccezione di quella più leggera, un neutralino, cioè una particella massiva, stabile ed elettricamente neutra. I neutralini somigliano ai comuni neutrini, sebbene siano molto più pesanti. Proprio come i neutrini, anche i neutralini sono invisibili per i rivelatori dell'LHC e attraversano gli strumenti senza lasciarvi la minima traccia. Ma gli esperimenti sono in grado di rivelare la presenza del neutralino grazie alla sua "assenza". Vediamo di spiegare il concetto con un'analogia.

[9] W. Shakespeare, *Romeo and Juliet*, Act II, Scene II.

Un distributore automatico di monete funziona in modo tale che, quando inserite una banconota da 10 euro, vi lascia cadere in mano dieci tintinnanti monete da 1 euro. Supponiamo però che, dopo aver inserito la banconota, vi ritroviate nella mano solo nove monete. La logica conclusione è: o la macchina non funziona bene oppure mentre le monete vi cadevano in mano ve ne è sfuggita una.

Analogamente, supponiamo che la somma delle energie di tutte le particelle prodotte in una collisione nell'LHC non corrisponda alle energie dei protoni coinvolti. Anche l'energia – come il denaro (almeno teoricamente) – si conserva: perciò o il rivelatore dell'LHC non funziona bene e sbaglia la misura dell'energia delle particelle, oppure non ha registrato il passaggio di qualche particella "invisibile". Una volta che sia stata effettuata una completa calibrazione di tutti gli strumenti e siano state ben comprese tutte le prestazioni del rivelatore, rimane solo la seconda possibilità: la collisione ha prodotto una particella invisibile che ha attraversato la strumentazione senza lasciare alcuna traccia. In questo modo, è possibile scoprire una nuova particella debolmente interagente grazie alla sua "assenza".

In termini più tecnici, gli esperimenti osservano negli eventi di collisione uno sbilancio nelle particelle che apparentemente viola la conservazione dell'energia e della quantità di moto. L'"energia mancante", necessaria per ristabilire la conservazione dell'energia, è allora attribuita a una particella non rivelata, forse a un neutralino. In pratica, le particelle che si muovono in direzione molto prossima a quella del fascio di protoni non possono essere misurate, e pertanto gli esperimenti contano solo la componente del moto delle particelle in direzione ortogonale al fascio. Ma ciò non cambia sostanzialmente il concetto.

La ricerca dell'"energia mancante" ci ricorda la deduzione di Pauli dell'esistenza del neutrino (capitolo 3), sebbene qui la situazione sia invertita: Pauli conosceva il fenomeno e cercava una spiegazione; qui abbiamo una spiegazione e stiamo cercando il fenomeno. È ciò che accade quando la teoria anticipa l'esperimento.

L'"energia mancante" non è la sola via attraverso la quale la supersimmetria può rivelarsi nell'LHC e i fisici teorici hanno proposto numerose altre possibilità. Le teorie supersimmetriche sono come camaleonti e possono assumere molte forme diverse quando devono confrontarsi con gli esperimenti. Per tale ragione alcuni fisici affermano, scherzando, che "la supersimmetria verrà certamente scoperta nell'LHC, anche se non esiste!" Il punto è che, in una delle sue forme mutanti, la supersimmetria potrebbe spiegare praticamente qualsiasi nuova scoperta fatta dall'LHC. Ironia a parte, sono sicuro che, dopo prudente e attenta analisi dei dati dell'LHC, i fisici sperimentali saranno in grado di vagliare le diverse alternative teoriche e stabilire con certezza se il superspazio è stato avvistato oppure no.

Una caratteristica assai attraente della supersimmetria è che incorpora il meccanismo di Higgs all'interno della teoria di gauge in un modo particolarmente interessante: la sostanza di Higgs emerge automaticamente senza bisogno di introdurre speciali interazioni tra i campi di Higgs, come invece è necessario nel Modello Standard. Per tale motivo, in supersimmetria è possibile calcolare la massa del bosone di Higgs. Nei casi più semplici la teoria predice che tale massa deve essere minore di circa 120-130 GeV. Questo risultato fornisce un test cruciale a cui la supersimmetria verrà sottoposta nell'LHC. Inoltre, la supersimmetria non prevede solo un tipo di bosone di Higgs, bensì quattro: una particella elettricamente carica e tre neutre.

Le teorie supersimmetriche predicono un numero di nuove particelle sufficiente per tenere occupati i fisici sperimentali fino all'età della pensione. Tuttavia, l'entusiasmo suscitato dalla supersimmetria non è dovuto alla prospettiva di scoprire qualche nuova, sconosciuta particella; riguarda piuttosto un concetto rivoluzionario di simmetria e il riscontro che lo spazio possiede ulteriori dimensioni quantistiche. Nel superspazio le cose non sono solo "qui" e "ora", ma le loro posizioni sono determinate anche da altre coordinate, che non possono neppure essere descritte dai numeri usuali, ma richiedono nuove entità matematiche. La scoperta della supersimmetria sarebbe una delle più grandi rivoluzioni intellettuali nella nostra comprensione della struttura dello spazio.

11

Dimensioni extra e nuove forze

Non si può dire nulla di così assurdo che non sia già stato detto da qualche filosofo.
Marco Tullio Cicerone[1]

I mondi sconosciuti nascosti in nuove dimensioni dello spazio sono da sempre uno dei temi prediletti degli scrittori di fantascienza. Ma l'idea che lo spazio possa estendersi al di là dell'esperienza sensoriale è antica quanto il pensiero umano. Quasi tutte le religioni affermano l'esistenza di mondi inaccessibili all'uomo, identificati a volte con le dimore degli dei, a volte con i regni dell'aldilà. Anche la letteratura classica è ricca di riferimenti a mondi paralleli.

A cavallo tra il XIX e il XX secolo, il fascino intellettuale delle nuove dimensioni andò assumendo aspetti più sofisticati. Sigmund Freud esplorava le segrete dimensioni dell'inconscio, mentre i pittori cubisti e surrealisti tentavano di catturare sulla tela l'essenza di ulteriori dimensioni. H.G. Wells introdusse un nuovo genere letterario, che spesso si richiama agli aspetti matematici delle nuove dimensioni. Edwin Abbott scrisse il famoso *Flatlandia*[2], nel quale un'immaginaria creatura bidimensionale visita lo spazio a tre dimensioni e, dopo averne scoperto le meraviglie, comincia a fantasticare di mondi con più di tre dimensioni spaziali. La storia propone un'allegoria della società vittoriana, ma rappresenta anche un interessante esercizio mentale per avvicinarsi al concetto di dimensioni spaziali differenti da quelle che conosciamo.

[1] Cicerone, *De Divinatione*, Liber II, 119.

[2] E. Abbott, *Flatland*, Blackwell, Oxford, 1884 (Ed. it.: *Flatlandia*, Adelphi, Milano 1966. Trad. di M. d'Amico).

Questo interesse per il concetto di *dimensioni extra* coincise, non a caso, con un profondo ripensamento scientifico delle nozioni di spazio e tempo, che nello stesso periodo venivano sconvolte dalla teoria della relatività. Poiché la nostra coscienza si muove ininterrottamente nella direzione del tempo, percepiamo una differenza tra spazio e tempo. Ma, secondo la relatività, l'entità fisica nella quale si verificano i fenomeni naturali è un unico spazio-tempo a quattro dimensioni.

Una piccola semplificazione può aiutarci a comprendere come si possa concepire il tempo come una nuova dimensione. Prendendo in prestito l'analogia di Abbott, immaginiamo una creatura piatta, un abitante di Flatlandia, che vive in uno spazio bidimensionale, come un foglio di carta. Supponiamo ora che l'immagine di una sfera, che si muove in un mondo tridimensionale, attraversi il foglio di carta: l'abitante di Flatlandia è incapace di vedere oltre il suo spazio piatto e percepirà solo la parte della sfera che interseca il foglio di carta. Il passaggio della sfera gli apparirà perciò come un cerchio che dapprima si espande, poi si contrae e infine sparisce; in altre parole, percepirà una sfera tridimensionale come un cerchio bidimensionale il cui diametro cambia nel tempo. Allo stesso modo, noi percepiamo la realtà quadridimensionale come oggetti tridimensionali che cambiano nel tempo; ma il tempo costituisce, a tutti gli effetti, un'altra dimensione. Impilare uno sull'altro i fotogrammi di un film è una maniera per rappresentare il tempo come una direzione verticale nello spazio.

Aggiungere nuove dimensioni allo spazio-tempo è un esercizio matematico semplice. In realtà, dal punto di vista della fisica, l'aggiunta di nuove dimensioni temporali conduce a risultati che confondono e generano paradossi, ci limiteremo pertanto a nuove dimensioni spaziali, procedendo per passi successivi. Unendo due punti si ottiene un segmento unidimensionale. Unendo gli estremi di quattro segmenti si ottiene un quadrato bidimensionale. Unendo i lati di sei quadrati si ottiene un cubo tridimensionale. Unendo le facce di otto cubi si ottiene un ipercubo quadridimensionale. E così via.

La matematica è semplice, ma la visualizzazione oltre tre dimensioni no. Il meglio che possiamo fare è svolgere l'ipercubo e proiettarlo in tre dimensioni, allo stesso modo in cui svolgiamo un cubo su un piano o un quadrato su una linea (figura 11.1). Per inci-

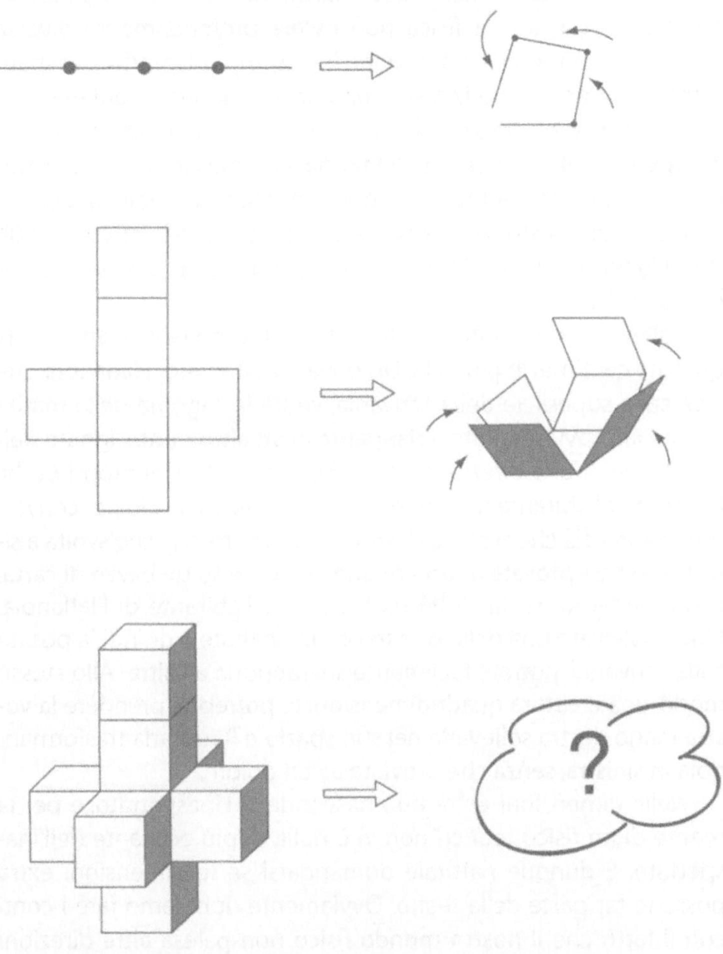

Figura 11.1 Costruzione di figure in spazi con un numero crescente di dimensioni

so, questa proiezione dell'ipercubo svolto è raffigurata nella crocifissione del dipinto di Salvador Dalì *Corpus Hypercubus* (1954). Se avete una mente molto flessibile, potete cercare di sovrapporre le facce libere degli otto cubi dell'ipercubo svolto e ricostruire l'entità quadridimensionale. Auguri.

Mentre la matematica è abbastanza indifferente al numero di dimensioni trattate, la fisica può essere profondamente diversa negli spazi con nuove dimensioni. Per esempio, l'improvvisa sparizione di un oggetto e la sua ricomparsa in un luogo differente vi apparirebbe senz'altro come un evento soprannaturale; inoltre, per quanto possiate contorcere le braccia, non riuscirete mai a distorcere la mano destra fino a renderla identica alla sinistra. Eppure stranezze di questo genere possono verificarsi se lo spazio acquista un'ulteriore dimensione. Vediamo come ciò accade nel mondo di Flatlandia.

Sollevate una matita posata sulla vostra scrivania e spostatela qualche centimetro più in là. Un povero abitante di Flatlandia, che vive sulla superficie della scrivania, vedrà la sagoma della matita sparire improvvisamente e riapparire in un altro punto. Ignaro dell'esistenza di una direzione verticale, non crederà ai propri occhi. Inoltre, per l'abitante di Flatlandia non vi è alcun modo per convertire una freccia che svolta a destra (↱) in una freccia che svolta a sinistra (↰). Se provate a ruotare queste frecce su un pezzo di carta, comprenderete le difficoltà incontrate dall'abitante di Flatlandia. Ma se sollevate una delle due frecce, la ribaltate e quindi la posate sulla scrivania, potrete facilmente sovrapporla all'altra. Allo stesso modo, una creatura quadridimensionale potrebbe prendere la vostra mano destra sollevarla nel suo spazio e lì ruotarla trasformandola in sinistra, senza che proviate alcun dolore.

Nelle dimensioni extra può nascondersi l'inaspettato; e per la mente di un fisico teorico non vi è nulla di più eccitante dell'inaspettato. È dunque naturale domandarsi se le dimensioni extra possano far parte della realtà. Ovviamente dobbiamo fare i conti con il fatto che il nostro mondo fisico non palesa altre direzioni spazio-temporali diverse da davanti-dietro, sopra-sotto, destra-sinistra e prima-dopo. Quindi, la prima questione da affrontare è: se esistono dimensioni spaziali extra, dove sono nascoste? Nella saga *Le cronache di Narnia*,[3] C.S. Lewis nasconde il nuovo spazio dietro un vecchio armadio. La scienza deve essere più precisa.

Supponiamo che un minuscolo insetto di Flatlandia vada a trascorrere le vacanze in una rinomata località sciistica svizzera. Giun-

[3] C.S. Lewis, *The Lion, the Witch and the Wardrobe*, Geoffrey Bles, London 1950.

Figura 11.2 Dal punto di vista dell'insetto che ci cammina sopra, il cavo è una superficie bidimensionale, mentre per un osservatore distante è una linea unidimensionale

to a destinazione, inizia ad arrampicarsi sul cavo della funivia teso tra la stazione di partenza nel paese e la cima della montagna. Dal suo punto di vista, la superficie del cavo è un mondo bidimensionale. Ma vi è una differenza tra le due dimensioni di questo spazio. Mentre la direzione lungo il cavo è piatta, quella attorno al cavo è curva, poiché l'insetto di Flatlandia può tornare al punto di partenza camminando sempre nella stessa direzione. Ma l'insetto è così piccolo, che non riesce a cogliere alcuna differenza tra le due direzioni, proprio come noi normalmente non ci accorgiamo che la superficie della Terra è curva. Consideriamo ora il punto di vista di uno sciatore che scende sulla pista lontano dalla funivia: il cavo gli appare come una linea nel cielo. Da quella distanza lo sciatore percepisce il cavo come unidimensionale, poiché la sua vista non ha una risoluzione sufficiente per coglierne lo spessore.

Questo esempio mostra come, per osservatori diversi, lo stesso spazio sembri avere dimensioni diverse. Proprio come la seconda dimensione del cavo è visibile per l'insetto ma non per lo sciatore, lo spazio fisico potrebbe possedere più di tre dimensioni, ma le dimensioni extra potrebbero rimanere nascoste alla nostra esperienza sensoriale e ai nostri strumenti scientifici perché si arrotolano in brevissime distanze. Lo spazio rivelerebbe la sua vera natura solo a un osservatore simile al piccolo insetto. In fisica il processo attraverso il quale dimensioni spaziali si arrotolano in piccole regioni è detto *compattificazione*. Un mondo con *dimensioni compattificate* contiene spazi nascosti, visibili solo a brevissime distanze. Nell'esempio precedente possiamo dire che una delle due dimensioni della superficie del cavo, quella che lo avvolge, è compattificata in una circonferenza, poiché questa è la sagoma della sua sezione.

L'ipotesi che alcune dimensioni dello spazio fisico siano compattificate può sembrare piuttosto artificiosa, solo un espediente per nascondere l'inaspettato. Ma la relatività generale ci ha insegnato che lo spazio-tempo non è un'entità statica e immutabile; al contrario si curva, si stira e si contrae. Le osservazioni astronomiche hanno dimostrato che le galassie si allontanano da noi a una velocità circa proporzionale alle loro distanze. Questa fuga delle galassie da noi non deriva da un loro particolare moto nei confronti della Via Lattea, ma dallo stiramento del tessuto dello spazio. In questo preciso istante il nostro universo si sta espandendo; è come se vivessimo dentro l'impasto di un dolce che sta lievitando.

Inoltre, come vedremo nel capitolo 12, gli scienziati ritengono che, nelle sue primissime fasi, l'universo abbia attraversato un periodo di rapidissima espansione, chiamato *inflazione*. Tutto lo spazio che vediamo attraverso i più potenti telescopi si è sviluppato in un tempo straordinariamente breve da uno spazio più piccolo di un granello di polvere. Non potrebbe allora essere possibile che – così come le nostre tre dimensioni dello spazio si sono espanse enormemente – altre dimensioni siano rimaste piccole, o addirittura si siano ridotte contraendosi in minuscole regioni? In un simile contesto, l'ipotesi delle dimensioni compattificate risulta molto più plausibile.

L'idea che dimensioni spaziali extra possano contenere il segreto dell'unificazione delle forze cominciò a circolare tra i fisici fin dai tempi della nascita della relatività. In un lavoro del 1921, il matematico Theodor Kaluza (1885-1954) avanzò un'idea suggestiva, poi sviluppata da Oskar Klein (1894-1977). La teoria elaborata da questi due scienziati, nota oggi come *teoria di Kaluza-Klein*, è semplicemente una formulazione della relatività generale in uno spazio-tempo a cinque dimensioni: la sola forza descritta da questa teoria è la gravità. Supponiamo, però, che la dimensione spaziale extra sia compattificata in una minuscola circonferenza. Proprio come lo sciatore vede il cavo come una linea unidimensionale, un osservatore con un potere di risoluzione insufficiente per distinguere lunghezze piccole quanto il raggio della dimensione compattificata percepirebbe la realtà come uno spazio-tempo a quattro dimensioni. La sorpresa è che tale realtà apparirebbe all'osservatore come un mondo in cui sono presenti due forze: la gravità e l'elettromagnetismo.

Questo risultato è davvero sbalorditivo. Secondo la teoria di Kaluza-Klein, l'elettromagnetismo è come un miraggio proiettato da dimensioni extra nascoste. L'elettromagnetismo è solo l'illusione che percepiamo quando osserviamo la forza di gravità senza una risoluzione visiva sufficiente per discernere che lo spazio si estende anche in un'altra direzione. Il segreto di questo miracolo risiede nella simmetria. La simmetria dello spazio-tempo a cinque dimensioni – corrispondente a traslazioni lungo la dimensione extra – ci rimane nascosta, ma in realtà coincide esattamente con la simmetria di gauge della QED. Poiché la simmetria di gauge è un elemento sufficiente per determinare le leggi della QED, la forza gravitazionale dello spazio nascosto ci appare come forza elettromagnetica.

Purtroppo, per una serie di ragioni tecniche, la teoria di Kaluza-Klein non è compatibile con una descrizione corretta del mondo reale. Malgrado l'insuccesso di questa teoria, alcune sue caratteristiche risultano così stimolanti da avere ispirato numerosi altri tentativi di unificazione delle forze in spazi con dimensioni extra. Ancora oggi l'idea alla base della teoria di Kaluza-Klein suscita interesse e viene periodicamente riesumata in altri contesti, come la supergravità e la teoria delle stringhe. Tuttavia la maggior parte dei fisici riteneva che gli effetti delle dimensioni extra potessero aver luogo solo a lunghezze molto più piccole di quelle sondabili dagli esperimenti dell'LHC. La situazione è cambiata nel 1998.

Grandi dimensioni extra

> Esiste una quinta dimensione oltre quelle note all'uomo. È la dimensione dell'immaginazione.
>
> Rod Serling[4]

Nel 1998, riflettendo sul problema della naturalezza, Nima Arkani-Hamed, Savas Dimopoulos e Georgi Dvali decisero di affrontarlo da un punto di vista diverso. Anziché cercare simmetrie che potessero giustificare l'enorme divario tra la scala debole e quella di Planck, ipotizzarono che, nella profondità dello zeptospazio, queste due scale di lunghezza fossero in realtà la stessa. Il problema della naturalezza semplicemente svanisce perché nello zeptospazio non vi è gerarchia. Ma la gerarchia riflette il dato empirico che la gravità è enormemente meno intensa della forza debole; di conseguenza, l'ipotesi che nello zeptospazio non esista gerarchia è solo un modo per riformulare il problema originario in un altro. Il problema è, adesso, comprendere perché la gravità appaia così debole a noi ma non alle particelle elementari dello zeptospazio.

Dai tempi di Newton è noto che la forza di gravità decresce con il quadrato della distanza. Ma ciò vale solo per uno spazio a tre dimensioni: se lo spazio possedesse ulteriori dimensioni, la forza di gravità diminuirebbe molto più rapidamente. Se Newton fosse vissuto, per esempio, in uno spazio a quattro dimensioni, avrebbe scoperto che la gravità diminuiva con il cubo della distanza; in cinque dimensioni, avrebbe trovato la legge della quarta potenza della distanza, e così via. Non è difficile comprendere tale risultato. Confrontiamo lo spruzzo d'acqua diffuso da un apparecchio per innaffiare un prato con il getto diretto emesso da un tubo. A parità di flusso, la quantità d'acqua che raggiunge un punto a una determinata distanza è inferiore nel caso dello spruzzo rispetto al getto diretto, perché l'acqua dello spruzzo si diffonde in più direzioni. Qualcosa di simile avviene per il campo gravitazionale generato da un corpo di grande massa, per esempio il Sole. Quanto più numerose sono le dimensioni dello spazio, tanto più il campo gravitazionale si attenua man mano che ci allontaniamo dal Sole, proprio come la densità d'acqua cala più rapidamente con la distanza, se

[4] R. Serling, introduzione alla serie televisiva *The Twilight Zone*.

diffusa in molte direzioni. Al crescere della distanza, quindi, la forza di gravità diminuisce più rapidamente nell'iperspazio, uno spazio con dimensioni extra.

Invertendo l'affermazione precedente deduciamo che, al ridursi delle distanze, la gravità si intensifica più rapidamente in spazi con dimensioni extra. Supponiamo che la realtà nasconda delle dimensioni compattificate e immaginiamo di imbarcarci sulla nostra astronave virtuale, capace di viaggiare verso l'estremamente piccolo. Mentre zoomiamo verso le profondità microscopiche, lo spazio si apre improvvisamente in nuove direzioni e, di conseguenza, la gravità si intensifica più rapidamente. Raggiunto lo zeptospazio, l'intensità della forza di gravità potrebbe essere cresciuta tanto da essere diventata simile alle altre forze di gauge: nel mondo multidimensionale dello zeptospazio la scala di Planck, che è una misura dell'intensità della forza gravitazionale, potrebbe divenire circa uguale alla scala debole.

L'idea proposta è molto ardita: ipotizza che noi viviamo in un mondo con tre dimensioni spaziali ma, proprio come gli abitanti di Flatlandia, siamo inconsapevoli dello spazio multidimensionale che ci circonda. Tale spazio extra è un luogo vuoto e desolato, inaccessibile a qualunque particella del Modello Standard. La gravità, tuttavia, è diversa ed è ammessa in questo spazio inospitale. Poiché disperde la maggior parte della sua intensità nella vastità di questo spazio vuoto, la gravità appare ai nostri sensi come la più debole di tutte le forze. Pertanto, la gerarchia tra forza debole e forza gravitazionale è una mera illusione: la gravità ci appare debole solo perché la sua intensità si diffonde nel vasto spazio delle dimensioni extra.

L'enorme fattore di attenuazione necessario per sbarazzarsi della gerarchia richiede l'esistenza di un grande volume di spazio nelle dimensioni extra. Per tale ragione, questa ipotesi teorica è nota come *grandi dimensioni extra*. Naturalmente, il termine "grande" è relativo alle lunghezze tipiche della fisica delle particelle. Ma i dati sperimentali sulle proprietà della gravità nell'estremamente piccolo sono così scarsi che gli spazi in cui riesce a insinuarsi solo la gravità potrebbero essere sorprendentemente grandi. Nel 1998 era lecito ipotizzare che le dimensioni compattificate potessero essere dell'ordine di un millimetro. Nel frattempo, sono stati effettuati nuovi esperimenti più accurati sulla gravità a brevissime distanze e oggi sappiamo che la misura di questo ipotetico spazio deve essere necessariamente inferiore a circa 50 micron: uno spazio ancora molto grande per gli standard delle particelle elementari.

Dimensioni extra distorte

> La mente dell'uomo, una volta dilatata da una nuova idea, non tornerà mai alle sue dimensioni originarie.
>
> Oliver Wendell Holmes[5]

Vivere come gli abitanti di Flatlandia, imprigionati in un mondo a tre dimensioni, mentre si è circondati da tanto spazio inaccessibile, può sembrare un ben misero destino. Ma una parziale consolazione viene dalla consapevolezza che questa situazione è piuttosto comune nel contesto della teoria delle stringhe. Nel 1995 Joseph Polchinski ha scoperto che tale teoria deve essere popolata di *brane*, entità con meno dimensioni dello spazio in cui sono incorporate, in grado di confinare al proprio interno materia e forze. Il nome richiama il termine "membrane", in quanto possiamo rappresentarle come membrane che galleggiano nello spazio o come fogli infinitamente estesi sospesi a mezz'aria. Ma poiché la teoria delle stringhe è solitamente formulata in uno spazio-tempo a dieci dimensioni, le brane, a differenza delle comuni membrane, possono avere più di due dimensioni spaziali. Perciò possono costituire mondi con tre dimensioni spaziali, come il nostro, sospesi in un vasto iperspazio multidimensionale. In inglese la parola "brane" (brana) si pronuncia in modo identico a "brain" (cervello) e ciò offre lo spunto, largamente sfruttato dai fisici, per varie battute: chi non lavora sulla teoria delle stringhe è un fisico "with no brane" ("senza brana"), che suona come "with no brain" ("senza cervello").

Una notevole proprietà delle brane è che forniscono automaticamente l'involucro nel quale possono essere imprigionate particelle e forze. Pertanto, mondi sospesi in un vasto universo multidimensionale, accessibile soltanto alla forza gravitazionale, sono pane quotidiano nella teoria delle stringhe. L'esistenza delle brane

[5] O.W. Holmes, Sr., The Autocrat of the Breakfast Table, *The Atlantic Monthly*, Boston 1858.

e la soluzione del problema della naturalezza suggerita dalle grandi dimensioni extra hanno stimolato nei fisici teorici uno straordinario interesse per questo argomento.

Un ulteriore importante risultato si deve a Lisa Randall e Raman Sundrum, che nel 1999 hanno proposto una soluzione alternativa per il problema della naturalezza ispirata al mondo delle brane. L'idea presenta analogie con il ben noto fenomeno fisico del *redshift gravitazionale*. Vediamo di cosa si tratta. (Se avete sentito parlare del redshift Doppler, non fatevi confondere: il redshift gravitazionale non ha nulla a che fare con l'effetto Doppler.)

Nella teoria classica di Newton la massa è l'unico agente in grado di esercitare la forza gravitazionale, ma nella relatività generale qualsiasi forma di energia, e non solo la massa, è soggetta alla gravità. Ciò non è sorprendente, poiché sappiamo che di per sé la massa non è altro che una forma di energia (secondo l'equazione $E = mc^2$). Ma tale concetto comportava un evidente distacco dalla teoria classica. Infatti la conferma decisiva della relatività generale fu fornita proprio dall'osservazione, compiuta durante l'eclissi solare del 1919, che i raggi di luce – che trasportano solo energia e non massa – sono deviati dal campo gravitazionale solare.

Immaginiamo una sorgente di intenso campo gravitazionale, per esempio una stella molto massiccia. Un raggio di luce emesso da questa stella deve spendere dell'energia per vincere l'attrazione gravitazionale e allontanarsi dall'astro. È esattamente ciò che accade quando lanciate un sasso verso l'alto: il sasso perde energia cinetica man mano che sale e, di conseguenza, rallenta. La luce però non può rallentare, poiché, come ci insegna la relatività speciale, la sua velocità rimane sempre costante. La misura dell'energia della luce non è la sua velocità, bensì la sua lunghezza d'onda: raggi luminosi meno energetici hanno lunghezze d'onda maggiori. Così, allontanandosi dalla stella massiccia, i raggi di luce perdono energia e la loro lunghezza d'onda aumenta. Quindi, nel momento in cui viene emesso dalla stella massiccia, il raggio di luce ha una lunghezza d'onda minore di quella misurata da un telescopio sulla Terra, poiché la lunghezza d'onda aumenta durante l'allontanamento dalla stella. Tale effetto è chiamato redshift gravitazionale, poiché vi è uno spostamento della lunghezza d'onda verso valori più grandi (che, nel caso dello spettro ottico, corrisponde a uno spostamento verso il rosso).

Randall e Sundrum hanno immaginato una situazione simile su grande scala. Noi, la Terra e l'intero universo apparteniamo a una brana sospesa nell'iperspazio. Lontano da noi (in una direzione che non è né davanti-dietro, né sopra-sotto, né destra-sinistra) vi è un'altra brana e nel sistema agisce una potente sorgente gravitazionale, proprio come la stella dell'esempio precedente. Questa sorgente gravitazionale è tanto potente da deformare le dimensioni extra che separano le due brane. Per tale ragione, questa teoria è indicata come *dimensioni extra distorte*.

Proprio come la lunghezza d'onda della luce emessa dalla stella è molto più corta di quella osservata da un telescopio lontano, così la lunghezza di Planck su una brana può essere molto più corta della lunghezza sull'altra brana, a causa dei campi gravitazionali straordinariamente intensi delle dimensioni distorte. La gerarchia tra la scala debole e la scala di Planck potrebbe essere un'illusione: la gravità ci appare così debole solo perché la vediamo attraverso le lenti deformanti delle dimensioni extra distorte.

Questa nuova proposta ha gettato nuova benzina sul fuoco delle dimensioni extra che infuria nelle menti dei fisici teorici. Sono state proposte numerose nuove varianti di questa teoria. La soluzione del problema della naturalezza basata su dimensioni extra distorte richiede che il campo di Higgs sia confinato nelle brane, ma non specifica la posizione degli altri campi quantistici, come quelli dei quark, dei leptoni e delle particelle di gauge che trasmettono le forze. Alcuni risultati particolarmente interessanti sono stati ottenuti consentendo anche alle particelle del Modello Standard, e non solo alla gravità, di accedere al territorio delle dimensioni extra distorte, dove l'intensa forza gravitazionale altera e deforma molte delle loro normali proprietà. Ma il risultato più sorprendente è giunto da una direzione inaspettata.

Nel 1997 Juan Maldacena avanzò un'audace congettura. Suggerì che alcune teorie della gravità in uno spazio-tempo a cinque dimensioni fossero del tutto equivalenti a teorie di gauge nel normale spazio-tempo a quattro dimensioni. A prima vista l'ipotesi ricorda la teoria di Kaluza-Klein, ma in realtà è molto diversa. Secondo Kaluza e Klein, una teoria della gravità in uno spazio-tempo a cinque dimensioni appare *approssimativamente* la stessa della gravità *e* dell'elettromagnetismo in uno spazio a quattro dimensioni, fintantoché l'osservatore non ha un potere di risoluzione sufficiente per distinguere lo spazio nascosto. Al contrario, secondo questa nuova congettura, due teorie definite in spazi con dimensioni differenti sono due *identiche* descrizioni della stessa realtà. Sebbene non sia mai stata dimostrata in modo matematicamente rigoroso, vi sono crescenti evidenze che tale congettura sia corretta.

Questa conclusione è davvero sorprendente, poiché la gravità nelle dimensioni extra e la teoria di gauge nello spazio normale non sembrano avere molto in comune. Per comprendere il segreto della loro corrispondenza dobbiamo ispirarci a un fenomeno quasi magico: l'olografia. Un ologramma è l'affascinante risultato di un'ingegnosa tecnica fotografica. Stando di fronte a un ologramma e muovendo la testa a destra e a sinistra, possiamo vedere i diversi lati di un oggetto riprodotto dall'immagine, come se fossero reali. Un ologramma cattura su un piano bidimensionale l'intera informazione di un'immagine tridimensionale. In modo del tutto simile, la teoria di gauge può catturare in quattro dimensioni tutta l'informazione relativa alla gravità in cinque dimensioni. Sebbene a prima vista molto differenti, le due teorie sono due facce della medesima realtà.

La congettura di Maldacena suggerisce che la struttura delle dimensioni extra distorte sia equivalente ad alcune teorie di gauge, fornendo così una connessione inattesa. Molto prima che i fisici teorici si scervellassero sulle dimensioni extra, Steven Weinberg e Leonard Susskind avevano suggerito quella che sarebbe stata la prima soluzione, in ordine di tempo, del problema della naturalezza. L'idea consisteva nel sostituire il campo di Higgs con una nuova forza di gauge, soprannominata *technicolor* per la sua stretta analogia con il colore introdotto dalla QCD. Il technicolor spiegava in modo molto elegante come lo spazio potesse essere riempito dalla sostanza che genera le masse delle particelle W e Z, riconducendo la rottura spontanea della simmetria elettrodebole nell'ambito del principio di gauge. In seguito questa teoria ha incontrato varie difficoltà nel confronto con i dati sperimentali e ha dovuto essere modificata. La teoria di gauge associata alle dimensioni extra distorte possiede automaticamente le caratteristiche che potrebbero risolvere alcune delle difficoltà del technicolor.

Il concetto di dimensioni extra distorte risulta così demistificato. La meccanica quantistica ci insegna che è inutile tentare di stabilire se un elettrone sia una particella o un'onda: particelle e onde sono due descrizioni della stessa entità fisica. Proprio allo stesso modo, non esiste una distinzione concettuale tra certi tipi di dimensioni spaziali extra e nuove forze: dimensioni e forze possono essere due descrizioni diverse della stessa entità fisica.

La ricerca delle dimensioni extra con l'LHC

Talora i sogni mi portano in altre dimensioni.
Uri Geller[6]

Se vi sembra che il quadro fornito dalle brane e dalle dimensioni extra evochi troppo la fantascienza per essere preso sul serio, non preoccupatevi: diversi fisici condividono la vostra opinione. Ma l'idea che vi sia un altro mondo appena oltre il confine della nostra conoscenza è così inebriante che per molti fisici non è facile rinunciarvi. L'aspetto più interessante della faccenda è che l'LHC può sottoporre queste fantasiose congetture a una robusta verifica sperimentale. Se qualcuna di queste ipotesi teoriche è vera, allora l'LHC scoprirà che lo zeptospazio è un iperspazio multidimensionale che si estende in nuove direzioni fisiche.

Nel romanzo di Abbott, l'abitante di Flatlandia, tornato dalla visita compiuta nello spazio tridimensionale di Spacelandia, non riesce a trovare nessuna espressione per trasmettere la sua conoscenza, se non le parole: "Verso l'Alto, non verso Nord!" Queste parole non sono sufficienti per convincere nessuno dei suoi compatrioti delle meraviglie di Spacelandia ed egli viene infine imprigionato per le sue idee eretiche. Può un fisico sperimentale trovare un modo migliore per convincere il mondo che l'LHC ha visitato l'iperspazio?

I rivelatori dell'LHC non possono misurare direttamente una lunghezza fisica nelle dimensioni extra, ma i fisici sperimentali possono dedurre l'esistenza dell'iperspazio studiando gli echi inviati dalle particelle che si muovono nello spazio nascosto. Vediamo di spiegare l'idea partendo dalla precedente analogia del minuscolo insetto in vacanza in Svizzera. Nella sua ascesa verso la vetta alpina, l'insetto di Flatlandia si sta felicemente arrampicando sul cavo

[6] U. Geller, intervista per *Holistic London Guide*, 1997.

compiendo un percorso a spirale lungo la sua superficie. Ma lo sciatore distante vede ogni movimento sul cavo come se si verificasse su una linea unidimensionale: qualsiasi rotazione intorno al cavo non viene rilevata.

Analogamente, consideriamo ora una particella che si muova in uno spazio contenente dimensioni compattificate. La particella si muove lungo una delle direzioni normali dello spazio e, contemporaneamente, compie una spirale attorno alle dimensioni arrotolate, proprio come fa l'insetto nel suo percorso intorno al cavo. Gli strumenti dell'LHC, come gli occhi dello sciatore, hanno una risoluzione insufficiente per le dimensioni compattificate e osservano la particella come se questa si muovesse nello spazio normale. Ma una certa energia cinetica è associata al roteare della particella dentro le dimensioni extra, che può quindi essere rivelato non come moto, ma come una forma di energia intrinseca della particella. La nostra familiarità con l'equazione $E = mc^2$ è ormai sufficiente per riconoscere immediatamente tale energia (al pari di qualsiasi altra forma di energia intrinseca) come massa. Perciò il movimento di una particella in una dimensione arrotolata è rivelato nel nostro mondo semplicemente come massa: quanto più veloce è il roteare della particella nelle dimensioni extra, tanto più pesante essa ci apparirà.

Ma la meccanica quantistica non consente alle particelle di roteare nelle dimensioni compattificate con qualsiasi energia. Proprio come gli elettroni possono occupare solo specifiche orbite nell'atomo, così le particelle possono ruotare nelle dimensioni arrotolate solo con specifici valori di energia. In tali dimensioni le particelle si muovono come corde di violino che vibrano solo secondo gli armonici naturali. Tali armonici sono chiamati *modi di Kaluza-Klein* e sono visibili nel nostro mondo come particelle che appaiono perfettamente identiche, eccetto che per la loro massa. Proprio come una corda di violino emette la stessa nota in ottave differenti, così ciascun modo di Kaluza-Klein ha massa diversa ma proprietà intrinseche, quali carica e spin, identiche. I modi di Kaluza-Klein sono gli echi inviati fino a noi da una particella che si propaga nell'iperspazio; tali echi contengono informazioni sulla struttura dello spazio nascosto delle dimensioni extra. Pertanto, la rivelazione nell'LHC di diversi modi di Kaluza-Klein consentirebbe una ricostruzione della misura e della forma dell'iperspazio.

In conclusione, un gluone o un quark top (o qualsiasi altra particella) che si trovino nell'iperspazio ci apparirebbero perfettamente identici a un gluone o a un quark top normali, eccetto che per la loro massa. La caccia alle dimensioni extra nell'LHC consiste, dunque, nella ricerca di particelle in tutto simili a quelle comuni, ma dotate di masse anormalmente elevate.

Il modo in cui l'LHC può osservare le dimensioni extra aiuta a chiarire l'interpretazione della congettura di Maldacena. Negli esperimenti degli anni Cinquanta e Sessanta la forza nucleare forte, descritta dalla QCD, si è rivelata sotto forma di una serie di nuove particelle, gli adroni. Se realmente esiste una nuova forza forte, come il technicolor, la storia si ripeterà nel dominio di energie più elevate: l'LHC scoprirà che lo zeptospazio è pieno di nuove particelle chiamate, per analogia con la QCD, *techniadroni.* Ma anche le dimensioni extra appariranno negli esperimenti condotti con il collider, sotto forma di una serie di nuove particelle, ovvero i modi di Kaluza-Klein. In taluni casi, le proprietà dei techniadroni sono predette essere identiche a quelle dei modi di Kaluza-Klein. Proprio come gli esperimenti non possono stabilire inequivocabilmente se un elettrone sia una particella o un'onda, l'LHC non sarà in grado di distinguere una nuova forza, come il technicolor, da una nuova dimensione extra distorta, poiché in alcuni casi i risultati sperimentali previsti sono identici.

Vi è un altro affascinante aspetto della ricerca delle dimensioni extra con l'LHC. La soluzione del problema della naturalezza, basata sull'idea delle brane, implica che, a lunghezze estremamente piccole, la scala debole e quella di Planck siano all'incirca uguali. Se ciò è vero, significa che l'LHC ci riserverà la sorpresa di trovare che nello zeptospazio l'intensità della forza gravitazionale è confrontabile a quella delle altre forze. Secondo le teorie delle dimensioni extra, nello zeptospazio i fenomeni gravitazionali sono circa 10^{30} volte più intensi di quanto sarebbe atteso in base alla relatività generale nello spazio-tempo normale.

Fenomeni caratterizzati da intensi campi gravitazionali possono essere osservati solo in ambienti astrofisici, in prossimità di corpi stellari molto densi e massicci. Ma fenomeni analoghi potrebbero verificarsi nell'LHC se la forza gravitazionale nello zeptospazio risulta davvero eccezionalmente intensa. Se queste ipotesi teoriche sono corrette, nel mondo delle particelle dovrebbero essere sperimentalmente misurabili processi come l'emissione di onde gravitazionali, la deflessione gravitazionale di quark e gluoni e la produzione di microscopici buchi neri. Inoltre, poiché coinvolgono particelle elementari, e non corpi stellari, questi processi consentirebbero di studiare la gravità nel dominio quantomeccanico. La coesistenza di gravità e meccanica quantistica, che da tanto tempo tormenta i teorici, potrebbe finalmente divenire oggetto della fisica sperimentale.

L'idea che si possano produrre artificialmente in laboratorio dei buchi neri ha destato una certa preoccupazione in persone che hanno scarse cognizioni di fisica delle particelle. I soli buchi neri che potrebbero forse essere prodotti nell'LHC evaporerebbero in meno di 10^{-26} secondi. Con un diametro non superiore a poche centinaia di zeptometri, questi microscopici buchi neri non possono, nel corso della loro brevissima esistenza, accrescere la loro massa o causare qualsiasi evento catastrofico per il nostro ambiente. Ciò nonostante, alcune persone hanno avanzato il sospetto che questi buchi neri potrebbero non evaporare, sebbene tale possibilità non sia prevista da nessuna teoria coerente.

Questa preoccupazione è stata presa in seria considerazione dal CERN, che nel 2003 ha incaricato un comitato scientifico di esaminare attentamente la questione. Il comitato ha concluso che l'ipotetica produzione nell'LHC dei buchi neri previsti da certe teorie con dimensioni extra non rappresenta un pericolo. Successivamente ulteriori risultati sperimentali e considerazioni teoriche hanno consentito ai fisici delle particelle di estendere e rafforzare tali conclusioni. In seguito, un nuovo comitato scientifico (del quale ho fatto parte) ha riesaminato nuovamente la questione e ha pubblicato il proprio rapporto nel 2008.

Osservazioni empiriche escludono assolutamente che nell'LHC possa prodursi qualsiasi buco nero pericoloso. Collisioni ad alta energia di particelle dei raggi cosmici avvengono ininterrottamente, sia nello spazio sia sul nostro pianeta. L'LHC si limita a riprodurre – in modo controllato e idoneo per misure sperimentali – fenomeni che hanno luogo da miliardi di anni e che si verificano continuamente intorno a noi. I raggi cosmici che colpiscono la Terra, hanno già prodotto un numero di collisioni pari a quello di centinaia di migliaia di programmi sperimentali dell'LHC, con energie anche superiori a quelle possibili nel collider. Nell'intero

universo ogni secondo si compie l'equivalente di 3000 miliardi di programmi sperimentali completi dell'LHC. Non vi è il minimo dubbio che l'unico impatto che l'LHC potrà avere sull'universo sarà consentire all'umanità un enorme balzo avanti intellettuale.

12

Esplorare l'universo con un microscopio

Possiamo davvero "conoscere" l'universo? Mio Dio, è gia abbastanza difficile non perdersi a Chinatown.

Woody Allen[1]

È diffusa la falsa convinzione che nell'LHC si ricreino le condizioni dell'universo subito dopo il Big Bang. Non è vero. Quest'idea, che deriva da una confusione tra i concetti di energia e di temperatura, può essere così riassunta: "Il moto globale delle galassie, che si allontanano da noi a velocità proporzionali alle loro distanze, dimostra che l'universo è attualmente in espansione. Ripercorrendo a ritroso la storia cosmologica, possiamo dedurre che l'universo fosse un tempo molto caldo e denso e consistesse in una sorta di brodo primordiale di particelle. In tali condizioni, le particelle erano portatrici di grandi quantità di energia e si scontravano tra loro con elevata frequenza: esattamente ciò che accade nell'LHC. Le collisioni di protoni ad alta energia nell'LHC ricreano, quindi, le condizioni dell'universo promordiale." Ma la faccenda non è così semplice.

Agli inizi del tempo, l'universo era effettivamente costituito da un caldo brodo primordiale di particelle, che formava un grande sistema in equilibrio termico. Ma un sistema di questo tipo sviluppa fenomeni collettivi, determinati dalle proprietà statistiche di un gran numero di particelle, che non possono essere riprodotti da singoli componenti. Per esempio, facendo scontrare due molecole di H_2O è impossibile ricreare le condizioni dell'evaporazione del-

[1] W. Allen, *Getting Even*, First Vintage Books, New York 1978.

l'acqua o della sua solidificazione in ghiaccio: tali transizioni di fase sono, infatti, il risultato di fenomeni collettivi che coinvolgono contemporaneamente un gran numero di componenti. La storia dell'universo è stata profondamente influenzata da fenomeni collettivi di questo tipo, che non possono essere riprodotti dalle collisioni tra singoli protoni che si verificano nell'LHC.

Vi è un'eccezione. Le collisioni tra nuclei pesanti, studiate nell'LHC soprattutto dal rivelatore ALICE, producono un sistema costituito da un gran numero di particelle. Per circa 10^{-23} secondi tale sistema può trovarsi in uno stato di alta temperatura e alta densità, riproducendo condizioni simili a quelle dell'universo primordiale. Tuttavia, le energie coinvolte in queste collisioni tra nuclei pesanti non sono abbastanza elevate per sondare le leggi fisiche nello zeptospazio.

Il fatto che le collisioni tra protoni non siano in grado di ricreare direttamente le condizioni primordiali dell'universo non significa che l'LHC non avrà nulla da dire sulle prime fasi della storia cosmologica. Le collisioni tra protoni nell'LHC possono divenire uno strumento essenziale per accrescere la nostra conoscenza riguardo a tali fasi, poiché si ritiene che le stesse leggi che governano il mondo delle particelle siano anche le responsabili ultime dell'evoluzione dell'universo. Solo ampliando la nostra conoscenza di tali leggi, fino alle più piccole lunghezze, potremo rispondere ad alcune delle domande fondamentali sull'origine del cosmo.

La connessione tra il mondo della fisica delle particelle e la struttura dell'universo è probabilmente uno dei risultati più profondi della scienza moderna, capace di catturare l'immaginazione di chiunque ha l'opportunità di accostarsi alle sue meraviglie. Negli ultimi decenni la cosmologia ha compiuto enormi progressi che hanno rafforzato tale connessione, rivelando un'immagine sempre più nitida dell'origine dell'universo.

È quasi paradossale come i cosmologi trascurino, in prima approssimazione, tutte le forze a eccezione della gravità, mentre i fisici delle particelle passano il loro tempo a grattarsi la testa perplessi di fronte alla debolezza della gravità rispetto alle altre forze. Per sistemi molto grandi la gravità rappresenta la forza dominante ed è, quindi, il principale motore dell'evoluzione dell'universo. Tuttavia, ciò solleva immediatamente un problema. La forza elettrostatica può essere sia attrattiva sia repulsiva, in quanto esistono cariche sia positive sia negative. Secondo Newton, invece, la massa è l'unica sorgente di gravità e, poiché non esiste massa "negativa", la gravità è sempre solo attrattiva. Si pone allora un interrogativo: che cosa ha dato inizio all'espansione dell'universo? Esiste un'"antigravità", una gravità repulsiva?

La soluzione di questo problema è nascosta nelle pieghe della relatività generale. Nella teoria di Einstein qualsiasi forma di energia costituisce una sorgente di gravità, poiché la massa equivale a energia. Ma la densità di energia di un sistema è anch'essa sempre positiva e quindi esercita solo forze gravitazionali attrattive. Fortunatamente c'è dell'altro. A differenza della teoria newtoniana, nella relatività generale anche la pressione è una sorgente di gravità. È familiare il concetto che una differenza di pressione produce una forza: per esempio, la pressione di un gas in espansione spinge i pistoni nel motore di un'automobile. La novità della relatività generale sta nel concetto che l'esistenza di una pressione genera una forza gravitazionale. Ma la pressione può agire verso l'esterno oppure verso l'interno, in altre parole può essere positiva ooppure negativa. Si giunge così alla sorprendente conclusione che la gravità può essere *repulsiva*: una pressione negativa esercita un'antigravità.

La gravità repulsiva può essere il motore che ha dato la spinta iniziale, avviando l'espansione dell'universo. Il problema sta nell'identificare un agente dotato di una pressione negativa sufficientemente grande da vincere l'attrazione gravitazionale di tutta la massa e la radiazione dell'universo. Qual è questo potente agente? Qualsiasi forma di materia conosciuta è sicuramente esclusa, poiché la sua energia è sempre superiore alla pressione, determinando forze gravitazionali rigorosamente attrattive. Deve trattarsi, quindi, di una sostanza davvero insolita.

Nel 1917 Einstein trovò la risposta a questa domanda, sebbene il suo obiettivo fosse molto diverso. Egli era infastidito dal fatto che le equazioni della relatività generale predicessero un universo in evoluzione, invece che statico, e riteneva che tale risultato fosse inaccettabile. A quell'epoca si dava infatti per scontato che l'universo dovesse essere statico, semplicemente perché non vi era alcuna evidenza astronomica del contrario. Einstein non poteva certo immaginare che dodici anni più tardi Edwin Hubble avrebbe scoperto che in realtà l'universo è in espansione. Come accadde più tardi a Dirac con l'antimateria, Einstein fece involontariamente del suo meglio per ottenere dalle sue equazioni la predizione sbagliata. Anni dopo egli confessò a George Gamow che quella era stata la "peggiore cantonata della sua vita."[2]

Nei suoi calcoli, Einstein aveva scoperto una forma non convenzionale di energia, che poteva riempire uniformemente lo spazio e possedere una pressione negativa, esercitando quindi una forza gravitazionale repulsiva in grado di competere con l'attrazione prodotta dalla materia e dalla radiazione. Questa sostanza – chiamata *costante cosmologica* – è una forma di energia le cui proprietà sono molto differenti da quelle della normale materia. Se la costante cosmologica vi ricorda la sostanza di Higgs, siete sulla buona strada.

Nel 1980 Alan Guth seguì proprio questa strada e giunse così a un risultato straordinario. Supponiamo che lo spazio sia riempito da un nuovo campo quantistico chiamato, per ragioni che appariranno presto chiare, *inflatone*. Benché la sua origine sia ancora più misteriosa, questo campo è molto simile al campo di Higgs: come nel caso del campo di Higgs, una *sostanza di inflatone* può permeare tutto lo spazio. Nelle fasi primordiali questa sostanza era talmente densa che prevaleva sull'effetto di qualsiasi altro elemento dell'universo. La sostanza di inflatone si comportava proprio come la costante cosmologica e l'antigravità prodotta dalla sua enorme pressione negativa determinò una dilatazione esplosiva dello spazio, facendo espandere l'universo a una velocità prodigiosa. Nell'arco di circa 10^{-35} secondi la dimensione dell'universo primordiale si dilatò di un fattore non inferiore a 10^{30}, e probabilmente molto superiore. Sarebbe come gonfiare un virus di 20 nanometri trasformandolo in una creatura gigantesca, di dimensioni pari alla distanza da qui alla galassia di Andromeda, nel tempo che occorre alla luce per percorrere qualche milionesimo di zeptometro! Questo stupefacente fenomeno è chiamato *inflazione*, ma al confronto anche l'aumento dei prezzi nella Repubblica di Weimar impallidisce.

[2] G. Gamow, *My World Line: an Informal Autobiography*, Viking Press, New York 1970. Desidero ringraziare Robert Kirshner per avermi suggerito questa fonte bibliografica.

Dopo circa 10^{-35} secondi la sostanza di inflatone sparì dallo spazio, trasferendo tutta la sua energia in un brodo caldo di normali particelle. Ma in quel brevissimo intervallo di tempo l'esplosione inflazionaria stabilì tutte le condizioni iniziali che avrebbero determinato il futuro destino dell'universo. L'inflazione può sembrare solo una stravagante ipotesi ai limiti della fantascienza; si tratta invece di una solida teoria scientifica, che fornisce predizioni molto dettagliate, verificabili attraverso osservazioni cosmologiche dirette della prima età dell'universo.

A prima vista, l'idea di "osservare" l'universo primordiale può apparire assurda, ma la luce viaggia a una velocità finita e, pertanto, vediamo gli oggetti distanti come erano nel passato. Vediamo il Sole com'era otto minuti fa; vediamo Andromeda com'era più di due milioni di anni fa. A causa della velocità finita della luce, il concetto di tempo sfuma in quello di spazio.

Possiamo viaggiare indietro nel tempo osservando oggetti sempre più distanti. Ci si può domandare se in questo modo, con un telescopio sufficientemente potente, potremmo essere testimoni della nascita stessa dell'universo. Ahimè, non è possibile. Proprio come un muro ci impedisce di vedere oltre, così le osservazioni astronomiche possono raggiungono l'epoca in cui l'universo aveva circa 380 000 anni, ma non riescono ad andare al di là. Prima di tale epoca la temperatura dell'universo era superiore a 2700 °C e il frenetico moto delle particelle scagliava tutti gli elettroni fuori dalle loro orbite atomiche. Proprio come la luce non può superare un muro di mattoni, essendo assorbita dal materiale, così nessuna forma di radiazione elettromagnetica poteva attraversare liberamente quel mezzo costituito di elettroni liberi e nuclei. L'universo era completamente opaco: qualsiasi immagine dell'epoca precedente i 380 000 anni di età dell'universo è definitivamente cancellata e non può superare il muro impenetrabile formato dal caldo plasma di elettroni e nuclei.

Ma quel muro reca impressa la più antica e vivida immagine che possiamo ottenere dell'universo. L'osservazione di questa immagine è stata l'attività preferita di numerosi gruppi di cosmologi, che sono stati ricompensati da una ricca messe di informazioni scientifiche. Tale immagine, chiamata *radiazione cosmica di fondo a microonde* (*cosmic microwave background*), rappresenta la radiazione nel momento in cui i nuclei catturarono gli elettroni nelle orbite atomiche e l'universo divenne improvvisamente trasparente alla luce. Da quel momento questa radiazione ha viaggiato attraverso lo spazio sostanzialmente indisturbata.

La radiazione cosmica di fondo fu scoperta nel 1965 da Arno Penzias e Robert W. Wilson (entrambi premio Nobel 1978), sebbene fosse stata da loro inizialmente attribuita all'effetto degli escrementi di piccioni (descritti da Penzias come "materiale dielettrico bianco"[3]) che coprivano l'antenna per microonde impiegata nelle loro osservazioni. Più recentemente, il satellite COBE (COsmic Background Explorer), lanciato dalla NASA nel 1989, ha ottenuto misure estremamente precise di questa radiazione, assicurando il premio Nobel 2006 a George Smoot e John Mather, i responsabili principali del progetto. La sonda WMAP (Wilkinson Microwave Anisotropy Probe), lanciata dalla NASA nel 2001, ha enormemente migliorato la precisione della misura della radiazione cosmica di fondo, consentendo di estrarre dai dati preziose informazioni sull'universo primordiale (vedi figura 12.1). Nel maggio 2009 l'Agenzia Spaziale Europea ha lanciato un nuovo osservatorio spaziale, chiamato Planck, dal quale ci si attendono ulteriori miglioramenti nell'accuratezza di queste misure.

Insieme ad altre osservazioni astronomiche, l'immagine della radiazione cosmica di fondo ha rivelato alcune delle prove più convincenti a favore della teoria dell'inflazione. Vediamo come.

Nella relatività generale lo spazio è un'entità dinamica che si curva e si piega in forme diverse. Secondo la teoria di Einstein, una stella massiccia – come il Sole – curva lo spazio nelle sue vicinanze, attraendo così i pianeti che sono costretti a orbitarle intorno. Allo stesso modo, la somma totale di tutta la massa e di tutta l'energia presenti nell'universo può creare una curvatura dello spazio a livello globale. È quindi del tutto legittimo interrogarsi sulla forma globale dell'universo. Per esempio, l'universo potrebbe essere curvo, ripiegandosi su se stesso a formare uno spazio che, pur senza confini, avrebbe una grandezza finita. Sarebbe un po' come un'estensione in tre dimensioni della superficie terrestre, la quale ha un'area finita, eppure non ha bordi. In questo universo curvo

[3] A.A. Penzias, citato in J. Bernstein, *Three Degrees above Zero: Bell Laboratories in the Information Age*, Cambridge University Press, Cambridge 1984.

Figura 12.1 La mappa del cielo che mostra le fluttuazioni di temperatura della radiazione cosmica di fondo, misurate dalla sonda spaziale WMAP. Le regioni più chiare sono leggermente più calde e quelle più scure leggermente più fredde della temperatura media della radiazione, che è di 2,725 gradi sopra lo zero assoluto. (*Fonte: NASA/WMAP Science Team*)

un'astronave che si muovesse sempre nella stessa direzione tornerebbe al punto di partenza, proprio come un viaggiatore che mantenga sempre la stessa rotta sulla superficie terrestre. Oppure l'universo potrebbe avere una curvatura, ma estendersi all'infinito. Qual è dunque la forma dello spazio in cui viviamo?

L'inflazione fornisce una risposta precisa a tale domanda. L'esasperata dilatazione dello spazio, che si verifica durante l'inflazione, stira e spiana qualsiasi tipo di irregolarità originariamente presente. Proprio come un tessuto elastico diventa perfettamente piatto quando viene tirato, così lo spazio nell'universo – indipendentemente dalla forma che aveva all'inizio – risulterà quasi completamente "piatto" al termine del periodo di inflazione. In questo contesto, per universo piatto non si intende uno spazio a due dimensioni, come la superficie di un tavolo, bensì uno spazio la cui geometria rispetta i consueti canoni euclidei, senza presentare strane deformazioni dovute a una curvatura intrinseca.

La predizione teorica dell'inflazione relativamente alla "piattezza" dello spazio può essere sottoposta a una verifica empirica. Infatti, la luce che giunge fino a noi dall'istante in cui è stata emessa, 380 000 anni dopo il Big Bang, attraversa l'intera struttura dello spazio-tempo cosmico e può essere utilizzata per misurarne la geometria intrinseca. Qualsiasi curvatura dello spazio devia la luce e distorce l'immagine della radiazione cosmica di fondo, influenzando la dimensione delle macchie che si osservano nella figura 12.1. L'interpretazione dei dati consente di concludere che lo spazio-tempo del nostro universo è *piatto* con impressionante precisione, confermando pienamente quanto predetto dalla teoria dell'inflazione.

Ma le prove empiriche a favore dell'inflazione non finiscono qui. La temperatura della radiazione cosmica di fondo è oggi quasi perfettamente identica in tutte le direzioni dello spazio in cui viene misurata, ma questa precisa uniformità pone un problema. Ricostruendo a ritroso la storia cosmologica, ci accorgiamo che durante i primi 380 000 anni di vita dell'universo nessun raggio di luce avrebbe avuto la possibilità di essere trasmesso tra punti che oggi osserviamo ben separati nel cielo. In altre parole, fino al momento dell'emissione della radiazione cosmica di fondo, quelle che oggi formano regioni separate del cielo non erano mai state in contatto, né avrebbero potuto scambiarsi alcuna informazione fisica. Perché, dunque, la temperatura della radiazione cosmica di fondo è così perfettamente uniforme in uno spazio così vasto, anche se le diverse regioni del cielo non hanno avuto modo di comunicare tra loro prima dell'emissione di tale radiazione?

I cosmologi si sono arrovellati a lungo su questo problema, finché l'inflazione non ne ha offerto una spiegazione naturale. L'esplosiva dilatazione dello spazio durante il periodo di inflazione ha fatto sì che un minuscolo granello di spazio, nel quale tutte le parti si influenzavano reciprocamente, si è improvvisamente trasformato in uno spazio anche più vasto dell'intero universo che osserviamo oggi, assicurando così le condizioni per l'uniformità della temperatura della radiazione cosmica di fondo.

L'inflazione dunque predice che l'universo deve essere uniforme e omogeneo a causa dell'immane dilatazione dello spazio verificatasi nei suoi primissimi istanti. A prima vista questa predizione non sembra molto azzeccata: non siamo una popolazione di esseri uniformi e omogenei (almeno credo) e basta guardare il cielo di notte per constatare come il cosmo sia pieno di stelle, galassie e ammassi di galassie e non sia una scialba e inerte massa di gas. Ciò nonostante, la predizione dell'inflazione costituisce, in realtà, un grande successo. Su vasta scala, infatti, il nostro universo appare estremamente uniforme e omogeneo, come confermato da numerose osservazioni astronomiche. Il nostro punto di vista rispetto all'universo è simile a quello di una creatura microscopica, non più grande di un atomo, rispetto a un blocco di materia. Questa minuscola creatura vede la materia come una sostanza granulosa, piena di minute strutture, mentre noi la vediamo come un mezzo uniforme. Analogamente, noi vediamo l'universo come una combinazione di singole stelle e galassie, mentre su scala molto maggiore esso appare sostanzialmente uniforme.

In questo modo l'inflazione riesce a spiegare la struttura d'insieme dell'universo. Ma come si concilia con la presenza di tutte le singole galassie che osserviamo nel cielo notturno? La risposta a questa domanda è l'aspetto più straordinario della faccenda e, lo si creda o no, la chiave di tutto sta nel principio di indeterminazione di Heisenberg.

Il principio di indeterminazione descrive l'incertezza intrinseca di varie grandezze fisiche nel mondo della meccanica quantistica. Il campo dell'inflatone non rappresenta un'eccezione ed è soggetto a microscopiche fluttuazioni quantistiche. Di conseguenza, all'epoca dell'inflazione l'energia immagazzinata nell'inflatone subiva da un punto all'altro del campo lievi variazioni, che determinavano microscopiche granularità. Alla piccolissima scala in cui predomina la meccanica quantistica, alcune regioni dello spazio risultavano leggermente più dense di altre. Ma, quando lo spazio andò incontro alla straordinaria espansione dovuta all'inflazione, le microscopiche increspature si dilatarono in enormi strutture di dimensioni astronomiche. Al termine del periodo inflazionario le regioni leggermente più dense iniziarono a contrarsi, per effetto della loro attrazione gravitazionale, e formarono le galassie. Dai germi originari creati dalle fluttuazioni quantistiche nel campo dell'inflatone sono dunque cresciute le galassie che oggi brillano nel cielo nelle notti serene.

I calcoli teorici delle strutture prodotte dall'inflazione sono in ottimo accordo con le osservazioni astronomiche sulla distribuzione delle galassie. Una splendida conferma di queste ipotesi giunge, inoltre, dalle misurazioni della radiazione cosmica di fondo: la sua temperatura – oggi di circa 2,7 gradi sopra lo zero assoluto – non è perfettamente identica in tutte le direzioni dello spazio, ma varia in media di circa 30 milionesimi di grado. Le minuscole variazioni della temperatura della radiazione cosmica di fondo, misurate con grande precisione dalla sonda spaziale WMAP e mostrate nella figura 12.1, sono spiegabili sulla base del medesimo processo che ha creato i germi per la formazione delle galassie. Le regioni lievemente più fredde o più calde della radiazione cosmica di fondo corrispondono alle primordiali granularità del campo dell'inflatone, che sono state poi dilatate dall'inflazione, fino a formare l'immagine che osserviamo oggi. Le misure della radiazione cosmica di fondo sono in perfetto accordo con le ipotesi inflazionarie.

Il quadro che emerge dall'inflazione è così sbalorditivo da dare le vertigini: sia le galassie che osserviamo di notte sia le lievissime variazioni termiche della radiazione cosmica di fondo sono i resti fossili delle fluttuazioni di un campo quantistico congelati nello spazio nel momento in cui ebbe inizio il nostro universo. La fisica delle più piccole scale immaginabili – quelle delle fluttuazioni quantistiche dell'inflatone – ha determinato alcune delle più grandi strutture dell'universo.

Lo studio della materia richiede i microscopi più potenti – rappresentati da acceleratori di particelle come l'LHC – per scrutare il mondo dell'estremamente piccolo, dove si scoprono i campi quantistici. Lo studio dell'universo richiede i telescopi e gli strumenti satellitari più potenti, per scrutare nel cielo l'immagine di un campo quantistico smisuratamente dilatato. Gli stessi elementi e le stesse leggi universali della fisica descrivono l'estremamente piccolo e l'estremamente grande.

È assai improbabile che l'LHC fornisca risposte dirette sull'origine del campo dell'inflatone o su molte delle altre questioni cosmologiche ancora aperte. È ormai chiaro, tuttavia, che queste risposte devono essere ricercate in una nuova teoria fondamentale di fisica delle particelle, che superi il Modello Standard, e l'LHC può fornire gli indizi necessari per scoprire tale teoria. Da questo punto di vista, l'LHC può contribuire a risolvere alcuni dei misteri sull'origine del cosmo.

Vi è però un argomento, connesso alla struttura dell'universo, per il quale l'LHC potrebbe offrire una risposta diretta: potrebbe infatti aiutarci a fare luce sulla materia oscura.

Materia oscura

> "C'è un altro punto sul quale vorrebbe richiamare la mia attenzione?"
> "Il fatto curioso del cane durante la notte."
> "Ma il cane non ha fatto nulla durante la notte."
> "È proprio questo il fatto curioso," commentò Sherlock Holmes.
>
> Arthur Conan Doyle[4]

Come il cane che nel racconto di Sherlock Holmes non abbaiò durante la notte, l'universo contiene materia che non brilla. Questo è il fatto curioso. L'esistenza di materia che non brilla può essere dedotta dall'attrazione gravitazionale esercitata da corpi invisibili. Uno dei più famosi esempi di questo tipo di deduzione – degno di un racconto di Sherlock Holmes – è la scoperta del pianeta Nettuno. Il matematico e astronomo francese Urbain Le Verrier (1811-1878) comprese che alcune impreviste alterazioni osservate nell'orbita di Urano potevano essere attribuite all'attrazione gravitazionale di un pianeta ancora sconosciuto. In Inghilterra John C. Adams aveva eseguito calcoli simili, sebbene meno completi, che sarebbero stati resi pubblici solo successivamente. Ma il 23 settembre 1846 Johann Galle, dell'osservatorio di Berlino, ricevette una lettera di Le Verrier con le coordinate esatte di un punto della volta celeste, tra le costellazioni del Capricorno e dell'Acquario, nel quale avrebbe dovuto compiere accurate osservazioni. Quella stessa notte, Galle identificò un nuovo corpo celeste, e le osservazioni condotte nel corso delle due notti successive confermarono che il nuovo oggetto scoperto era effettivamente un pianeta. La scoperta rappresentò un trionfo sia della teoria newtoniana della gravità sia della potenza della deduzione umana. In un discorso all'Académie des Sciences, François Arago commentò poeticamente: "Le Verrier ha visto il nuovo astro sulla punta della sua penna."

Ma non tutto ciò che non abbaia è un cane. Anche l'orbita di Mercurio mostrava un comportamento inatteso, con anomalie nella precessione del suo perielio, e Le Verrier tentò di ripetere l'exploit proponendo l'esistenza di un nuovo pianeta, cui assegnò il nome Vulcano. Ma questa volta le osservazioni non confermarono la sua

[4] A. Conan Doyle, *Silver Blaze*, in *The Memoirs of Sherlock Holmes* (1893).

ipotesi. Se la scoperta di Nettuno aveva segnato il trionfo della gravità newtoniana, la precessione del perielio di Mercurio costituì il suo primo fallimento. La spiegazione corretta delle anomalie dell'orbita di Mercurio sarebbe giunta solo dalla relatività generale.

La conclusione è che un'inattesa attrazione gravitazionale può indicare la presenza di una massa invisibile o, in alternativa, la necessità di modificare la teoria della gravità. Questa lezione, appresa dal sistema solare, si rivela utile anche quando osserviamo l'universo su grande scala, dove la materia che non brilla è completamente invisibile ai telescopi ottici.

Negli anni Trenta si ebbe il primo indizio della presenza nell'universo di qualche nuovo elemento che esercitava un'attrazione gravitazionale, ma era invisibile altrimenti. L'astrofisico svizzero Fritz Zwicky (1898-1974), studiando un gruppo di galassie chiamato ammasso della Chioma, osservò che quelle galassie apparivano troppo veloci per restare intrappolate all'interno del sistema. Se lanciate in aria un sasso, questo alla fine tornerà indietro per effetto dell'attrazione gravitazionale terrestre; ma se è Superman a lanciarlo a 40000 km/h, il sasso partirà verso lo spazio siderale, senza tornare più indietro. (In realtà l'attrito dell'atmosfera disintegrerebbe un sasso che viaggi a una velocità così elevata, ma il dettaglio è irrilevante.) Zwicky notò che molte delle galassie dell'ammasso della Chioma erano come sassi lanciati da Superman e avrebbero dovuto sfuggire rapidamente all'ammasso. Galassie così veloci avrebbero potuto rimanere legate al sistema solo se l'ammasso della Chioma avesse contenuto una massa circa 400 volte maggiore di quella osservabile visivamente. Era nata l'idea della *materia oscura*.

A quell'epoca le misure astronomiche delle velocità delle galassie non erano abbastanza precise da convincere la maggior parte degli astronomi della reale necessità di un'ipotesi così drastica come l'esistenza di una materia oscura. Ma a partire dalla fine degli anni Sessanta le evidenze osservazionali a favore della materia oscura crebbero, soprattutto grazie al pionieristico lavoro di Vera Rubin e dei suoi collaboratori.

La velocità di rotazione delle stelle all'interno delle galassie è un indicatore della quantità di massa contenuta all'interno dell'orbita stellare. Osservando le galassie a spirale, si è giunti all'inattesa conclusione che esse devono contenere molta più massa di quella apportata dalle stelle visibili. Questo risultato ha suggerito che le ga-

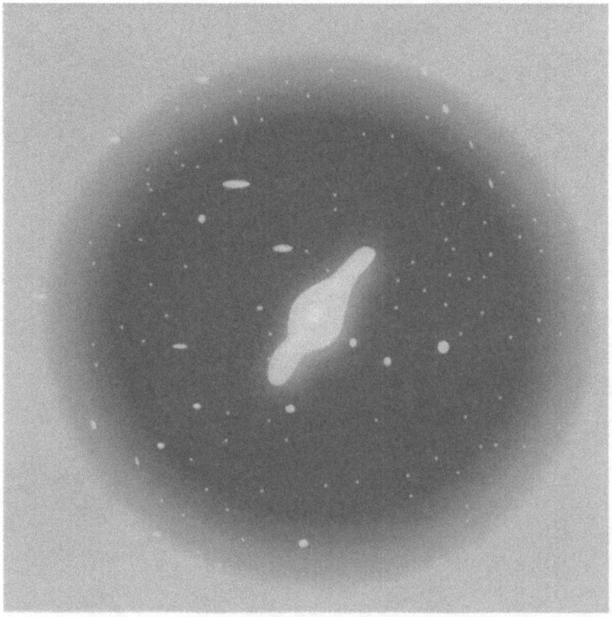

Figura 12.2 La parte visibile della galassia si trova al centro di un'estesa nube di materia oscura, l'alone galattico

lassie siano come giganteschi atomi, con un nucleo formato di stelle al centro di un'uniforme nube di materia oscura. Tale nube invisibile, assai più estesa del nucleo centrale visibile, è chiamata *alone galattico* (figura 12.2).

La materia oscura è diffusa in tutto l'universo e la ritroviamo in quasi tutte le grandi strutture astronomiche, anche a scale molto diverse. Un modo interessante per rivelarne la presenza è basato sul fenomeno delle cosiddette *lenti gravitazionali*. La relatività generale predice che una massa devia la traiettoria della luce, distorcendo così le immagini con un effetto simile a quello delle lenti ottiche. Le lenti gravitazionali sono state sfruttate per misurare masse presenti nell'universo attraverso la distorsione dell'immagine di galassie situate dietro di esse. Le immagini ottenute con questa tecnica sono davvero affascinanti, poiché mostrano vere fotografie della materia oscura in azione (figura 12.3).

Figura 12.3 Un'immagine ripresa dal telescopio spaziale Hubble dell'ammasso di galassie Abell 1689. La massa contenuta in questo sistema – in forma sia di materia visibile sia di materia oscura – agisce come una lente gravitazionale, distorcendo l'immagine delle lontane galassie retrostanti. (*Fonte: NASA/ACS Science Team/ESA*)

L'esistenza di materia oscura può essere anche dedotta dal suo ruolo nella storia dell'universo. Come abbiamo visto, le fluttuazioni quantistiche del campo dell'inflatone forniscono i germi per la formazione delle galassie. Al completamento della fase di inflazione, l'attrazione gravitazionale fa crescere questi germi e la massa contenuta nelle regioni leggermente più dense dello spazio si contrae. Ma senza materia oscura l'attuale età dell'universo non sarebbe stata sufficiente per consentire a questi germi di trasformarsi nelle dense galassie e negli ammassi di galassie che osserviamo oggi. Accurate simulazioni numeriche dimostrano che la materia oscura è proprio l'elemento necessario per rendere perfettamente conto della formazione delle galassie nell'universo.

Le evidenze empiriche dell'esistenza della materia oscura sono ormai schiaccianti. La combinazione di diversi tipi di osservazioni astronomiche e delle misure della radiazione cosmica di fondo fornisce una valutazione precisa della quantità di materia oscura attualmente presente: su grande scala, la massa della materia oscura contenuta nell'universo è mediamente *cinque volte* maggiore di quella della materia normale.

La natura della materia oscura, però, resta tuttora un mistero. Numerose possibili spiegazioni sono state man mano scartate sulla base di risultati di osservazioni o di considerazioni teoriche. Tutti i tentativi di attribuire a modifiche della gravità le evidenze a favore della materia oscura sono sostanzialmente falliti; pertanto, la materia oscura deve corrispondere a una qualche sostanza fisica. Si potrebbe immaginare che la materia oscura sia costituita di piccoli pianeti o altri corpi celesti che non brillano perché non innescano le necessarie reazioni termonucleari, ma alcune considerazioni teoriche escludono tale possibilità. I calcoli relativi alle reazioni nucleari nell'universo primordiale predicono l'attuale densità degli elementi chimici leggeri, come idrogeno, deuterio, elio e litio. I risultati di questi calcoli sono in ottimo accordo con le misure astronomiche sulla densità di questi elementi e forniscono una delle più spettacolari conferme della teoria del Big Bang. Tuttavia tali risultati dipendono in modo cruciale dalla quantità di protoni e neutroni originariamente presenti nell'universo e sono incompatibili con l'ipotesi che vi sia una quantità di normale materia atomica sufficiente per spiegare la materia oscura. Perciò la materia oscura non può essere costituita di pianeti o piccole stelle e anche gli studi sulle lenti gravitazionali nella nostra galassia tendono a confermare questa conclusione.

A questo punto dobbiamo di nuovo fare appello a Sherlock Holmes: "Quando è stato eliminato l'impossibile, ciò che resta, per quanto improbabile, deve essere la verità."[5] E dopo aver eliminato

[5] A. Conan Doyle, *The Sign of the Four* (1890).

l'impossibile ci restano due soluzioni, entrambe piuttosto sorprendenti. La prima soluzione è di carattere astrofisico: la materia oscura è composta da una vasta popolazione di buchi neri, formatisi nelle primissime fasi dell'universo. Non abbiamo un'idea chiara di come tali buchi neri possano essersi formati, ma questa ipotesi non è incompatibile con le osservazioni. La seconda soluzione chiama in causa la fisica delle particelle: la materia oscura è costituita di particelle di un genere diverso da quello delle particelle normali. Dal punto di vista dell'LHC, naturalmente la seconda soluzione è la più interessante, ed è quella su cui mi voglio concentrare.

Sebbene non conosciamo ancora questa ipotetica particella, molte delle sue proprietà possono essere già dedotte dalle caratteristiche note della materia oscura. Per spiegare l'attrazione gravitazionale esercitata dalla materia invisibile, questa particella deve essere massiva; deve inoltre essere stabile, altrimenti si sarebbe disintegrata nel corso della storia dell'universo e non sarebbe più presente oggi; infine, non legandosi con la materia normale presente nel materiale stellare, deve essere elettricamente neutra e non possedere "colore" (ovvero carica QCD). La sola particella conosciuta che risponde a queste caratteristiche è il neutrino, che sfortunatamente è troppo leggero per rappresentare un candidato verosimile per la materia oscura. Se davvero esiste, la particella della materia oscura deve essere di un tipo nuovo e sconosciuto.

L'aspetto più intrigante dell'ipotesi che la materia oscura sia costituita di un nuovo tipo di particella deriva da un calcolo teorico, di cui esporrò i punti essenziali. Quando l'universo era molto caldo e denso erano costantemente prodotte e distrutte particelle di ogni genere, per effetto delle loro frequenti collisioni. In una popolazione animale alcuni individui muoiono mentre altri nascono, mantenendo il numero complessivo approssimativamente costante. Allo stesso modo, ai primordi singole particelle apparivano e sparivano continuamente, ma nel brodo caldo del neonato universo ogni specie era presente approssimativamente nella stessa percentuale. Se esiste realmente, la particella della materia oscura deve essere stata un ingrediente di questo brodo primordiale e, nelle primissime fasi, la sua popolazione deve essere stata numerosa quanto quelle di fotoni, elettroni e altre particelle.

Per effetto della sua espansione, l'universo si è continuamente raffreddato. Una volta che la sua temperatura scese al di sotto di un determinato valore, le particelle del brodo non ebbero più abbastanza energia per creare, con le loro collisioni, le particelle molto massive della materia oscura, che da allora non fu più prodotta. Proprio come una popolazione di dinosauri incapace di procreare è destinata all'estinzione, la popolazione delle particelle della materia oscura presente nell'universo non potè ricostituirsi e iniziò a diminuire. Si ritiene che le particelle della materia oscura siano stabili e non possano quindi disintegrarsi spontaneamente, ma esse possono scomparire attraverso la cosiddetta *annichilazione*. In tale processo due particelle della materia oscura si scontrano e, in una sorta di abbraccio mortale, trasferiscono la loro energia in altri tipi di particelle e in radiazioni, scomparendo per sempre dal cosmo. L'annichilazione non conduce, tuttavia, all'estinzione. Poiché l'universo continua a espandersi, è sempre più difficile che due particelle superstiti della materia oscura si incontrino e si annichilino. A un certo punto della storia dell'universo, gli abbracci mortali dell'annichilazione divennero talmente rari che la popolazione di particelle della materia oscura non poté più ridursi: il loro numero si "congelò", come si dice nel gergo della fisica, poiché non potevano né essere create particelle nuove né essere distrutte quelle vecchie.

I fisici teorici sono in grado di calcolare il numero di particelle "congelate" superstiti e di determinarne la quantità attuale di materia oscura sulla base delle proprietà fisiche della particella corrispondente. Secondo questi calcoli, per spiegare la densità osservata di materia oscura, occorre una nuova particella che interagisca mediante la forza debole e sia dotata di una massa compresa tra circa 0,1 e 1 TeV. Tale particella è generalmente chiamata *WIMP* (letteralmente "rammollito", ma anche acronimo di Weakly Interacting Massive Particle, particella massiva debolmente interagente).

Questo risultato è stato motivo di grande fermento nella comunità dei fisici delle particelle, poiché un valore di massa tra 0,1 e 1 TeV colloca il WIMP nel bel mezzo del territorio dello zeptospazio. Si tratta di un'ottima notizia per l'LHC, in quanto offre un nuovo argomento a favore dell'esistenza di particelle sconosciute nello zeptospazio. Questa connessione tra materia oscura e fisica delle particelle fornisce un ulteriore motivo per esplorare lo zeptospazio, completamente indipendente dagli argomenti basati sul problema della rottura della simmetria elettrodebole o su quello della naturalezza. Se l'ipotesi WIMP è corretta, l'LHC scoprirà che lo zeptospazio è popolato da una nuova forma di materia, la materia oscura, circa cinque volte più abbondante, in termini di massa, della materia atomica contenuta nell'universo.

Ma vi è un'altra ragione per la quale i fisici trovano tanto affascinante l'idea dei WIMP. Come abbiamo visto nel capitolo 10, una predizione abbastanza frequente nelle diverse versioni della supersimmetria è l'esistenza di una nuova particella massiva, stabile ed elettricamente neutra, il neutralino. Tale particella si adatta perfettamente al ruolo di WIMP. Dunque la misteriosa sostanza che costituisce la materia oscura potrebbe essere niente di meno che un'ombra del superspazio. Sarebbe davvero sensazionale scoprire che le particelle supersimmetriche costituiscono in realtà la forma di materia più comune dell'universo e sono presenti ovunque intorno a noi in questo preciso istante.

La supersimmetria non è la sola teoria in grado di prevedere l'esistenza dei WIMP, e l'identificazione della particella della materia oscura è divenuto oggi uno degli obiettivi sperimentali più urgenti. Infatti la sua scoperta non solo rivelerebbe la natura di questa misteriosa materia, ma potrebbe anche indicarci un nuovo e profondo legame tra la storia cosmologica e le leggi fondamentali della fisica delle particelle.

Scoprire la materia oscura

> Vedere ciò che abbiamo davanti al naso richiede uno sforzo costante.
>
> George Orwell[6]

Dal punto di vista sperimentale, un WIMP somiglia molto a un neutrino, sebbene sia una particella molto più massiva, poiché la sua massa è probabilmente superiore a quella di un centinaio di protoni. Proprio come i neutrini, anche i WIMP possono attraversare sostanzialmente indenni il nostro pianeta, poiché per loro qualsiasi materiale è praticamente trasparente. L'espressione "materia oscura" può essere quindi fuorviante: un corpo nero assorbe la luce ma

[6] G. Orwell, In Front of Your Nose (*Tribune*, 22 March 1946), ristampato in *The Collected Essays, Journalism and Letters of George Orwell*, Vol. 4, Harcourt, New York 1968.

non la emette; i WIMP, invece, non sono affatto neri, bensì "invisibili", essendo perfettamente trasparenti. Ma suppongo che "materia trasparente" suoni molto meno misterioso di "materia oscura".

Se saranno prodotti dalle collisioni tra protoni nell'LHC, i WIMP non potranno essere rivelati direttamente, poiché interagiscono troppo debolmente per lasciare qualsiasi traccia sugli strumenti. La loro presenza, tuttavia, può essere dedotta mediante misurazioni dell'"energia mancante", con il procedimento già descritto nel capitolo 10 in riferimento alla supersimmetria. Sebbene la scoperta dell'energia mancante possa essere considerata un buon indizio della produzione artificiale di materia oscura nell'LHC, non rappresenterebbe una prova conclusiva. Anche altri tipi di particelle invisibili, non associate alla materia oscura, potrebbero produrre il medesimo risultato sperimentale. Per una prova definitiva della scoperta della materia oscura, occorrerebbe la conferma che le nuove particelle prodotte nell'LHC sono uguali a quelle che costituiscono l'alone galattico, una dimostrazione che non può venire dagli esperimenti con acceleratori.

Come tutte le altre galassie dell'universo, anche la nostra, la Via Lattea, è inclusa in un vasto alone di materia oscura. Se tale materia è effettivamente costituita di WIMP, queste particelle sono fisicamente presenti dovunque intorno a noi, non solo nello spazio, ma anche sulla Terra. Ogni litro d'aria che respiriamo contiene alcuni di questi WIMP galattici, che tuttavia non si fermano nei nostri polmoni, ma continuano a muoversi velocemente attraverso lo spazio. Ogni secondo centinaia di milioni di WIMP galattici attraversano il nostro corpo alla velocità di circa un milione di km/h, senza tuttavia lasciare praticamente nessuna traccia del loro passaggio, poiché qualsiasi materiale è per loro quasi perfettamente trasparente.

Molti esperimenti attualmente in corso stanno tentando di rivelare la presenza di WIMP ed è in programma la realizzazione di nuovi strumenti ancora più sensibili. La rivelazione diretta di WIMP galattici rappresenta una formidabile sfida sperimentale per almeno due ragioni.

Innanzi tutto, la densità dei WIMP intorno a noi è estremamente bassa: in ogni chilometro cubo di spazio è presente circa mezzo miliardesimo di grammo di materia oscura; ciò equivale a mezzo chilogrammo di materia oscura nello spazio occupato da tutto il nostro pianeta. Solo quando consideriamo ampie porzioni dell'universo troviamo che la massa della materia oscura è superiore a quella della materia normale. Ma poiché viviamo su un pianeta, cioè su una concentrazione di atomi e molecole insolita rispetto alla media dell'universo, la materia oscura ci appare relativamente rara.

La seconda difficoltà per la rivelazione sperimentale dei WIMP è che queste particelle interagiscono molto debolmente, come d'altra parte suggerisce il loro nome. Nel loro frenetico movimento, a un milione di km/h, occasionalmente i WIMP possono scontrarsi con un nucleo atomico, rilasciando nella collisione una certa quantità di energia. Il problema è che l'energia generata dalle collisioni di materia oscura in un chilogrammo di materia è estremamente modesta: circa 10^{-19} watt. Per estrarre un segnale sperimentale di intensità pari a quella emessa da una normale lampadina da 100 watt occorrerebbe un rivelatore pesante 10^{18} tonnellate, circa l'1 per cento della massa della Luna. Ma i fisici non possono utilizzare un trancio di Luna come rivelatore e devono quindi escogitare sistemi ingegnosi per rivelare i minuscoli rilasci di energia dei WIMP. È veramente strabiliante che sia stato possibile concepire esperimenti capaci di raggiungere la sensibilità necessaria per rivelare un segnale così fievole.

Il primo requisito per un esperimento volto a rivelare la presenza di particelle di materia oscura galattica è la schermatura dell'apparato da qualsiasi forma di energia che potrebbe mascherare il segnale da osservare. Per schermare adeguatamente i raggi cosmici, è necessario che gli esperimenti abbiano luogo sotto strati di roccia spessi diversi chilometri. Per tale ragione, questi esperimenti sono condotti in laboratori sotterranei costruiti in miniere dismesse (come il Soudan Laboratory nel Minnesota) o in diramazioni di tunnel stradali sotto le montagne (come il Laboratorio del Gran Sasso in Italia). I rivelatori sperimentali devono anche essere protetti dalla radioattività naturale delle rocce, che è molto più intensa del segnale della materia oscura.

Quando un WIMP colpisce un nucleo del materiale del rivelatore lo spinge fuori dalla sua posizione nella struttura cristallina di cui fa parte. Nella collisione il nucleo acquista una certa energia, che è poi rilasciata sotto forma o di ionizzazione o di onde acustiche (prodotte da vibrazioni all'interno del reticolo cristallino) o di aumento della temperatura del materiale. Per rivelare queste modeste emissioni di energia, negli esperimenti si ricorre a metodi diversi, che impiegano tutti straordinarie tecnologie. Per esempio, alcuni esperimenti si svolgono a temperature solo pochi millesimi di grado superiori allo zero assoluto: a temperature così basse, gli speciali materiali utilizzati nei rivelatori reagiscono al rilascio di quantità anche minime di energia termica con una variazione di temperatura significativa, che può essere misurata.

Un'altra tecnica per rivelare la presenza delle particelle di materia oscura sfrutta il fatto che, occasionalmente, i WIMP possono ancora annichilarsi anche nell'universo attuale. Quando in questo processo due WIMP si distruggono a vicenda, essi trasformano la propria energia in altri tipi di particelle rivelabili dai nostri strumenti. La morte dei WIMP può produrre raggi gamma, neutrini, positroni, elettroni, antiprotoni e nuclei di antideuterio, che possono essere identificati da rivelatori collocati su satelliti o sulla Terra, una volta sottratto l'effetto dell'onnipresente flusso di raggi cosmici. I neutrini sono particolarmente adatti per riconoscere l'annichilazione dei WIMP, ma sono anch'essi particelle molto elusive e la loro osservazione richiede rivelatori estesi su grandi superfici. Uno di questi apparecchi è formato da un reticolo di tubi fotomoltiplicatori tenuti insieme da cavi a circa 2500 metri di profondità nel Mediterraneo. Un altro esperimento si serve di strumenti inseriti attraverso perforazioni nel ghiaccio dell'Antartide a profondità comprese tra 1500 e 2500 metri, sfruttando il fatto che al di sotto di un chilometro di profondità il ghiaccio del Polo Sud è straordinariamente trasparente.

Finora nessun esperimento per la ricerca delle particelle di materia oscura galattica ha stabilito con certezza l'esistenza dei WIMP, sebbene vi siano stati annunci ancora controversi di rivelazioni di segnali. Per giungere a conclusioni definitive, sono necessari ulteriori dati e l'LHC potrà apportare informazioni cruciali.

Proprio come un detective deve raccogliere numerose prove prima di poter affermare la colpevolezza di un sospetto, così l'identificazione della materia oscura richiede il concorso di diversi esperimenti. Le varie strategie sperimentali per la scoperta dei WIMP sono complementari, poiché forniscono informazioni indipendenti sulla natura delle particelle di materia oscura: la produzione artificiale di materia oscura nell'LHC consentirà di ottenere le migliori misure delle proprietà intrinseche dei WIMP, come la massa e l'intensità di interazione; la rivelazione diretta di materia oscura negli esperimenti sotterranei proverà che i WIMP sono fisicamente presenti intorno a noi, fornendoci una misura della loro densità; l'osservazione dell'annichilazione dei WIMP ci offrirà informazioni sulla loro distribuzione nella nostra galassia. Solo il confronto tra i risultati ottenuti con queste diverse tecniche sperimentali potrà fornire la prova conclusiva dell'esistenza di particelle di materia oscura nell'universo.

Energia oscura

Obscurum per obscurius, ignotum per ignotius.[7]
Motto alchemico

Le supernove sono uno dei più drammatici e violenti fenomeni che si possano osservare in natura. Quando certe vecchie stelle massicce esauriscono il carburante nucleare, la forza gravitazionale le fa collassare sotto il loro stesso peso. Ciò produce un'enorme esplosione, nella quale il materiale stellare viene espulso con velocità fino a centinaia di milioni di km/h. Una supernova può apparire luminosa come miliardi di soli e splendere più dell'intera galassia di cui fa parte. In poche settimane, una supernova può emettere la stessa quantità di energia emessa dal nostro Sole nell'arco di tutta la sua esistenza.

Le supernove di *tipo Ia* sono assai utili per tracciare una mappa dell'universo distante, non solo perché sono così splendenti, ma anche perché sono tutte caratterizzate dalla medesima luminosità intrinseca. Tale proprietà offre un metodo affidabile per misurarne la distanza. Allo stesso modo di una lampadina che appare tanto più debole quanto più è lontana, la luminosità osservata di una supernova di tipo Ia fornisce una misura della sua distanza.

Le supernove distanti si allontanano da noi per effetto dell'espansione dell'universo. Le loro velocità di recessione possono essere determinate misurando la lunghezza d'onda della luce che emettono. Il principio è lo stesso di quello per il quale sentiamo

[7] Rivelare l'oscuro attraverso ciò che è ancora più oscuro, l'ignoto attraverso ciò che è ancora più ignoto.

meno acuto il suono della sirena di un'ambulanza che si allontana da noi, rispetto a quando si avvicina: il moto dell'ambulanza modifica la lunghezza dell'onda sonora emessa. Allo stesso modo, la lunghezza d'onda della luce emessa da un corpo celeste in recessione è tanto più lunga quanto maggiore è la sua velocità. La determinazione delle velocità con le quali galassie distanti si allontanano da noi fornisce informazioni sull'espansione dell'universo e l'osservazione delle supernove di tipo Ia consente di misurare con esattezza la velocità di tale espansione.

L'inflazione è stata il motore iniziale che ha avviato l'espansione che osserviamo oggi. Ma, terminata la fase di inflazione, l'attrazione gravitazionale esercitata dall'insieme della materia e della radiazione presenti nell'universo ha contribuito a rallentare la velocità di espansione; perciò, attualmente l'espansione dell'universo dovrebbe stare *decelerando*. Negli anni Novanta diversi gruppi di astronomi iniziarono un programma di osservazione di supernove distanti per misurare il tasso di decelerazione dell'espansione dell'universo. Il progetto era molto impegnativo in quanto, sebbene le supernove abbiano caratteri distintivi facilmente identificabili, nessuno è in grado di predire dove o quando se ne produrrà una. Si tratta inoltre di fenomeni rari, che in una galassia si verificano circa una volta ogni centinaio d'anni. Il programma di osservazioni divenne realizzabile solo grazie a speciali tecnologie che, applicate a strumenti astronomici, sono in grado di monitorare un gran numero di galassie.

Nel 1998 due gruppi di astronomi annunciarono i propri risultati, che contenevano una delle più inattese scoperte scientifiche degli ultimi decenni: l'espansione dell'universo non sta decelarando, bensì *accelerando*. Questo risultato è davvero scioccante. Se la velocità dell'espansione dell'universo sta aumentando, significa che deve oggi essere presente una qualche forma di antigravità che esercita una spinta repulsiva. In questo preciso istante un motore invisibile sta alimentando l'espansione dell'universo. Combinando le osservazioni delle supernove e altre misurazioni astronomiche con i dati più recenti sulla radiazione cosmica di fondo, si è trovato che il 72 per cento dell'energia presente nell'attuale universo è rappresentato da una nuova sostanza che esercita una gravità repulsiva. Questa sostanza misteriosa è stata chiamata *energia oscura*.

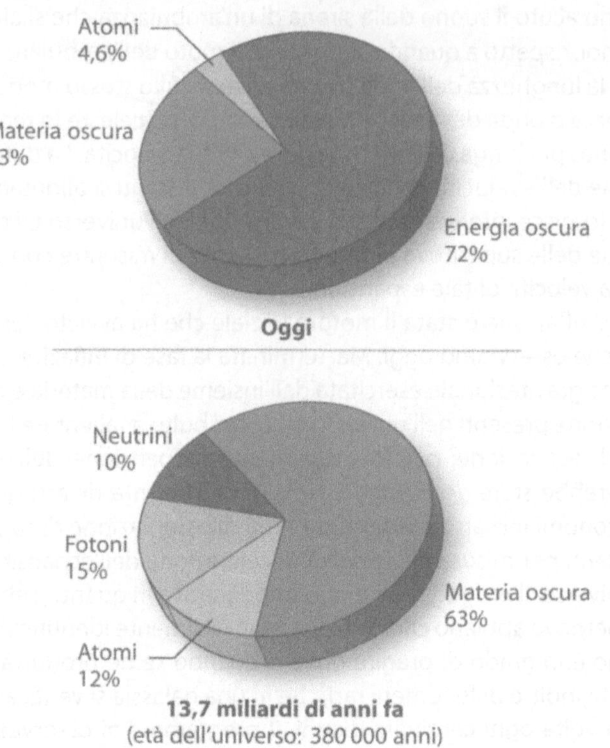

Figura 12.4 Composizione del contenuto di energia dell'universo oggi (*in alto*) e 13,7 miliardi di anni fa (*in basso*), quando venne emessa la radiazione cosmica di fondo e l'età dell'universo era di soli 380 000 anni. (*Fonte: NASA / WMAP Science Team*)

Era già abbastanza sconcertante sapere che nella massa contenuta nell'universo la materia oscura è cinque volte più abbondante di quella normale, ma ora dobbiamo misurarci con l'imprevedibile constatazione che la materia oscura è, a sua volta, poca cosa rispetto a una sostanza dall'aspetto ancora più arcano. Nel bilancio energetico del nostro universo l'energia oscura conta circa sedici volte più della normale materia atomica. Tale risultato ha scosso le convinzioni dei fisici delle particelle riguardo alla loro comprensione del mondo, ma ha contemporaneamente fornito nuove ragioni per spingersi oltre le attuali teorie. La Meraviglia Sublime del mondo delle particelle – il Modello Standard – può spiegare solo il 4,6 per cento dei componenti dell'universo; il resto è cibo da dare in pasto ai fisici teorici per le loro speculazioni.

Non abbiamo alcuna idea convincente di quale possa essere l'origine dell'energia oscura. Possiamo solo dedurre, dalla sua spinta repulsiva gravitazionale, che deve trattarsi di una forma di costante cosmologica o di qualcosa che le somiglia molto. Per i nostri normali standard, il contenuto energetico dell'energia oscura intorno a noi non è particolarmente impressionante: l'energia oscura presente in un chilometro cubo di spazio corrisponde all'energia consumata da una lampadina da 60 watt in un centesimo di secondo. Ciò dovrebbe scoraggiare persino gli scrittori di fantascienza dall'immaginare che l'energia oscura possa essere utilizzata dall'umanità (o da alieni) come fonte energetica. Ma poiché si ritiene che l'energia oscura riempia uniformemente tutto lo spazio, la sua quantità complessiva è enorme.

Attualmente l'energia oscura è di gran lunga la forma più comune di energia presente nel nostro universo, ma non è sempre stato così durante la storia cosmologica. Mentre la materia e la radiazione vengono diluite dall'espansione dell'universo, la costante cosmologica (come suggerisce il nome) riempie lo spazio sempre nella stessa maniera. Perciò, se è costituita semplicemente da una costante cosmologica, nell'universo primordiale l'energia oscura aveva un effetto trascurabile rispetto alle altre forme di energia; ma il suo ruolo è divenuto sempre più importante col trascorrere del tempo. La costante cosmologica è destinata a divenire sostanzialmente l'unica forma di energia presente nell'universo. In futuro l'espansione dell'universo diventerà sempre più veloce, accelerata senza sosta dall'invisibile motore dell'energia oscura. Le regioni remote dello spazio saranno spinte lontano da noi a una velocità superiore a quella della luce, sparendo per sempre dalla nostra vista. Entro un centinaio di miliardi di anni tutti i corpi celesti al di là di Andromeda si allontaneranno così velocemente che non saremo più in grado di ricevere da essi nessun segnale. Tra circa cinquecento miliardi di anni lo spazio sarà dilatato così violentemente che qualsiasi oggetto al di là del sistema solare risulterà per sempre invisibile. Alla fine, lo spazio subirà un'espansione così rapida che un uomo non sarà più in grado di vedere i propri piedi, ammesso naturalmente che l'umanità esista ancora.

Non deve sorprenderci che l'espansione dell'universo possa procedere a velocità superiori a quella della luce. La relatività speciale ci insegna che nessun segnale può viaggiare attraverso lo spazio più velocemente della luce, ma nulla impedisce che lo spazio stesso si espanda a una velocità maggiore, purché tra due punti fisici nessuna informazione sia trasmessa a una velocità superiore a quella della luce. All'epoca dell'inflazione, l'espansione dello spazio a velocità superluminale è stata la norma quasi ovunque.

In realtà, non sappiamo ancora se il nostro universo andrà incontro al cupo destino predetto dalla costante cosmologica. L'energia oscura potrebbe essere una forma di costante cosmologica che varia nel tempo e i suoi effetti potrebbero diminuire o sparire in futuro, prima di divenire così drammatici. Proprio come la primordiale fase inflazionaria ebbe termine quando il campo dell'inflatone andò incontro a una transizione di fase, così anche l'energia oscura potrebbe alla fine sparire dallo spazio. L'effettivo destino dell'universo non potrà essere stabilito finché non scopriremo la vera natura dell'energia oscura.

A zonzo nel multiverso

> Non vi è alcuna legge, se non la legge che non vi sono leggi.
>
> John Archibald Wheeler[8]

La scoperta dell'energia oscura ha messo in crisi i cosmologi, che non si aspettavano che potesse esistere una costante cosmologica, e tanto meno con un effetto così potente. Anche i fisici delle particelle sono rimasti spiazzati, ma essenzialmente per la ragione opposta: non riescono a comprendere perché il valore della costante cosmologica sia così piccolo. Il problema posto dalla costante cosmologica è del tutto analogo a quello della naturalezza per la sostanza di Higgs, di cui ho parlato nel capitolo 9. Le fluttuazioni quantistiche

[8] J.A. Wheeler, citato in J.D. Barrow, F.J. Tipler, *The Anthropic Cosmological Principle*, Oxford University Press, Oxford 1986.

delle particelle virtuali nel vuoto influenzano diverse quantità fisiche, inclusa la costante cosmologica. Calcoli teorici che tengono conto dell'effetto delle particelle virtuali predicono che il valore della costante cosmologica dovrebbe essere 10^{120} volte maggiore di quanto effettivamente osservato. Questo risultato è noto come la peggior predizione di tutti i tempi della fisica teorica: è tanto sballata quanto lo sarebbe predire che il volume di un protone deve essere circa uguale a quello dell'intero universo osservabile.

Il problema della naturalezza della sostanza di Higgs ha rappresentato un terreno fertile per numerose nuove ipotesi teoriche, come la supersimmetria, le dimensioni extra, il technicolor e molte altre. D'altra parte, tutti i tentativi di risolvere il problema della naturalezza della costante cosmologica sono falliti. Si tratta forse di un indizio che il problema della naturalezza è fondato su un falso pregiudizio e che i fisici stanno seguendo una pista sbagliata?

La crisi determinata dai concetti di energia oscura e di costante cosmologica ha stimolato nuovi approcci ad alcune delle questioni fondamentali della fisica delle particelle. Una possibilità interessante è emersa come sviluppo di una caratteristica della teoria delle stringhe chiamata *landscape* (paesaggio). Il fisico Leonard Susskind ha tratto questo termine dalla biochimica, dove indica il gran numero di possibili configurazioni delle macromolecole. Anche la teoria delle stringhe ammette un enorme numero di possibili configurazioni, ciascuna delle quali corrisponde a un diverso mondo delle particelle, con proprie caratteristiche e propri valori delle costanti fondamentali.

Un risultato interessante si presenta quando il landscape è coniugato con l'idea di *inflazione eterna* . Nell'universo in inflazione eterna si generano continuamente bolle di spazio che, a loro volta, si espandono e formano al loro interno altre bolle. Ogni bolla corrisponde a una diversa configurazione del landscape. In tal modo, l'intero cosmo risulta diviso in un enorme numero di universi separati, ciascuno dei quali corrisponde a un diverso mondo delle particelle. Per tale ragione, questo schema è chiamato *multiverso*, per distinguerlo dal caso normale di un singolo *uni*verso.

Il multiverso è popolato contemporaneamente da un'enorme varietà di universi, ciascuno dei quali è caratterizzato da leggi fisiche differenti. Questa concezione della realtà sfida l'idea che in cima alla scala di Giacobbe debba trovarsi una sola teoria, determinata unicamente dalla coerenza logica. L'idea del multiverso ci obbliga a riconsiderare alcuni dei fondamentali "perché?" della fisica e a domandarci se conducono nella giusta direzione o se sono solo false piste. Secondo questa nuova concezione, le leggi fisiche che osserviamo in natura costituiscono solo una delle possibili numerose alternative che coesistono simultaneamente nel multiverso. Un esempio potrà aiutarmi a illustrare quest'idea.

Nel 1595 Keplero si domandò: "Perché ci sono sei pianeti?" Allora poteva sembrare un buon "perché?" scientifico, in quanto si riteneva che i sei pianeti (Urano e Nettuno non erano ancora stati scoperti) fossero componenti fondamentali dell'universo. La domanda è simile ad alcune che ci poniamo oggi, del tipo: "Perché ci sono tre generazioni di quark e di leptoni?" Nel suo *Mysterium Cosmographicum*, Keplero propose una risposta basata sulla simmetria geometrica. Le orbite dei pianeti, affermò Keplero, giacciono su sfere successive che circoscrivono e inscrivono i cinque solidi platonici. I solidi platonici sono figure tridimensionali convesse con facce identiche, che anticamente si riteneva possedessero proprietà magiche, ma che oggi sono utilizzate al più per fabbricare dadi dalle forme bizzarre. Poiché esistono solo cinque solidi platonici (tetraedro, cubo, ottaedro, dodecaedro e icosaedro regolari), dovevano quindi esistere solo sei pianeti. La forza dell'ipotesi di Keplero consisteva nella sua capacità di predire i rapporti tra le distanze planetarie, che risultavano corrispondere piuttosto bene alle osservazioni astronomiche del tempo. Successivamente Keplero diede a questa linea di pensiero una connotazione più mistica e nel suo *Harmonices Mundi* suggerì che le posizioni dei pianeti e le velocità orbitali seguissero, come tutte le proporzioni del mondo naturale, le regole degli armonici musicali. Questa *musica universalis*, che ricorda il concetto pitagorico di "musica delle sfere", governa il moto del cosmo in una celestiale sinfonia. Per quanto sembri arcana, questa ipotesi portò Keplero a formulare la sua terza legge del moto dei pianeti.

Naturalmente oggi sappiamo che la costruzione geometrica del sistema solare di Keplero è errata. L'originale "perché?" di Keplero non conduceva a indagare una questione fondamentale: non vi è nulla di fondamentale nel numero dei pianeti o nelle loro distanze dal Sole. Il nostro è solo uno dei tanti sistemi solari che esistono nell'universo, con numeri diversi di pianeti e diverse distanze planetarie. Dal punto di vista terrestre, possiamo stupirci della peculiare coincidenza che la distanza tra la Terra e il Sole sia proprio quella giusta per consentire l'esistenza di acqua liquida. In effetti è una fortunata circostanza che non dobbiamo arrostire nel torrido Mercurio o congelare nel glaciale Urano. Ma, in una prospettiva più ampia, questo fatto non ha nulla di misterioso. Tra gli innumerevoli pianeti presenti nell'universo, la nostra forma di vita poteva svilupparsi solo dove l'acqua *può* esistere allo stato liquido; perciò non è sorprendente che ci troviamo a vivere su un pianeta situato proprio alla distanza giusta dal Sole.

Il multiverso estende queste considerazioni su scala molto più ampia. Tra i tanti possibili universi dobbiamo necessariamente trovarci in uno di quelli che hanno le caratteristiche adatte per consentire la vita. Alcune delle proprietà del nostro universo possono essere dedotte dal semplice fatto che tale universo esiste, proprio come la distanza Terra-Sole può essere approssimativamente desunta dalla condizione che sul nostro pianeta deve esistere acqua allo stato liquido. Seguendo questo tipo di ragionamento, Steven Weinberg è giunto alla conclusione che solo universi con una costante cosmologica sufficientemente piccola possono ospitare la vita. Se la costante cosmologica fosse molto più grande, la sua gravità repulsiva avrebbe fatto a pezzi le galassie e nessun luogo dell'universo sarebbe abitabile. Forse l'energia oscura osservata riflette solo una proprietà specifica della parte del multiverso in cui gli esseri umani possono esistere e contemplare il cosmo. In questa visione, il concetto di naturalezza risulta mal formulato, poiché ciò che a prima vista appare una straordinaria regolazione fine potrebbe essere una pura conseguenza del fatto che l'esistenza umana è possibile solo in una ristretta parte del multiverso.

Una parte della comunità scientifica è furiosamente ostile all'idea del multiverso. Alcuni fisici considerano troppo antropocentrico il ricorso al presupposto che la vita debba necessariamente svilupparsi in un universo come il nostro. Ma in realtà il multiverso rappresenta un rifiuto completo dell'antropocentrismo: non solo la Terra è un pianeta qualsiasi del cosmo, ma anche il nostro universo è un elemento qualsiasi del multiverso. Se ciò fosse vero, rappresenterebbe lo stadio definitivo della rivoluzione copernicana.

Altre obiezioni nascono dalla convinzione che il multiverso rappresenti una sconfitta dell'aspirazione dell'uomo a conoscere la natura attraverso la deduzione e una rinuncia agli obiettivi principali dell'indagine scientifica. Ma, sebbene il multiverso richieda sicuramente una profonda riformulazione di alcuni degli attuali quesiti della ricerca scientifica, ciò non implica necessariamente un completo caos nelle leggi della fisica. Comunque sia, la fisica è una scienza naturale e la questione non potrà essere risolta da pregiudizi filosofici. Il significato del problema della naturalezza nella sostanza di Higgs sarà sottoposto a verifica sperimentale e il risultato ci fornirà anche indicazioni pro o contro alcune delle idee fondate sul multiverso. Anche in questo caso, l'LHC punta dritto al nocciolo della questione.

13

Epilogo

> È già abbastanza brutto conoscere il passato; sarebbe intollerabile conoscere il futuro.
>
> William Somerset Maugham[1]

L'LHC è una fantastica avventura intellettuale. L'obiettivo di questa avventura non è solo scoprire qualche nuova particella o comprendere il funzionamento di un mondo distante dalla nostra percezione sensoriale. L'obiettivo è molto più universale. L'LHC rappresenta un'ulteriore tappa del lungo percorso intrapreso dall'umanità per comprendere il significato dei fenomeni fisici, la struttura della materia, i principi della natura e le leggi fondamentali che governano l'universo. È una parte essenziale di quella grande impresa umana che chiamiamo scienza. Sebbene celati dalla complessità matematica delle teorie della fisica delle particelle e dall'intricata tecnologia delle apparecchiature sperimentali, gli interrogativi alla base del progetto LHC sono gli stessi che hanno travagliato l'intelletto umano sin dagli albori della civiltà.

Ma per la società il progetto LHC ha ricadute che vanno ben al di là dei suoi obiettivi primari di scoperta scientifica. La progettazione, lo sviluppo e la costruzione dell'LHC hanno richiesto progressi in numerose tecnologie di frontiera. Un ritmo così rapido di innovazione è possibile solo nell'ambito di grandi e complessi progetti scientifici dedicati alla ricerca fondamentale, poiché per l'industria privata si tratta di attività troppo rischiose e dall'esito troppo incerto. Progetti scientifici di questo genere accelerano il pro-

[1] W.S. Maugham, citato in R. Hughes, *Foreign Devil*, Deutsch, London 1972.

gresso tecnologico in una maniera che sarebbe altrimenti impossibile e inimmaginabile per la società.

Gli scienziati dell'LHC si sono dovuti confrontare costantemente con la necessità di ricercare nuovi materiali e nuovi strumenti, di sviluppare tecnologie elettroniche innovative e di gestire un volume formidabile di informazioni digitali. Nel loro lavoro quotidiano hanno affrontato continue sfide ai limiti del possibile. L'LHC ha offerto un'opportunità unica per riunire le risorse finanziarie e l'intelligenza umana necessarie per raccogliere tali sfide e aprire nuovi orizzonti all'innovazione tecnologica. La scienza indirizza il talento e la creatività dell'uomo verso problemi complessi, le cui soluzioni conducono invariabilmente ad applicazioni inattese. Anche se solo raramente possiamo prevedere quali saranno, queste applicazioni arrivano immancabilmente.

La ricerca sugli acceleratori e sui rivelatori di particelle continua a produrre una ricca messe di ricadute utili per la società, che vanno dalla terapia adronica per il cancro alla radiazione di sincrotrone, dalla tomografia a emissione di positroni alla risonanza magnetica, e ad altri strumenti per la diagnostica medica e la tecnologia di imaging. Le esigenze estreme degli esperimenti di fisica delle particelle nel campo dell'informatica sono sempre state un motore di innovazione, come dimostra l'invenzione del World Wide Web realizzata proprio al CERN. Oggi l'LHC affronta una sfida completamente nuova, determinata dalla generazione di un milione di gigabyte al secondo. Tali dati devono essere rapidamente vagliati per selezionare dieci milioni di gigabyte all'anno che saranno archiviati e analizzati nelle diverse parti del pianeta. Questi stringenti requisiti offrono un'occasione ideale per sviluppare e sperimentare nuove tecnologie di calcolo e gestione dei dati, come il GRID, che potranno un giorno fare parte della nostra vita quotidiana.

Le dimensioni di un progetto della portata dell'LHC richiede il coinvolgimento diretto dell'industria. Ciò comporta vantaggi economici immediati per il settore industriale, ma anche ricadute indirette, come lo sviluppo di nuove tecniche produttive e l'acquisizione di nuove competenze ed esperienze. Inoltre il carattere internazionale dell'LHC ha positive implicazioni politiche per le relazioni e la cooperazione tra Paesi diversi. La scienza promuove lo scambio e la comprensione, avvicinando nazioni, istituzioni e individui.

Non si deve infine dimenticare che l'LHC offre un'opportunità unica di istruzione e formazione a studenti e giovani scienziati, che hanno un ruolo di primo piano nelle attività dell'LHC e in molti ambiti spesso rappresentano la forza propulsiva. Questi giovani imparano ad affrontare problemi complessi, a gestire tecnologie d'avanguardia, ad adattarsi a sfide difficili e a lavorare in gruppi numerosi. Non tutti restano nel settore della ricerca scientifica e spesso portano con sé questo bagaglio unico di competenze ed esperienze in altri settori della società. Gli investimenti nell'LHC sono anche investimenti in future generazioni di individui capaci e competenti.

Ma nelle menti di coloro che lavorano all'LHC la scoperta resta certamente l'unico obiettivo. Come affermò con passione il matematico e fisico teorico Henri Poincaré: "Lo scienziato non studia la natura perché ciò è utile. La studia perché ne trae piacere, e ne trae piacere perché è bella. Se la natura non fosse bella, non meriterebbe di essere conosciuta e la vita non meriterebbe di essere vissuta."[2]

Come andrà a finire l'odissea nello zeptospazio? Omero narra che Ulisse concluse le sue peregrinazioni attraverso il Mediterraneo trovando la strada per tornare a Itaca. Dopo aver massacrato i Proci, riconquistò il suo posto di re dell'isola nella quale portò, infine, la pace. Così termina l'*Odissea*. Dante non conosceva il greco e probabilmente non lesse mai l'*Odissea*, ma solo alcuni riassunti medievali e i riferimenti presenti nelle *Metamorfosi* di Ovidio. Nella sua felice ignoranza, inventò un interessante seguito del poema epico omerico. Una volta tornato a Itaca, Ulisse non resistette al desiderio di nuove esplorazioni e, dopo qualche anno, intraprese un nuovo viaggio con i suoi più fedeli compagni, esortandoli con le famose parole: "Fatti non foste a viver come bruti, ma per seguir virtute e canoscenza."[3] Così salparono navigando verso est e, spinti dal desiderio di conoscere l'ignoto, varcarono le Colonne d'Ercole, al di là delle quali non era consentito a nessun uomo avventurarsi. "E volta nostra poppa nel mattino, de' remi facemmo ali al folle volo."[4]

Possiamo trarre ispirazione da queste storie, per cercare di immaginare la fine dell'odissea nello zeptospazio. La scoperta del bo-

[2] J.H. Poincaré, *Science et Méthode*, Flammarion, Paris 1908 (Ed. it.: *Scienza e metodo*, Einaudi, Torino 1997. Trad. di C. Bartocci).

[3] D. Alighieri, *Divina Commedia*, Inferno, Canto XXVI, 119-120.

[4] D. Alighieri, *Divina Commedia*, Inferno, Canto XXVI, 124-125.

sone di Higgs può essere paragonata al vittorioso ritorno di Ulisse a Itaca, come narrato da Omero. Questa scoperta fornirà la conferma che l'idea della rottura spontanea della simmetria elettrodebole è corretta e completerà la verifica sperimentale del Modello Standard, rivelandone l'ultimo ingrediente mancante. L'identificazione del bosone di Higgs rappresenterà sicuramente un passo cruciale nella comprensione dei principi della natura e nella conoscenza del mondo delle particelle.

A molti fisici, tuttavia, quella del bosone di Higgs apparirà come una scoperta annunciata. I dati sperimentali e gli indizi teorici già accumulati convergono nella direzione del bosone di Higgs e ci inducono a ritenere, con ragionevole fiducia, che tale particella esista. La situazione è per un certo verso simile a quella che ha preceduto la scoperta delle particelle *W* e *Z* al CERN, nel 1983, e del quark top al Fermilab nel 1995. Anche prima della scoperta di queste particelle, la teoria aveva fornito chiare indicazioni della loro esistenza. Ma a differenza delle particelle *W* e *Z* o del quark top, le cui proprietà erano state anticipate con esattezza dalla teoria, le odierne predizioni relative al bosone di Higgs sono assai meno precise. La parte del Modello Standard associata al bosone di Higgs è determinata solo da una scelta di semplicità e non è dettata da alcun principio fondamentale. Questa scelta potrebbe rivelarsi errata. La natura potrebbe avere ottime ragioni per impiegare una struttura diversa, quale responsabile della rottura della simmetria elettrodebole; o forse il bosone di Higgs potrebbe persino essere indice di forze ancora sconosciute che agiscono nello zeptospazio. La rivelazione sperimentale del bosone di Higgs ci riserverebbe allora delle sorprese, poiché le proprietà della nuova particella potrebbero dimostrarsi molto diverse da quelle attese sulla base del Modello Standard.

Ma proprio come Dante aggiunse un inedito finale al poema omerico, così l'odissea nello zeptospazio potrebbe non terminare semplicemente con la scoperta del bosone di Higgs. I fisici sperano ardentemente e si attendono che vi sia una nuova svolta della storia. E tale speranza non si fonda solamente sulla generica considerazione che l'LHC esplora un mondo sconosciuto e inviolato. Al contrario, il carattere insoddisfacente delle proprietà ipotizzate per il bosone di Higgs, il problema della naturalezza e l'enigma della materia oscura forniscono buoni argomenti per ritenere che lo zeptospazio sia popolato da altri fenomeni e altre particelle, e non solo dal bosone di Higgs.

Nel XIX secolo uno straordinario risultato scientifico rivelò che i corpi celesti erano costituiti dagli stessi elementi chimici presenti sulla Terra, dimostrando che l'intero universo è composto di materia del medesimo tipo. Questa visione è stata messa in discussione dalle recenti osservazioni cosmologiche, che hanno dimostrato come la normale materia atomica rappresenti meno del 5 per cento del contenuto dell'universo, mentre il resto è sotto forma di sostanze ancora inspiegate e sconosciute, l'energia oscura e la materia oscura. L'LHC ha la possibilità di rivelare l'identità della materia oscura, risolvendo uno dei più complessi enigmi dell'attuale universo.

Uno dei principali temi della fisica teorica degli scorsi decenni è stato lo studio di quale potrebbe essere l'aspetto dello zeptospazio e a tale proposito sono state avanzate molte nuove idee teoriche. Alcune di esse appaiono indubbiamente così macchinose e complicate da introdurre più problemi di quanti ne risolvano. Altre sono state smentite dai dati sperimentali ottenuti da precedenti acceleratori, in particolare dal LEP. Ma il processo di indagine speculativa sullo zeptospazio ha prodotto affascinanti nuove idee, come la supersimmetria, le dimensioni extra, il technicolor e diverse altre. Queste idee implicano una completa revisione della nostra concezione dello spazio-tempo, delle forze e delle simmetrie. La loro scoperta sperimentale provocherebbe una rivoluzione della nostra visione della realtà fisica, con conseguenze intellettuali comparabili a quelle della relatività o della meccanica quantistica.

Studi recenti hanno rivelato profonde e inattese connessioni tra differenti idee teoriche riguardanti lo zeptospazio, dimostrando che esse non si escludono a vicenda e che la natura potrebbe averne impiegate simultaneamente diverse nel modellare lo zeptospazio. Inoltre, una volta generate, le nuove idee tendono ad avere una vita propria, come un genio uscito da una lampada magica. Come affermò Victor Hugo: "Le idee non tornano indietro più di quanto lo facciano i fiumi."[5] Talora le nuove idee conducono a risultati che non sarebbero mai stati immaginati dalle menti che le hanno partorite. Einstein introdusse la costante cosmologica affinché l'uni-

[5] V. Hugo, *Les Misérables* (1862).

verso risultasse statico, ma ben difficilmente avrebbe potuto immaginare l'esplosivo fenomeno dell'inflazione o l'energia oscura che domina l'universo attuale. Yang e Mills svilupparono la loro teoria in un tentativo infruttuoso di spiegare le interazioni tra pioni, ma non avrebbero mai sospettato che le teorie di gauge contenessero il principio fondamentale che governa il mondo delle particelle. La teoria delle stringhe fu inventata, prima dell'avvento della QCD, per descrivere gli adroni, e oggi è considerata il più credibile candidato per l'unificazione della gravità con le altre forze conosciute. Non sempre la scienza progredisce lungo percorsi diritti e logici, spesso segue invece sentieri inaspettati. Alcune delle ingegnose teorie proposte per lo zeptospazio potranno non avere alcun riscontro nei risultati dell'LHC, ma un giorno si potrebbe scoprire che svolgono un ruolo cruciale in contesti scientifici completamente diversi. E questa sarà un'ulteriore ricaduta del progetto LHC, una ricaduta che riguarda sviluppi concettuali e intellettuali.

Il quadro delle predizioni teoriche relative allo zeptospazio non è ancora affatto chiaro. Ciascuna delle proposte presenta caratteri interessanti ma anche punti deboli, e sinora nessuna di esse è assurta al rango di teoria più probabile. Questa condizione di incertezza alimenta l'eccitazione che circonda gli esperimenti dell'LHC: numerosi enigmi e problemi assediano tuttora lo zeptospazio, e i fisici si nutrono di enigmi e di problemi. La ricerca sulla fisica dello zeptospazio somiglia molto all'esplorazione di un territorio sconosciuto, dove si suppone esistano preziosi tesori; ma nessuno possiede la mappa che indichi come trovarli. Non sappiamo che cosa si nasconde nello zeptospazio e il viaggio dell'LHC è appena iniziato.

Ringraziamenti

Questo libro ha avuto origine da conferenze e seminari destinati al pubblico che ho tenuto sull'argomento, dal desiderio di comunicare alle persone estranee al mondo della fisica il significato delle imminenti scoperte e dalla speranza di trasmettere loro parte della meraviglia e dell'emozione che provo lavorando a questo storico progetto. Benché con un respiro più ampio, il testo mantiene lo stile originario di una presentazione orale; in quanto tale, il suo scopo principale è invitare il lettore a condividere l'entusiasmo e l'attesa di un fisico per i risultati dell'LHC e non ha, quindi, alcuna pretesa di completezza.

Desidero ringraziare tutti i colleghi del CERN per le numerose conversazioni che abbiamo avuto su temi connessi all'LHC, per la loro passione nel discutere di fisica e per aver reso questo laboratorio il più piacevole e stimolante ambiente di lavoro di cui abbia mai fatto parte. Sono particolarmente grato a Guido Altarelli, David Barney, Fabiola Gianotti, Thomas Lohse, Ken Peach, Antonio Riotto, Gigi Rolandi, Emma Sanders e James Wells per l'attenta e approfondita lettura del manoscritto e per le preziose osservazioni, che hanno molto migliorato il testo. Mi sono state molto utili le numerose discussioni con Reyes Alemany, Luis Alvarez-Gaumé, Ignatios Antoniadis, Tiziano Camporesi, Albert De Roeck, Alvaro De Rújula, Gia Dvali, John Ellis, Sergio Ferrara, Christophe Grojean, Karl Jakobs, Julien Lesgourgues, Michelangelo Mangano, Emilio Picasso, Riccardo Rattazzi, Lucio Rossi, Geraldine Servant, Mike Seymour, Elena Shaposhnikova, Ezio Todesco, Joachim Tuckmantel, Gabriele Veneziano, Jörg Wenninger e Urs Wiedemann. Desidero inoltre ringraziare Mariarosa Mancuso e Nicoletta Moncada per i loro commenti a una prima versione.

Mi sono ampiamente avvalso dell'eccellente raccolta di volumi della biblioteca del CERN e sono grato al suo staff per la cortesia e l'efficienza con la quale mi ha procurato la documentazione che mi occorreva. Devo uno speciale ringraziamento a Tullio Basaglia per il suo generoso aiuto, a Anita Hollier del Pauli Archive e a Christine Sutton, redattrice del *CERN Courier*.

La professionalità e la gentilezza dello staff della Oxford University Press mi ha reso piacevole la realizzazione di questo progetto. Sonke Adlung, Melanie Johnstone e April Warman sono stati di particolare aiuto e desidero ringraziare Paul Beverley per la sua valida assistenza redazionale.

La versione italiana è nata grazie al generoso entusiasmo di Marina Forlizzi, di Barbara Amorese e di tutto lo staff di Springer Italia. In Marco Martorelli non ho trovato solo un esperto e accurato traduttore, ma anche un prezioso collaboratore che, con le sue profonde competenze sia linguistiche sia scientifiche e con un'entusiastica dedizione al progetto, molto mi ha aiutato a migliorare il testo. Un sentito ringraziamento va a lui e a tutto il gruppo di Scienzaperta per il loro superbo lavoro.

Mia moglie Debra ha letto varie versioni del manoscritto, fornendomi numerosi e preziosi consigli. Le domande dei miei figli, Giacomo e Enrico, mi hanno stimolato a trovare i modi più efficaci per presentare numerosi concetti di fisica avanzata. Dedico questo libro alla mia famiglia.

Glossario

Acceleratore Macchina che accelera fasci di particelle ad alte energie.

Adrone Ogni particella composta di quark, antiquark e gluoni.

Alfa vedi *Particella alfa*.

ALICE (A Large Ion Collider Experiment) Rivelatore dell'LHC dedicato specificamente allo studio delle collisioni di ioni pesanti.

Alone galattico Costituente delle galassie che si estende molto oltre la loro parte visibile ed esercita un'attrazione gravitazionale misurabile.

Annichilazione Processo nel quale una particella e un'antiparticella spariscono, trasformando le proprie energie in altre forme di particelle e di radiazioni.

Antimateria Materia costituita di antiparticelle.

Antineutrone Antiparticella del neutrone.

Antiparticella La combinazione tra meccanica quantistica e relatività speciale predice che a ogni particella corrisponde un'antiparticella, che possiede massa e spin uguali, ma carica elettrica opposta.

Antiprotone Antiparticella del protone.

ATLAS (A Thoroidal Lhc ApparatuS) Uno dei due rivelatori multi-purpose che studiano le collisioni nell'LHC.

Atomo Unità di base della materia, costituita da un nucleo con carica positiva circondato da una nube di elettroni.

Background Frequenza attesa degli eventi prodotti in una collisione, secondo simulazioni basate sul Modello Standard.

Barioni Famiglia di particelle composte di tre quark tenuti insieme da gluoni (per esempio, neutroni e protoni).

BNL (Brookhaven National Laboratory) Laboratorio di ricerca statunitense istituito nel 1947, con sede a Upton, nello Stato di New York.

Bosone di Higgs Nuova particella associata al *meccanismo di Higgs* (vedi).

Bosoni Classe di particelle con spin uguale a zero o a un numero intero.

Brana Entità con un numero di dimensioni minore di quelle dello spazio in cui è incorporata, nella quale possono essere confinate particelle e forze.

Calorimetro adronico Strumento per misurare la quantità di energia trasportata da adroni.

Calorimetro elettromagnetico Strumento per misurare la quantità di energia trasportata da elettroni e fotoni.

Camera a muoni Apparecchiatura per la misura delle traiettorie dei muoni.

Cavità a radiofrequenza Apparecchiatura che produce un campo elettrico oscillante a radiofrequenza per accelerare i fasci di protoni.

CERN (Conseil Européen pour la Recherche Nucléaire) Laboratorio europeo per la fisica delle alte energie istituito nel 1954, con sede nei pressi di Ginevra.

Chargino Ipotetica particella elettricamente carica predetta dalla supersimmetria.

CMS (Compact Muon Solenoid) Uno dei due rivelatori multi-purpose che studiano le collisioni nell'LHC.

COBE (COsmic Background Explorer) Satellite della NASA, lanciato nel 1989, che per primo rilevò le fluttuazioni di temperatura nella radiazione cosmica di fondo.

Collider Acceleratore nel quale due fasci di particelle che ruotano in sensi opposti entrano in collisione in punti prestabiliti.

Colore Carica delle particelle associata alla forza forte, come descritta dalla QCD (analoga alla carica elettrica della QED).

Compattificazione Processo nel quale alcune dimensioni spaziali si arrotolano in piccolissime regioni dello spazio.

Cosmologia Studio dell'evoluzione dell'universo.

Costante cosmologica Distribuzione uniforme di energia che non corrisponde ad alcuna forma di materia ordinaria.

Costante di accoppiamento Valore che definisce l'intensità di una forza.

Decadimento Processo nel quale una particella sparisce trasformando la propria energia in altre forme di particelle e di radiazioni.

DESY (Deutsches Elektronen SYnchrotron) Laboratorio tedesco per la ricerca fondamentale istituito nel 1959, con sedi ad Amburgo e a Zeuthen.

Dipolo (Magnete dipolare) Apparecchiatura che produce un campo magnetico destinato a dirigere i fasci di protoni lungo traiettorie circolari.

Elettrodebole, teoria vedi *Teoria elettrodebole*.

Elettrone Particella elementare con carica elettrica negativa, componente degli atomi.

End-cap Parte del rivelatore collocata a ciascuna delle sue due estremità per misurare particelle che si muovono in direzioni relativamente prossime a quella dei fasci di protoni.

Energia mancante Quantità di energia non rivelata, la cui esistenza può essere dedotta dalla legge di conservazione dell'energia, che indica la presenza di una particella elusiva.

Energia oscura Forma ancora ignota di energia che esercita una pressione negativa: rappresenta il 72 per cento del contenuto di energia dell'universo attuale.

eV (Elettronvolt) Unità di energia o di massa corrispondente all'energia acquistata da un elettrone quando viene accelerato nel vuoto da un potenziale elettrostatico di 1 volt.

Evento L'insieme di tutte le particelle prodotte dalla collisione tra due protoni energetici nell'LHC.

Fermilab (Fermi National Accelerator Laboratory) Laboratorio statunitense per la ricerca sulla fisica delle particelle istituito nel 1967, con sede a Batavia, nell'Illinois.

Fermioni Classe di particelle con spin uguale a 1/2 o a un multiplo dispari di tale valore.

Fisica classica Complesso delle leggi fisiche che non include la meccanica quantistica e la relatività speciale e generale.

Forza debole Una delle quattro forze fondamentali, responsabile tra l'altro della radioattività beta e dei processi di fusione nucleare che fanno splendere il Sole.

Forza di gravità Una delle quattro forze fondamentali, che agisce su qualsiasi forma di massa e di energia.

Forza elettromagnetica Una delle quattro forze fondamentali, responsabile di tutti i fenomeni elettrici e magnetici.

Forza forte Una delle quattro forze fondamentali, responsabile tra l'altro del confinamento dei quark all'interno degli adroni e del legame tra protoni e neutroni nel nucleo atomico.

Fotone Particella portatrice della forza elettromagnetica.

Gauge vedi *Particella di gauge* e *Teoria di gauge*.

Generazioni Le tre serie di quark e leptoni del Modello Standard.

Gerarchia Entità del rapporto tra la scala debole e quella di Planck (pari a 10^{17}), che esprime la debolezza della gravità rispetto alle altre forze.

GeV (Gigaelettronvolt) Unità di energia pari a un miliardo di eV.

Gluino Ipotetica particella che rappresenta la controparte supersimmetrica del gluone.

Gluone Particella portatrice della forza forte.

Grande unificazione vedi *Teoria di grande unificazione*.

Gravità vedi *Forza di gravità*.

GRID Rete di computer distribuiti, che condividono potenza di calcolo e archiviazione dei dati.

HERA (Hadron Elektron Ring Anlage) Acceleratore in cui fasci di protoni si scontravano con fasci di elettroni o di positroni, attivo al DESY tra il 1992 e il 2007.

Higgs (vedi anche *Bosone di Higgs*)

meccanismo di Rottura spontanea della simmetria elettrodebole indotta dalla distribuzione uniforme di un campo quantistico (campo di Higgs). Questo meccanismo è in grado di generare masse per numerose particelle del Modello Standard.

sostanza di (o Valore di aspettazione nel vuoto del campo di Higgs) Distribuzione uniforme del campo di Higgs che riempie lo spazio ed è all'origine del meccanismo di Higgs.

Inflatone Ipotetico campo quantistico, all'origine dell'inflazione dell'universo primordiale.

Inflazione Secondo la teoria, rapida espansione iniziale del nostro universo, che produsse condizioni in grado di spiegare l'attuale struttura del cosmo.

Ione Atomo che ha acquistato o perso elettroni, e quindi possiede una carica elettrica netta.

Jet Intenso flusso di adroni prodotti a partire da un quark o da un gluone che emergono da una collisione tra particelle.

Kaluza-Klein, modi di Serie di particelle con masse crescenti, che sono manifestazioni di una stessa particella in moto in uno spazio con dimensioni extra.

Landscape Complesso di teorie sul mondo delle particelle che potrebbero emergere dalla teoria delle stringhe: ciascuna teoria è caratterizzata da leggi fisiche differenti.

LEP (Large Electron-Positron collider) Acceleratore in cui un fascio di elettroni si scontrava con uno di positroni, attivo al CERN tra il 1989 e il 2000.

Leptoni Classe di particelle non influenzate dalla forza forte: ne fanno parte l'elettrone, il muone, la particella tau e i tre neutrini.

LHC (Large Hadron Collider) L'oggetto di questo libro.

LHCb (LHC beauty experiment) Rivelatore dell'LHC destinato specificamente allo studio di adroni contenenti quark o antiquark bottom (o beauty).

LHCf (LHC forward) Rivelatore dell'LHC destinato specificamente allo studio di raggi cosmici simulati in condizioni di laboratorio.

Libertà asintotica Proprietà in virtù della quale una forza fondamentale diventa arbitrariamente debole alle distanze più piccole.

Luminosità Numero di particelle per centimetro quadrato al secondo che vengono accelerate in un fascio ad alta energia.

Lunghezza d'onda La distanza tra due picchi (o tra due ventri) consecutivi di un'onda.

Magnete dipolare vedi *Dipolo.*

Magnete quadripolare Apparecchiatura che produce un campo magnetico utilizzato per focalizzare i fasci di protoni.

Materia oscura Forma ancora ignota di materia non luminosa: rappresenta il 23 per cento del contenuto di energia dell'universo attuale.

Meccanica quantistica Teoria che descrive il mondo dell'estremamente piccolo come caratterizzato da un'incertezza intrinseca, da una natura non deterministica e da un'intepretazione comune di onde e particelle.

Meccanismo di Higgs vedi *Higgs, meccanismo di.*

Mesoni Famiglia di particelle composte di un quark e di un antiquark tenuti insieme da gluoni (per esempio, il pione).

Modello Standard Teoria che descrive tutte le particelle note e le loro interazioni mediante le forze elettromagnetica, debole e forte.

Modi di Kaluza-Klein vedi *Kaluza-Klein, modi di.*

Molecola Mattone della materia composto da diversi atomi che condividono alcuni dei loro elettroni.

Multiverso Ipotetico insieme di molteplici universi, ciascuno caratterizzato da differenti leggi fisiche, che potrebbero esistere simultaneamente nella realtà fisica.

Muone Particella elementare simile all'elettrone, ma con massa circa 200 volte maggiore.

Naturalezza, problema di Difficoltà concettuale posta dall'esistenza di un grande divario tra la scala debole e quella di Planck, a dispetto della naturale tendenza delle particelle virtuali a cancellare ogni differenza tra le due scale.

Neutralino Ipotetica particella elettricamente neutra predetta dalla supersimmetria.

Neutrino Particella elementare neutra che interagisce solo attraverso la forza debole: esistono tre tipi di neutrini, associati rispettivamente all'elettrone, al muone e alla particella tau.

Neutrone Particella elettricamente neutra, componente dei nuclei atomici: è costituita da due quark down e da un quark up, tenuti insieme da gluoni.

Nucleo Regione densa al centro dell'atomo, costituita da protoni e neutroni tenuti insieme dalla forza forte.

Numero atomico Carica elettrica di un nucleo atomico misurata in unità pari alla carica del protone, e quindi uguale al numero di protoni contenuti nel nucleo.

Ottuplice via Metodo di classificazione degli adroni che ne rivela le proprietà di simmetria.

Particella alfa Nucleo di un atomo di elio, costituito da due protoni e due neutroni.

Particella di gauge Particella portatrice di una delle forze fondamentali.

Particella stabile Particella che non decade (come l'elettrone).

Particella virtuale Particella che, secondo la meccanica quantistica, può esistere per un brevissimo periodo di tempo trasportando una quantità di energia non correlata alla sua velocità.

Peso atomico Peso di un nucleo atomico misurato in unità pari a 1/12 della massa del carbonio-12, e quindi approssimativamente uguale al numero di protoni e neutroni presenti nel nucleo.

Pione Il meno massivo tra i mesoni.

Planck, scala di vedi *Scala di Planck.*

Plasma di quark e gluoni Forma della materia ad alta densità e alta temperatura composta di quark e gluoni quasi liberi.

Positrone Antiparticella dell'elettrone.

Principio di indeterminazione di Heisenberg Principio della meccanica quantistica per il quale esiste un limite intrinseco nella possibilità di conoscere simultaneamente due grandezze fisiche complementari (come energia e tempo, o quantità di moto e posizione).

Protone Particella con carica elettrica positiva, componente dei nuclei atomici: è costituita da un quark down e da due quark up, tenuti insieme da gluoni.

QCD (Quantum ChromoDynamics) Teoria che descrive la forza forte.

QED (Quantum ElectroDynamics) Teoria che descrive la forza elettromagnetica.

Quark Particella elementare influenzata dalla forza forte. Esistono sei tipi di quark: down, up, strange, charm, bottom (o beauty) e top (o truth).

Quench Processo nel quale un superconduttore si riscalda al di sopra della sua temperatura critica e diviene resistivo, perdendo le proprietà superconduttive.

Radiazione cosmica di fondo Radiazione elettromagnetica nella banda delle microonde che riempie l'universo e ha uno spettro termico con temperatura di 2,7 gradi sopra lo zero assoluto.

Radiazione di sincrotrone Radiazione elettromagnetica generata da particelle elettricamente cariche le cui traiettorie sono fatte curvare da un campo magnetico.

Raggi cosmici Particelle ad alta energia prodotte nell'universo che entrano continuamente in collisione con la Terra.

Relatività generale Teoria che descrive la gravità in termini di curvatura dello spazio e del tempo.

Relatività speciale Teoria che descrive il moto modificando le predizioni della meccanica newtoniana per velocità prossime a quella della luce.

RHIC (Relativistic Heavy Ion Collider) Acceleratore nel quale si realizzano collisioni tra fasci di ioni pesanti attivo al BNL dal 2000.

Rivelatore Insieme di strumenti impiegati per misurare e identificare emissioni di particelle (nell'LHC, le particelle prodotte dalle collisioni ad alta energia).

Rivelatore di tracce (Tracker) Strumento per la registrazione delle traiettorie delle particelle elettricamente cariche che lo attraversano.

Rottura della simmetria elettrodebole Processo ancora sconosciuto che genera le masse dei quark, dei leptoni e delle particelle di gauge.

Rottura spontanea di simmetria Condizione dello stato di un sistema che viola la simmetria delle leggi fisiche.

Scala debole Raggio d'azione (10^{-18} metri) della forza debole.

Scala di Planck Distanza (10^{-35} metri) alla quale divengono rilevanti gli effetti quantomeccanici relativi alla forza di gravità.

Segnale Tipo di evento che non può essere spiegato dal Modello Standard e che indica la presenza di nuove particelle o nuovi fenomeni.

Simmetria Proprietà per la quale un sistema rimane immutato in seguito a una ben definita manipolazione.

continua Simmetria che si mantiene anche in seguito a una manipolazione graduale (infinitamente piccola) del sistema.

discreta Simmetria che si mantiene solo in seguito a manipolazioni "a scatti" del sistema.

globale Simmetria relativa a una manipolazione del sistema che agisce in modo identico in ogni punto dello spazio e in ogni istante del tempo.

locale (o **di gauge**) Simmetria relativa a una manipolazione del sistema che agisce in modo differente in punti diversi dello spazio e in istanti diversi del tempo.

SLAC (Stanford Linear Accelerator Center) Laboratorio di ricerca statunitense istituito nel 1962, con sede a Menlo Park, in California.

SLC (Stanford Linear Collider) Acceleratore lineare in cui si scontravano fasci di elettroni e di positroni, attivo allo SLAC tra il 1989 e il 1998.

Sleptone Ipotetica particella che rappresenta la controparte supersimmetrica di un leptone.

Sostanza di Higgs vedi *Higgs, sostanza di.*

Spin Rotazione incessante di una particella attorno al proprio asse, descritta dalla meccanica quantistica ma incompatibile con la fisica classica.

SPS (Super Proton Synchroton) Acceleratore attivo al CERN dal 1976: ha operato con fasci di protoni, di antiprotoni, di elettroni, di positroni e di alcuni tipi di nuclei.

Squark Ipotetica particella che rappresenta la controparte supersimmetrica di un quark.

SSC (Superconducting Super Collider) Acceleratore di protoni che avrebbe dovuto essere il più grande del mondo. Approvato nel 1987, il progetto fu avviato a Waxahachie, in Texas, ma venne cancellato nel 1993.

Stringhe vedi *Teoria delle stringhe.*

Superconduttività Proprietà per la quale alcuni materiali conducono correnti elettriche senza resistenza ed espellono il campo magnetico dal proprio interno.

Superfluidità Proprietà per la quale alcuni materiali fluiscono senza viscosità.

Supergravità Estensione della relatività generale che include la supersimmetria.

Superparticella Una particella in moto nel superspazio, che corrisponde a due particelle ordinarie con spin differenti.

Supersimmetria Simmetria di un sistema nel superspazio, che comprende lo scambio tra particelle con spin differenti.

Superspazio Ipotetico spazio con nuove dimensioni, le cui coordinate sono rette da regole algebriche inusuali.

Superstringhe vedi *Teoria delle superstringhe.*

Tau Particella elementare simile all'elettrone, ma con massa circa 3500 volte maggiore.

Techniadroni Nuove particelle predette dalla teoria technicolor.

Technicolor Ipotesi di spiegazione teorica della rottura della simmetria elettrodebole che predice l'esistenza in natura di una nuova forza, ma non di un bosone di Higgs elementare.

Teoria delle stringhe Teoria che fornisce una descrizione coerente della gravità e della meccanica quantistica in termini di ipotetiche entità fondamentali chiamate stringhe.

Teoria delle superstringhe Versione della teoria delle stringhe che include la supersimmetria.

Teoria di gauge Teoria quantistica dei campi basata su un principio di simmetria, che descrive una forza fondamentale.

Teoria di grande unificazione Ipotesi teorica secondo la quale le forze elettromagnetica, debole e forte si fondono in un'unica forza a distanze estremamente piccole.

Teoria efficace dei campi Teoria quantistica dei campi valida entro un determinato intervallo di energie, ottenuta ignorando gli effetti a piccole distanze.

Teoria elettrodebole Teoria che descrive in un unico quadro concettuale sia la forza elettromagnetica sia la forza debole

Teoria quantistica dei campi Teoria per la quale le particelle sono interpretate come noduli di entità distribuite nello spazio, chiamate campi, e le forze sono il risultato di interazioni tra campi ovvero di scambi di particelle.

Tesla Unità di misura del campo magnetico (o densità del flusso magnetico).

TeV (Teraelettronvolt) Unità di energia pari a mille miliardi di eV.

Tevatron Acceleratore nel quale si scontrano fasci di protoni e antiprotoni, attivo al Fermilab dal 1987.

TOTEM (TOTal Elastic and diffractive cross-section Measurement) Rivelatore dell'LHC destinato specificamente allo studio di particelle prodotte lungo la direzione dei fasci dell'LHC.

Trigger Sistema elettronico per selezionare gli eventi di collisione potenzialmente interessanti, da memorizzare per successive analisi.

Vuoto Stato di un sistema al livello di energia più basso possibile.

W Una delle particelle portatrici della forza debole.

WIMP (Weakly Interactive Massive Particle) Ipotetica particella costituente la materia oscura.

WMAP (Wilkinson Microwave Anisotropy Probe) Sonda spaziale, lanciata dalla NASA nel 2001, che ha effettuato precise misurazioni della radiazione cosmica di fondo.

Z Una delle particelle portatrici della forza debole.

Zeptometro Unità di lunghezza pari a un miliardesimo di miliardesimo di millimetro (10^{-21} metri).

Zeptospazio Spazio fisico relativo a lunghezze inferiori a 100 zeptometri, obiettivo delle esplorazioni dell'LHC.

Indice analitico

Il più complesso e ambizioso esperimento scientifico di tutti i tempi è ormai entrato nel vivo, eppure i suoi scopi precisi sono in gran parte sconosciuti al pubblico.

Questo libro è una guida chiara e comprensibile per apprezzare le scoperte che avranno luogo al Large Hardon Collider (LHC) del CERN, per conoscere le stupefacenti innovazioni tecnologiche che sono state necessarie per la sua costruzione e per capire le motivazioni scientifiche dell'esperimento. Ma è soprattutto uno straordinario viaggio all'interno del mondo della fisica delle particelle, un'avventura coinvolgente in uno spazio insolito ed enigmatico, un percorso durante il quale il lettore acquisterà gli strumenti per comprendere la portata della rivoluzione intellettuale che sta avvenendo.

Esiste il misterioso bosone di Higgs? Lo spazio nasconde una supersimmetria o si estende in nuove dimensioni? Come possono le collisioni tra protoni che avvengono nell'LHC svelare i segreti dell'origine del nostro universo? Queste domande sono affrontate da un esperto del campo che, senza rinunciare al rigore scientifico, presenta una materia altamente complessa, ma affascinante, in termini semplici e con uno stile gradevole e accessibile. L'autore non si limita a informare, ma riesce a trasmettere al lettore le emozioni di un fisico alle soglie di una nuova era nella comprensione del mondo in cui viviamo.